計算力がぐんぐんのびる！

このふろくは
すべての教科書に対応した
全教科書版です。

| 年 | 組 | 名前 |
|---|---|---|
| | | |

「計算練習ノート」はとりはずして使用できます。

# 1 直方体や立方体の体積(1)

得点　/100点

◆ 次のような形の体積は何$cm^3$ですか。　1つ6〔36点〕

❶
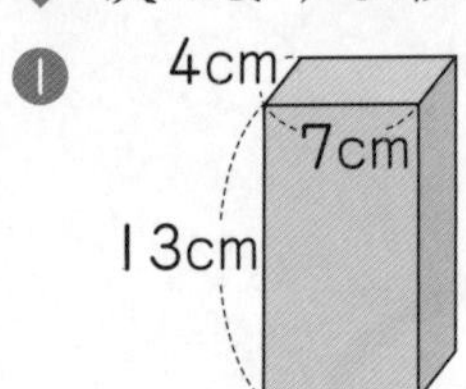


❷
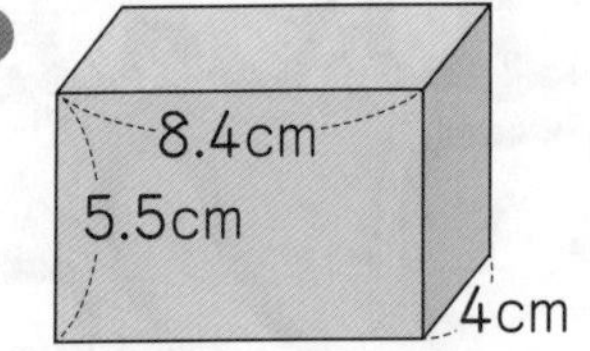


❸
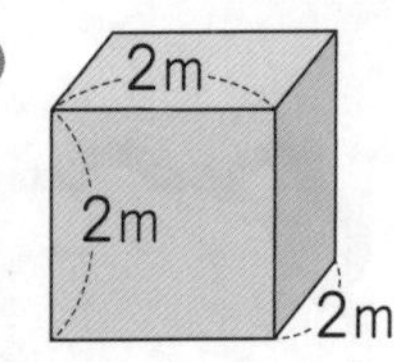


(　　　)　(　　　)　(　　　)

❹
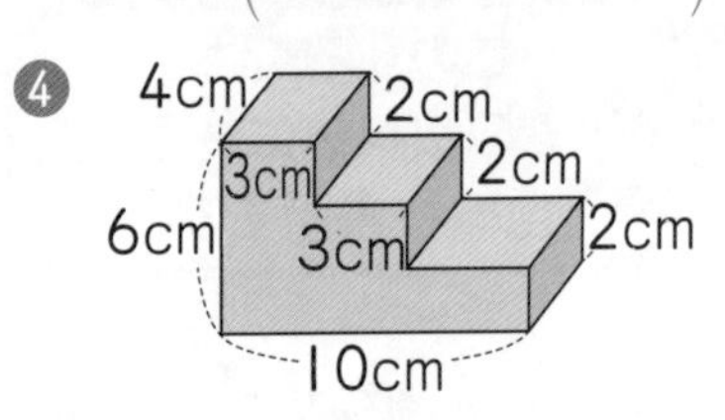


❺
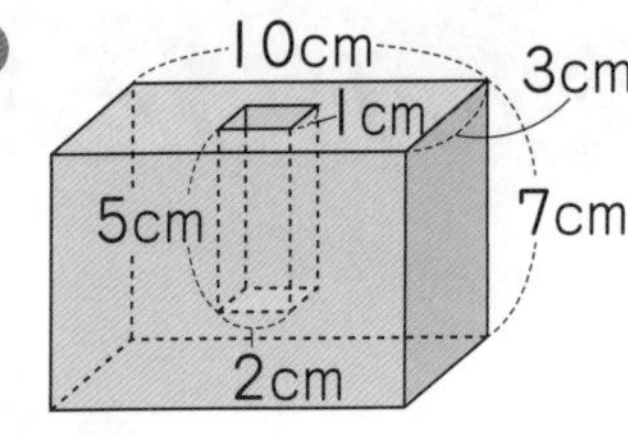


❻
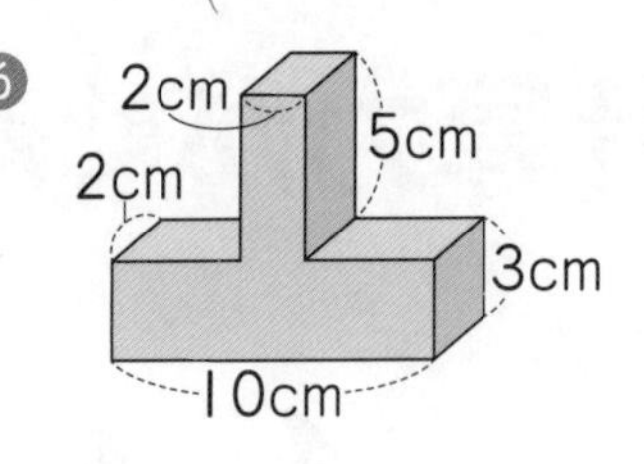


(　　　)　(　　　)　(　　　)

♥ 次の図は直方体や立方体の展開図(てんかいず)です。この直方体や立方体の体積を、それぞれの単位で求めましょう。　1つ6〔36点〕

❼
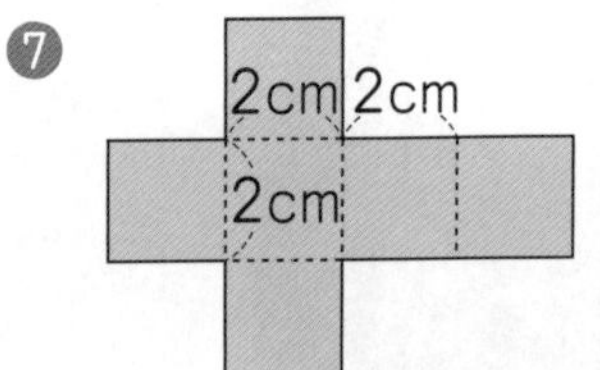


❽
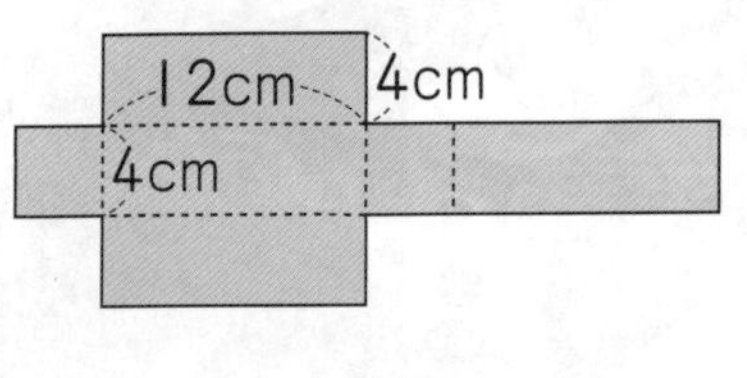


❾
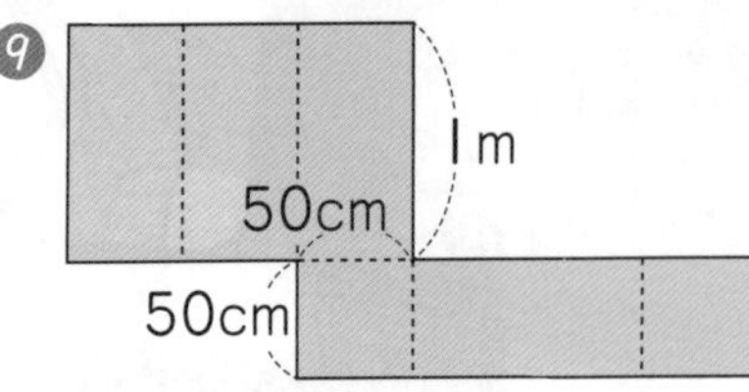


$cm^3$ (　　　)　$cm^3$ (　　　)　$cm^3$ (　　　)

mL (　　　)　mL (　　　)　L (　　　)

♠ たてが28cm、横が23cm、体積が3220$cm^3$の直方体の高さを求めましょう。　〔7点〕

(　　　)

♣ ある学校のプールは、たて25m、横10m、深さ1.2mです。このプールの容積(ようせき)は何$m^3$ですか。また、何Lですか。　1つ7〔21点〕

式

答え (　　　、　　　)

# 2 直方体や立方体の体積(2)

得点

/100点

◆ 次のような形の体積を求めましょう。 1つ10〔60点〕

❶ たて4cm、横5cm、高さ6cmの直方体

（　　　　　）

❷ 1辺の長さが8cmの立方体

（　　　　　）

❸

4cm
8cm
5cm
3cm
2cm

（　　　　　）

❹

4cm
7cm
3cm
8cm
5cm

（　　　　　）

❺

2cm
3cm
7cm
5cm
6cm
10cm

（　　　　　）

❻

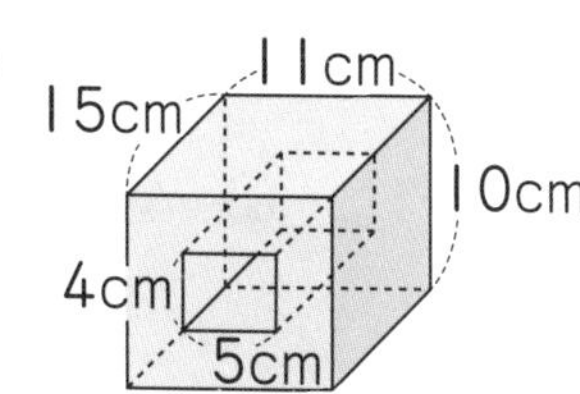


（　　　　　）

♥ 右の図は直方体の展開図(てんかいず)です。この直方体の体積は何cm³ですか。 〔10点〕

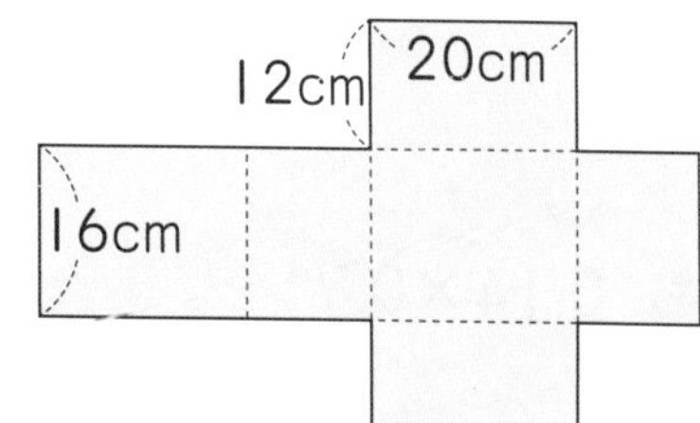


（　　　　　）

♠ 右の図のような直方体の水そうがあります。この水そうに深さ15cmまで水を入れると、水の体積は何cm³ですか。また、何Lですか。 1つ10〔30点〕

式

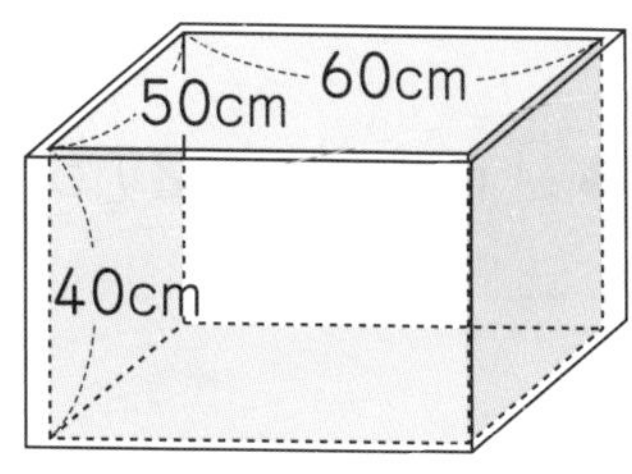


答え（　　　　、　　　　）

# 3 小数のかけ算(1)

得点　/100点

◆ 計算をしましょう。　1つ5〔45点〕

❶ 3×5.8　❷ 9×1.61　❸ 3.5×7.6

❹ 2.7×0.74　❺ 0.66×5.2　❻ 8.07×20.1

❼ 2.9×0.71　❽ 70.1×0.13　❾ 0.51×2.18

♥ 計算をしましょう。　1つ5〔45点〕

❿ 5×2.2　⓫ 40×5.05　⓬ 7.5×0.4

⓭ 12.5×0.8　⓮ 3.3×0.3　⓯ 1.09×0.2

⓰ 0.14×0.7　⓱ 1.8×0.5　⓲ 0.16×0.5

♠ 1mの重さが27.6gのはり金があります。このはり金7.3mの重さは何gですか。　1つ5〔10点〕

式

答え（　　　　　）

●勉強した日　　月　　日

# 4 小数のかけ算(2)

得点

/100点

◆ 計算をしましょう。　　1つ5〔45点〕

❶ 20×4.3　　❷ 12×0.97　　❸ 10.7×1.7

❹ 4.2×85.7　　❺ 1.92×40.4　　❻ 1.01×9.9

❼ 0.8×7.03　　❽ 0.66×0.66　　❾ 9.92×0.98

♥ 計算をしましょう。　　1つ5〔45点〕

❿ 62×0.35　　⓫ 0.75×1.6　　⓬ 3.52×2.5

⓭ 1.3×0.6　　⓮ 5.3×0.12　　⓯ 0.28×0.3

⓰ 0.9×0.45　　⓱ 0.8×0.25　　⓲ 0.02×0.5

♠ たて0.45m、横0.8mの長方形の面積を求めましょう。　　1つ5〔10点〕

式

答え（　　　　　）

# 5 小数のかけ算(3)

得点
/100点

◆ 計算をしましょう。　1つ5〔45点〕

❶ 2.9×3.1　❷ 3.7×6.4　❸ 4.4×0.86

❹ 2.83×4.6　❺ 4.51×8.5　❻ 16.7×3.09

❼ 2.06×4.03　❽ 36×7.6　❾ 617×3.4

♥ 計算をしましょう。　1つ5〔45点〕

❿ 3.5×8.6　⓫ 4.25×5.4　⓬ 645×1.4

⓭ 50×4.06　⓮ 0.85×4.8　⓯ 0.26×1.6

⓰ 0.34×2.7　⓱ 0.3×2.6　⓲ 0.25×2.4

♠ まさとさんの身長は140cmで、お父さんの身長はその1.25倍です。お父さんの身長は何cmですか。　1つ5〔10点〕

式

答え（　　　　　）

●勉強した日　　月　　日

# 6 小数のわり算(1)

得点

/100点

◆ わりきれるまで計算しましょう。　1つ5〔45点〕

❶ 2.88÷1.8　❷ 7.54÷2.6　❸ 9.52÷2.8

❹ 22.4÷6.4　❺ 36.9÷4.5　❻ 50.7÷7.8

❼ 7.7÷5.5　❽ 8.01÷4.45　❾ 6.6÷2.64

♥ 計算をしましょう。　1つ5〔45点〕

❿ 40.2÷6.7　⓫ 42.4÷5.3　⓬ 65.8÷9.4

⓭ 53.2÷1.4　⓮ 75.4÷2.6　⓯ 94.5÷3.5

⓰ 81.6÷1.36　⓱ 68.7÷2.29　⓲ 81.5÷1.63

♠ 面積が36.75 $m^2$、たての長さが7.5 mの長方形の花だんの横の長さは何mですか。　1つ5〔10点〕

式

答え（　　　）

●勉強した日　　月　　日

# 7 小数のわり算(2)

時間 20分

得点 /100点

◆ わりきれるまで計算しましょう。　1つ5〔45点〕

❶ 6.08÷7.6　❷ 5.34÷8.9　❸ 1.9÷2.5

❹ 3.6÷4.8　❺ 1.74÷2.4　❻ 2.31÷8.4

❼ 17÷6.8　❽ 48÷7.5　❾ 57÷7.6

♥ わりきれるまで計算しましょう。　1つ5〔45点〕

❿ 5.1÷0.6　⓫ 3.6÷0.8　⓬ 14.5÷0.4

⓭ 9.2÷0.8　⓮ 2.85÷0.6　⓯ 2.66÷0.4

⓰ 0.98÷0.8　⓱ 8÷0.5　⓲ 6÷0.25

♠ 6.4mのパイプの重さは4.8kgでした。このパイプ1mの重さは何kgですか。

式　1つ5〔10点〕

答え（　　　　　）

# 小数のわり算(3)

得点

/100点

◆ 商は一の位まで求めて、あまりも出しましょう。　1つ5〔45点〕

❶ 16÷4.3　❷ 21÷3.6　❸ 45÷2.4

❹ 480÷8.5　❺ 355÷7.9　❻ 5.7÷2.6

❼ 16.7÷8.5　❽ 24.9÷6.8　❾ 5.23÷3.6

♥ 商は四捨五入(ししゃごにゅう)して、上から2けたのがい数で求めましょう。　1つ5〔45点〕

❿ 8.7÷2.6　⓫ 9.3÷1.7　⓬ 7.13÷3.8

⓭ 6.46÷4.7　⓮ 23.4÷5.3　⓯ 7÷2.9

⓰ 9.06÷0.44　⓱ 2.23÷0.81　⓲ 7÷0.33

♠ たての長さが3.6 m、面積が11.5 $m^2$の長方形の土地があります。この土地の横の長さは何mですか。四捨五入して、上から2けたのがい数で求めましょう。

式　1つ5〔10点〕

答え（　　　　　）

●勉強した日　　月　　日

# 9 小数のわり算(4)

得点　/100点

◆ わりきれるまで計算しましょう。　1つ5〔45点〕

❶ 73.6÷9.2　❷ 1.52÷3.8　❸ 1.35÷0.15

❹ 707÷1.4　❺ 1.11÷14.8　❻ 14.4÷0.32

❼ 3.06÷6.12　❽ 29.83÷3.14　❾ 0.4÷1.28

♥ 商は一の位まで求めて、あまりも出しましょう。　1つ5〔30点〕

⓾ 40÷9.56　⓫ 9.31÷1.1　⓬ 97.8÷3.32

⓭ 10÷9.29　⓮ 2.3÷0.88　⓯ 122.2÷0.61

♠ 商は四捨五入(ししゃごにゅう)して、上から2けたのがい数で求めましょう。　1つ5〔15点〕

⓰ 50.5÷9.09　⓱ 31.18÷0.7　⓲ 88.7÷1.11

♣ 長さが4.21mのロープを33.3cmずつ切り取ります。33.3cmのロープは全部で何本できて、何cmあまりますか。　1つ5〔10点〕

式

答え（　　　　　　）

●勉強した日　月　日

# 10 整数の性質

得点　/100点

◆ 2、7、12、21、33、40、56、61のうち、次の数を全部書きましょう。

❶ 偶数(ぐうすう)　❷ 奇数(きすう)　❸ 7の倍数　1つ6〔18点〕

(　　)(　　)(　　)

♥ 次の数の倍数を、小さい順に3つ求めましょう。　1つ6〔12点〕

❹ 12　❺ 15

(　　)(　　)

♠ (　)の中の数の公倍数を、小さい順に3つ求めましょう。　1つ6〔12点〕

❻ (32、48)　❼ (26、52)

(　　)(　　)

♣ 次の数の約数を、全部求めましょう。　1つ6〔12点〕

❽ 24　❾ 49

(　　)(　　)

◆ (　)の中の数の公約数を、全部求めましょう。　1つ6〔12点〕

❿ (48、72)　⓫ (65、91)

(　　)(　　)

♥ (　)の中の数の最小公倍数と最大公約数を求めましょう。　1つ7〔28点〕

⓬ (36、96)　⓭ (34、51、85)

最小公倍数(　　)　最小公倍数(　　)

最大公約数(　　)　最大公約数(　　)

♠ たて10cm、横16cmの長方形のタイルをすきまなくならべて、できるだけ小さい正方形をつくります。できる正方形の1辺の長さは何cmですか。　〔6点〕

(　　)

# 11 図形の角

得点
/100点

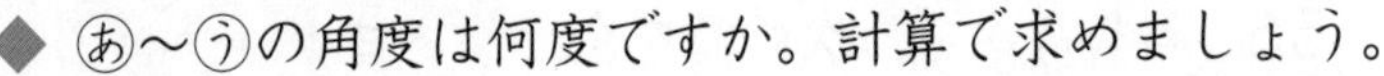

◆ あ～うの角度は何度ですか。計算で求めましょう。　1つ6〔18点〕

❶
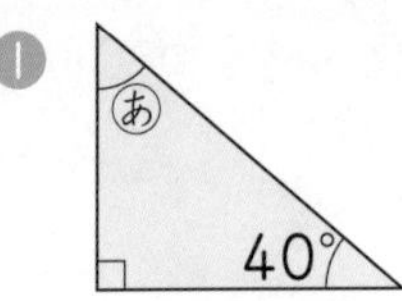


❷


❸
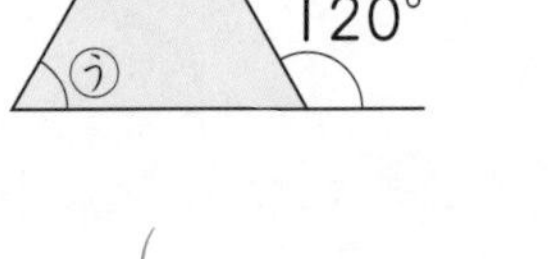


(　　　　)　(　　　　)　(　　　　)

♥ あ～かの角度は何度ですか。計算で求めましょう。　1つ6〔36点〕

❹

平行四辺形

❺
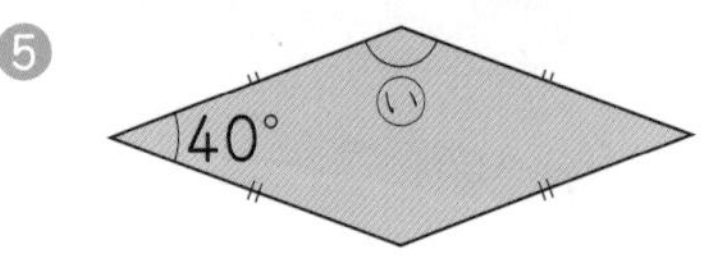


❻


(　　　　)　(　　　　)　(　　　　)

❼


❽
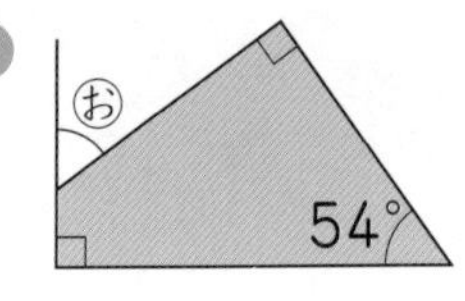


❾
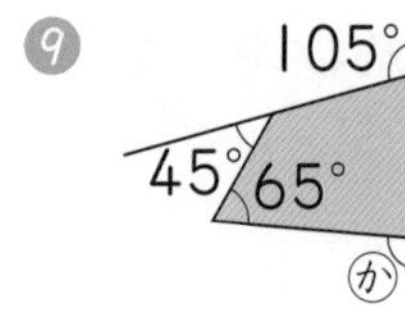


(　　　　)　(　　　　)　(　　　　)

♠ あ～うの角度は何度ですか。計算で求めましょう。　1つ6〔18点〕

❿
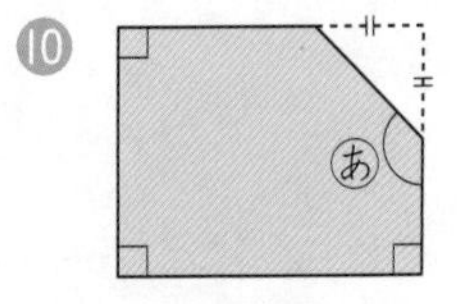


⓫
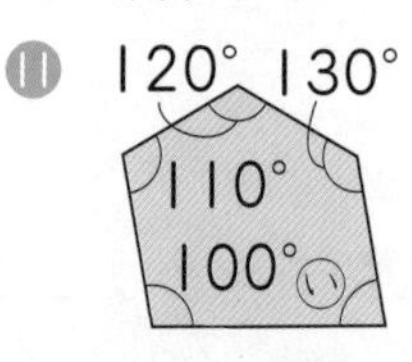


⓬
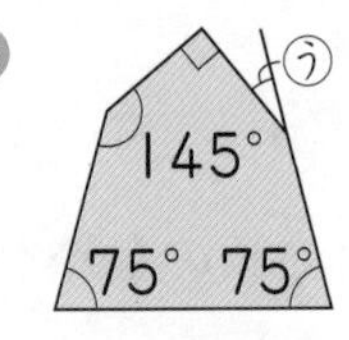


(　　　　)　(　　　　)　(　　　　)

♣ あ～えの角度は何度ですか。計算で求めましょう。　1つ7〔28点〕

⓭
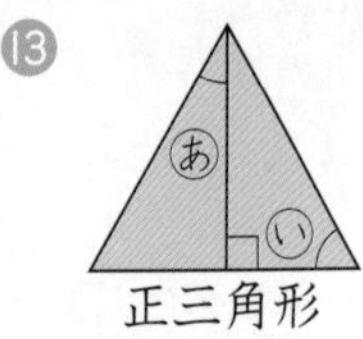

正三角形

⓮

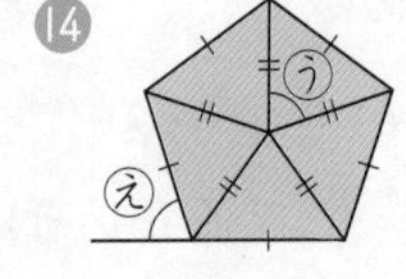


あ(　　　　)　う(　　　　)

い(　　　　)　え(　　　　)

●勉強した日　　月　　日

# 12 分数のたし算とひき算(1)

得点

/100点

◆ 計算をしましょう。 1つ5〔45点〕

❶ $\frac{1}{4}+\frac{2}{3}$　❷ $\frac{1}{3}+\frac{1}{5}$　❸ $\frac{1}{2}+\frac{2}{7}$

❹ $\frac{3}{8}+\frac{1}{4}$　❺ $\frac{4}{5}+\frac{2}{3}$　❻ $\frac{2}{7}+\frac{3}{4}$

❼ $\frac{3}{5}+\frac{7}{3}$　❽ $\frac{5}{6}+\frac{2}{9}$　❾ $\frac{7}{8}+\frac{5}{6}$

♥ 計算をしましょう。 1つ5〔45点〕

❿ $\frac{5}{7}-\frac{1}{2}$　⓫ $\frac{4}{5}-\frac{3}{4}$　⓬ $\frac{5}{6}-\frac{1}{7}$

⓭ $\frac{7}{8}-\frac{2}{5}$　⓮ $\frac{9}{10}-\frac{3}{4}$　⓯ $\frac{9}{7}-\frac{2}{3}$

⓰ $\frac{9}{8}-\frac{3}{4}$　⓱ $\frac{7}{3}-\frac{3}{7}$　⓲ $\frac{11}{10}-\frac{3}{8}$

♠ 容器(ようき)に$\frac{8}{5}$Lのジュースが入っています。$\frac{4}{3}$L飲んだとき、残りのジュースは何Lですか。 1つ5〔10点〕

式

答え（　　　　　）

●勉強した日　　月　　日

# 13 分数のたし算とひき算（2）

得点　　/100点

◆ 計算をしましょう。　1つ5〔45点〕

❶ $\frac{2}{3}+\frac{1}{12}$　❷ $\frac{1}{5}+\frac{3}{10}$　❸ $\frac{1}{6}+\frac{2}{15}$

❹ $\frac{11}{20}+\frac{1}{4}$　❺ $\frac{1}{15}+\frac{1}{12}$　❻ $\frac{2}{3}+\frac{8}{15}$

❼ $\frac{5}{6}+\frac{5}{14}$　❽ $\frac{9}{10}+\frac{4}{15}$　❾ $\frac{17}{12}+\frac{23}{20}$

♥ 計算をしましょう。　1つ5〔45点〕

❿ $\frac{2}{3}-\frac{5}{12}$　⓫ $\frac{7}{10}-\frac{1}{6}$　⓬ $\frac{7}{10}-\frac{1}{5}$

⓭ $\frac{17}{15}-\frac{5}{6}$　⓮ $\frac{8}{3}-\frac{1}{6}$　⓯ $\frac{7}{15}-\frac{3}{10}$

⓰ $\frac{9}{14}-\frac{1}{6}$　⓱ $\frac{4}{3}-\frac{11}{15}$　⓲ $\frac{31}{6}-\frac{3}{10}$

♠ $\frac{2}{3}$kgのかごに、$\frac{5}{6}$kgの果物を入れました。重さは全部で何kgですか。1つ5〔10点〕

式

答え（　　　　　）

# 14 分数のたし算とひき算(3)

得点

/100点

◆ 計算をしましょう。　1つ5〔45点〕

❶ $1\frac{2}{3}+\frac{1}{2}$　❷ $1\frac{1}{5}+\frac{2}{7}$　❸ $\frac{3}{8}+2\frac{3}{4}$

❹ $1\frac{5}{6}+\frac{3}{4}$　❺ $3\frac{3}{8}+\frac{7}{10}$　❻ $\frac{5}{6}+2\frac{2}{5}$

❼ $2\frac{2}{5}+2\frac{1}{9}$　❽ $1\frac{1}{6}+3\frac{1}{4}$　❾ $1\frac{1}{6}+3\frac{3}{8}$

♥ 計算をしましょう。　1つ5〔45点〕

⑩ $1\frac{2}{5}+\frac{1}{10}$　⑪ $2\frac{2}{3}+\frac{1}{12}$　⑫ $\frac{6}{7}+2\frac{9}{14}$

⑬ $1\frac{2}{5}+2\frac{3}{4}$　⑭ $3\frac{5}{6}+1\frac{2}{9}$　⑮ $1\frac{3}{10}+2\frac{1}{6}$

⑯ $1\frac{1}{10}+1\frac{1}{15}$　⑰ $2\frac{5}{6}+3\frac{2}{3}$　⑱ $2\frac{17}{21}+5\frac{5}{14}$

♠ 1日目は$1\frac{1}{6}$L、2日目は$\frac{5}{14}$Lのペンキを使って、2日間でかべをぬりました。ペンキは全部で何L使いましたか。　1つ5〔10点〕

式

答え（　　　）

●勉強した日　月　日

# 15 分数のたし算とひき算(4)

得点
/100点

◆ 計算をしましょう。　1つ5〔45点〕

❶ $2\frac{5}{6}-\frac{2}{3}$　❷ $1\frac{8}{9}-\frac{3}{4}$　❸ $2\frac{11}{12}-1\frac{3}{8}$

❹ $5\frac{2}{3}-3\frac{1}{2}$　❺ $3\frac{3}{4}-2\frac{3}{5}$　❻ $2\frac{11}{14}-\frac{1}{2}$

❼ $2\frac{7}{10}-2\frac{1}{5}$　❽ $1\frac{7}{8}-1\frac{5}{6}$　❾ $1\frac{7}{12}-1\frac{2}{15}$

♥ 計算をしましょう。　1つ5〔45点〕

❿ $1\frac{1}{2}-\frac{4}{5}$　⓫ $1\frac{3}{8}-\frac{2}{3}$　⓬ $1\frac{1}{12}-\frac{5}{9}$

⓭ $3\frac{1}{6}-\frac{3}{14}$　⓮ $2\frac{1}{24}-\frac{5}{8}$　⓯ $1\frac{1}{10}-\frac{4}{15}$

⓰ $4\frac{3}{10}-3\frac{1}{2}$　⓱ $4\frac{1}{12}-1\frac{4}{21}$　⓲ $3\frac{1}{15}-2\frac{3}{20}$

♠ 米が $2\frac{5}{12}$ kgあります。$\frac{9}{20}$ kg使うと、残りは何kgになりますか。　1つ5〔10点〕

式

答え（　　　　）

●勉強した日　月　日

# 16 分数のたし算とひき算(5)

得点

/100点

◆ 計算をしましょう。　1つ7〔42点〕

❶ $\frac{1}{3}+\frac{1}{4}+\frac{1}{5}$

❷ $\frac{2}{5}+\frac{3}{10}+\frac{4}{15}$

❸ $\frac{2}{5}+\frac{1}{3}+\frac{1}{2}$

❹ $\frac{1}{6}+\frac{1}{2}+\frac{2}{9}$

❺ $1\frac{1}{2}+1\frac{2}{3}+1\frac{1}{6}$

❻ $\frac{5}{6}+1\frac{3}{8}+2\frac{5}{12}$

♥ 計算をしましょう。　1つ7〔42点〕

❼ $\frac{1}{2}+\frac{1}{3}-\frac{1}{4}$

❽ $\frac{4}{5}-\frac{3}{4}+\frac{1}{8}$

❾ $\frac{2}{3}-\frac{2}{5}-\frac{1}{6}$

❿ $\frac{1}{3}-\frac{2}{9}-\frac{1}{12}$

⓫ $1\frac{3}{10}-\frac{2}{5}-\frac{1}{2}$

⓬ $4\frac{1}{7}-\frac{4}{5}-2\frac{4}{35}$

♠ ドレッシングが$\frac{4}{5}$dLありました。昨日と今日2日続けてドレッシングを$\frac{3}{20}$dLずつ使いました。残ったドレッシングは何dLですか。　1つ8〔16点〕

式

答え（　　　　　）

●勉強した日　月　日

# 17 分数と小数

得点
/100点

◆ 次の分数を小数や整数になおしましょう。 1つ5〔30点〕

❶ $\frac{3}{4}$　❷ $\frac{11}{10}$　❸ $\frac{7}{8}$

(　　)　(　　)　(　　)

❹ $\frac{95}{5}$　❺ $\frac{23}{20}$　❻ $3\frac{1}{25}$

(　　)　(　　)　(　　)

♥ 次の小数を分数になおしましょう。 1つ5〔30点〕

❼ 0.2　❽ 1.3　❾ 2.75

(　　)　(　　)　(　　)

❿ 3.2　⓫ 1.05　⓬ 0.025

(　　)　(　　)　(　　)

♠ 分数で答えましょう。 1つ6〔12点〕

⓭ 2mは、3mの何倍ですか。

(　　)

⓮ 9kgを1とみると、84kgはいくつになりますか。

(　　)

♣ □にあてはまる不等号を書きましょう。 1つ7〔28点〕

⓯ 0.79 □ $\frac{4}{5}$　⓰ $\frac{2}{3}$ □ 0.66

⓱ 1.13 □ $\frac{9}{8}$　⓲ $3\frac{5}{9}$ □ 3.6

# 18 平　均

得点

/100点

◆ 次の量の平均（へいきん）を求めましょう。　1つ7〔42点〕

❶ 30人、40人、50人　（　　）

❷ 102mL、105mL、90mL、97mL　（　　）

❸ 33g、48g、26g、88g、29g　（　　）

❹ $5cm^2$、$4.7cm^2$、$3.8cm^2$、$0cm^2$、$5.3cm^2$　（　　）

❺ 9.8m、9.6m、8.9m、9.8m、8.2m　（　　）

❻ 50分、45分、60分、75分　（　　）

♥ 下の表の空らんにあてはまる数を書きましょう。　1つ7〔14点〕

❼ 欠席者の人数

| 曜日 | 月 | 火 | 水 | 木 | 金 | 平均 |
|---|---|---|---|---|---|---|
| 人数(人) | 3 | 1 | 0 |  | 5 | 2.2 |

❽ めがねをかけている人の人数

| 組 | A | B | C | D | E | 平均 |
|---|---|---|---|---|---|---|
| 人数(人) | 8 | 7 |  | 8 | 9 | 9 |

♠ 25個（こ）のたまごのうち、3個の重さの平均が58.5gのとき、次の量を求めましょう。
1つ8〔16点〕

❾ これら3個のたまごの合計の重さ　（　　）

❿ 25個のたまご全体のおよその重さ　（　　）

♣ 次の問いに答えましょう。　1つ7〔28点〕

⓫ 1日に平均1.1Lの水を飲むとき、2週間で飲む水の量は、およそ何Lになりますか。

式

答え（　　）

⓬ 1日に平均で1.2km走るとき、走ったきょりの合計が30kmになるには、およそ何日かかりますか。

式

答え（　　）

# 19 単位量あたりの大きさ

得点
/100点

◆ 次の単位量あたりの大きさを求めましょう。　1つ7〔42点〕

・$10\,m^2$の部屋の中に5人いるときの、

❶ $1\,m^2$あたりの人数
（　　　　）

❷ 1人あたりの広さ
（　　　　）

・ガソリン40Lで500km走る自動車の、

❸ ガソリン1Lあたりに走る道のり
（　　　　）

❹ 1kmあたりに必要なガソリンの量
（　　　　）

・50mあたりの重さが1600gのはり金の、

❺ 1mあたりの重さ
（　　　　）

❻ 1kgあたりの長さ
（　　　　）

♥ 1mあたりのねだんが125円のテープについて、次の長さや代金を求めましょう。　1つ7〔28点〕

❼ 4.2mの代金
（　　　　）

❽ 10.6mの代金
（　　　　）

❾ 500円分の長さ
（　　　　）

❿ 1200円分の長さ
（　　　　）

♠ 下の表を見て、A市、B市、C市の人口密度を、四捨五入して上から2けたのがい数で求めましょう。　1つ10〔30点〕

都市の面積と人口

|  | 面積（$km^2$） | 人口（万人） |
|---|---|---|
| A市 | 1004 | 201 |
| B市 | 560 | 144 |
| C市 | 332 | 159 |

⓫ A市（　　　　）

⓬ B市（　　　　）

⓭ C市（　　　　）

# 20 速さ（1）

得点

/100点

◆ 次の速さを、〔　〕の中の単位で求めましょう。　1つ8〔24点〕

❶ 150mを30秒で走る人の秒速〔m〕

（　　　　）

❷ 180kmを2時間で走る列車の時速〔km〕

（　　　　）

❸ 2000mを25分間で歩く人の分速〔m〕

（　　　　）

♥ 次の道のりを、〔　〕の中の単位で求めましょう。　1つ8〔24点〕

❹ 時速54kmで走る自動車が45分間に進む道のり〔km〕

（　　　　）

❺ 秒速15mで走る動物が5分間に進む道のり〔m〕

（　　　　）

❻ 分速75mで歩く人が2時間に進む道のり〔km〕

（　　　　）

♠ 次の時間を、〔　〕の中の単位で求めましょう。　1つ8〔24点〕

❼ 分速0.8kmで走る自動車が120km進むのにかかる時間〔時間〕

（　　　　）

❽ 秒速20mで飛ぶ鳥が30km飛ぶのにかかる時間〔分〕

（　　　　）

❾ 時速18kmで走る自転車が36km進むのにかかる時間〔分〕

（　　　　）

♣ 右の表の空らんにあてはまる数を書きましょう。　1つ3〔18点〕

| | 秒速 | 分速 | 時速 |
|---|---|---|---|
| 自転車 | 5m | | |
| 電車 | | 1.2km | |
| 飛行機 | | | 540km |

◆ なみさんは40分間に3km歩きました。12分間では何m歩きますか。　1つ5〔10点〕

式

答え（　　　　）

# 21 速さ (2)

得点

/100点

◆ 次の速さを、〔　〕の中の単位で求めましょう。　1つ8〔24点〕

❶ 150kmを2.5時間で走る自動車の時速〔km〕

(　　　　)

❷ 0.9kmを5分間で進む自転車の分速〔m〕

(　　　　)

❸ 192mを16秒間で走る馬の秒速〔m〕

(　　　　)

♥ 次の道のりを、〔　〕の中の単位で求めましょう。　1つ8〔24点〕

❹ 分速500mのバイクが18分間に進む道のり〔km〕

(　　　　)

❺ 秒速20mで飛ぶ鳥が40秒間に進む道のり〔m〕

(　　　　)

❻ 時速36kmで走るバスが15分間に進む道のり〔m〕

(　　　　)

♠ 次の時間を、〔　〕の中の単位で求めましょう。　1つ8〔24点〕

❼ 時速4.5kmで歩く人が9000m進むのにかかる時間〔時間〕

(　　　　)

❽ 分速180mで走る人が10.8km進むのにかかる時間〔分〕

(　　　　)

❾ 秒速55mで飛ぶ鳥が6050m飛ぶのにかかる時間〔時間〕

(　　　　)

♣ 右の表の空らんにあてはまる数を書きましょう。　1つ3〔18点〕

|  | 秒速 | 分速 | 時速 |
|---|---|---|---|
| はと |  |  | 72km |
| つばめ | 65m |  |  |
| 飛行機 |  | 18km |  |

◆ 家からA町まで自動車で往復しました。行きは時速48kmで走り、36分後にA町に着きました。帰りは行きの速さの1.5倍で走るとき、帰りには何分かかりますか。　1つ5〔10点〕

式

答え (　　　　)

●勉強した日　月　日

# 22 四角形と三角形の面積 (1)

得点
/100点

1つ8〔32点〕

❶
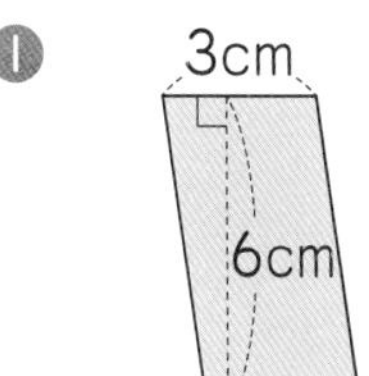


❷
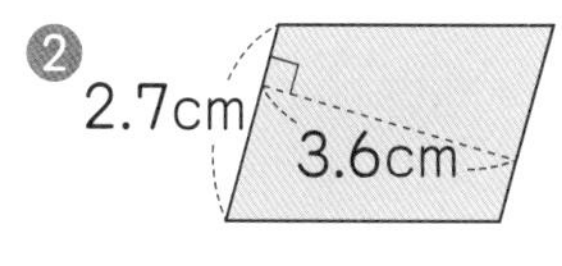


❸
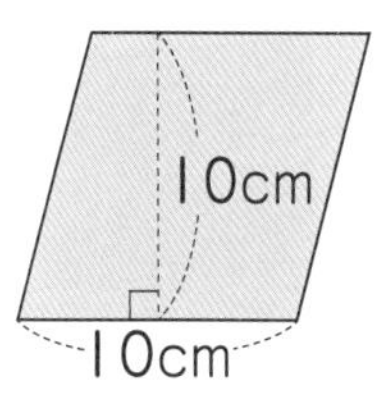


❹
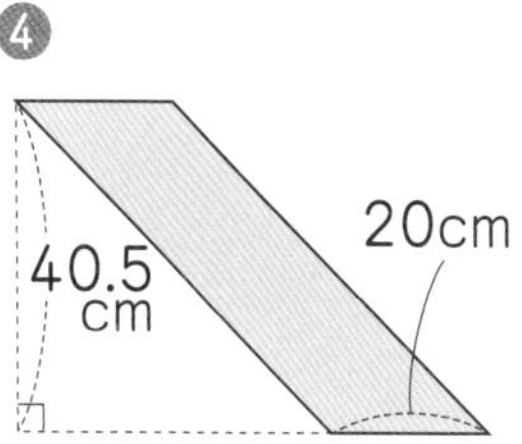


(　　　)　(　　　)　(　　　)　(　　　)

♥ 次の三角形の面積を求めましょう。　1つ8〔32点〕

❺
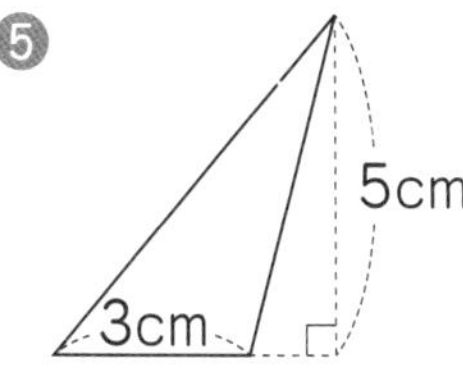


❻
9.6cm
4.6cm
6.9
cm

❼
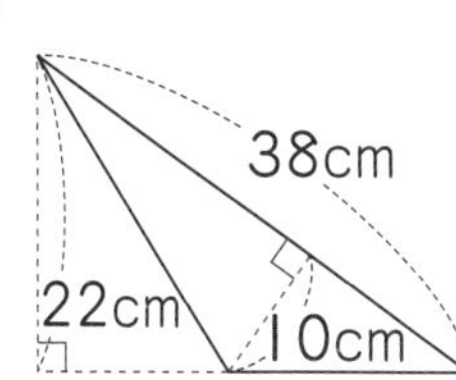


❽
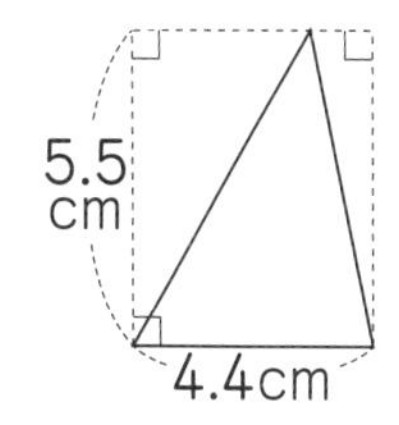


(　　　)　(　　　)　(　　　)　(　　　)

♠ 次の底辺がわかっている平行四辺形と三角形の高さを求めましょう。　1つ9〔36点〕

❾
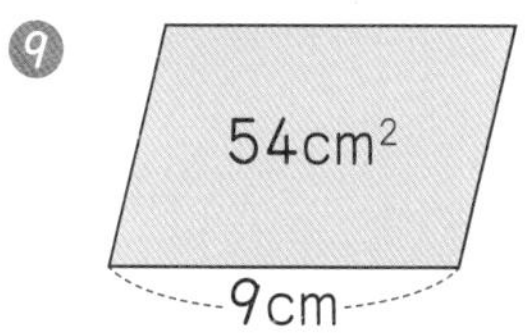


❿
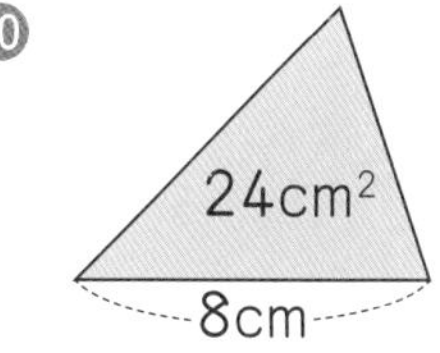


(　　　)　(　　　)

⓫
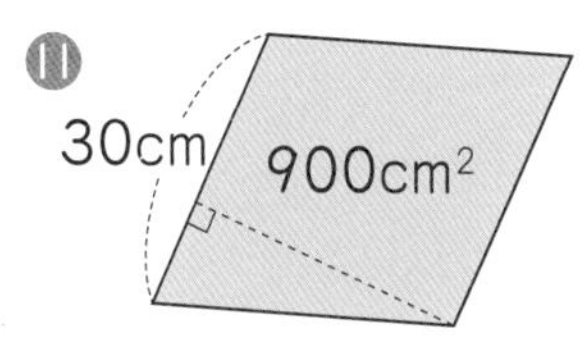


⓬
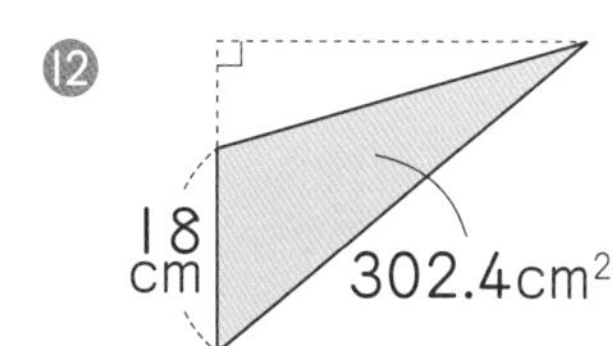


(　　　)　(　　　)

# 23 四角形と三角形の面積 (2)

得点　/100点

◆ 次の台形の面積を求めましょう。　1つ8〔32点〕

❶ 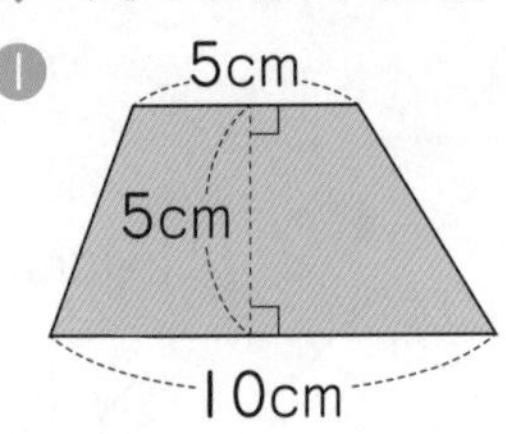


❷ 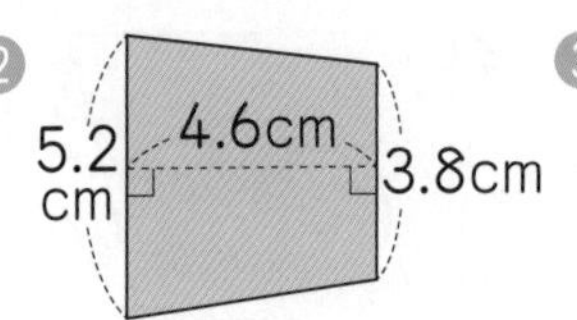


❸ 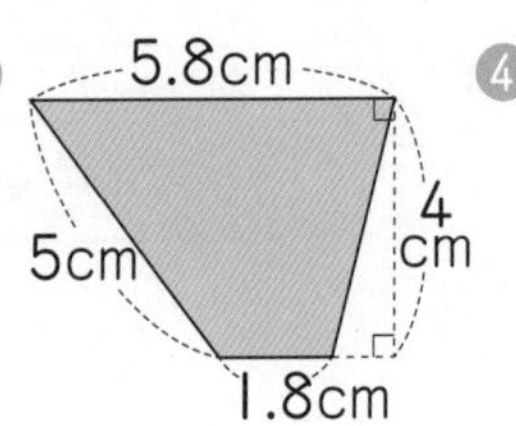


❹ 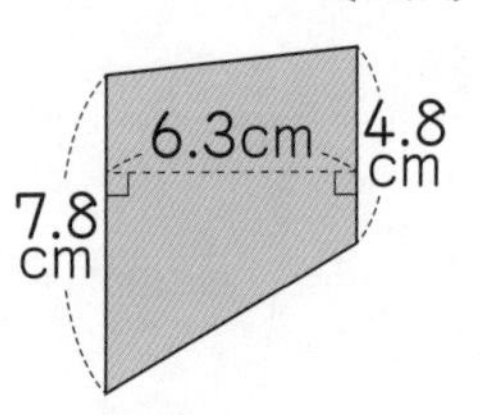


(　　)　(　　)　(　　)　(　　)

♥ 次のひし形の面積を求めましょう。　1つ8〔32点〕

❺ 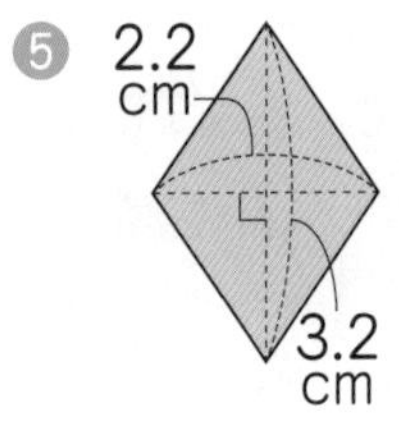


❻ 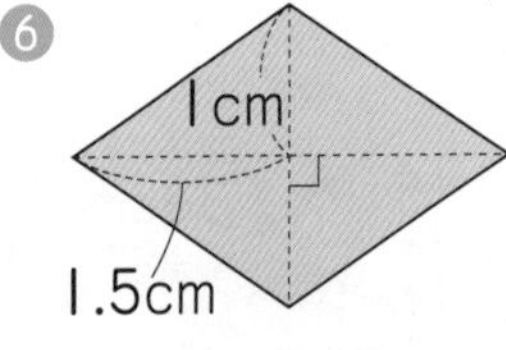


❼ 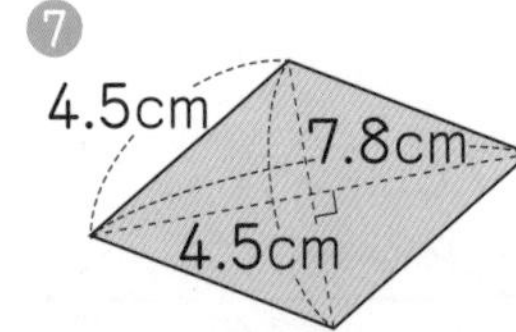


❽ 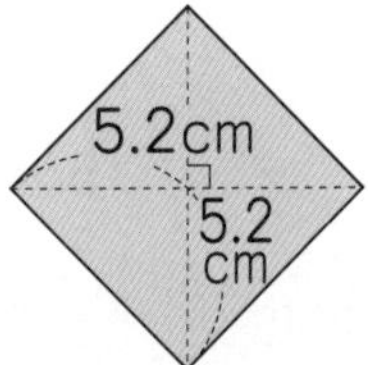


(　　)　(　　)　(　　)　(　　)

♠ 色をぬった部分の面積を求めましょう。　1つ9〔36点〕

❾ 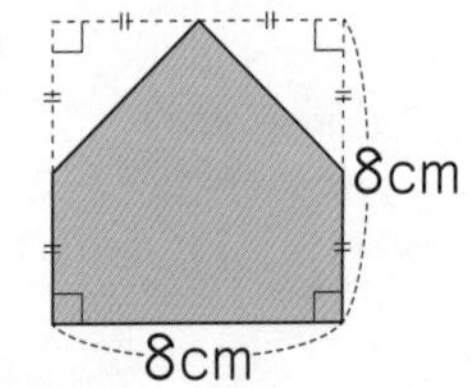


(　　)

❿ 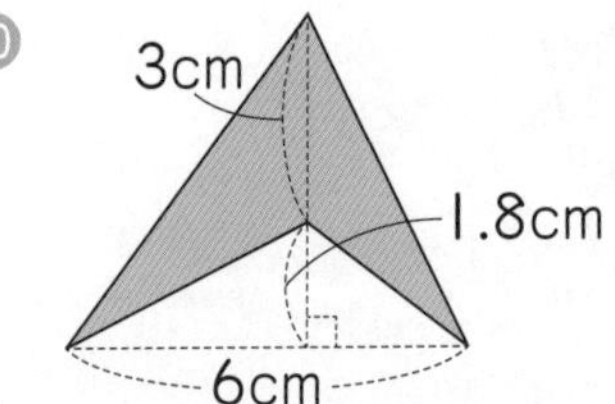


(　　)

⓫ 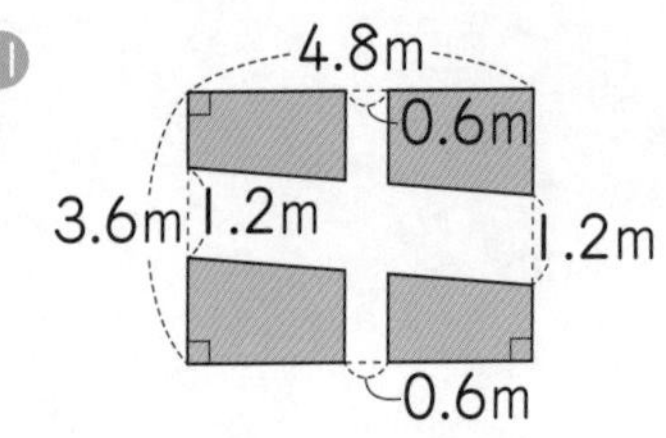


(　　)

⓬ 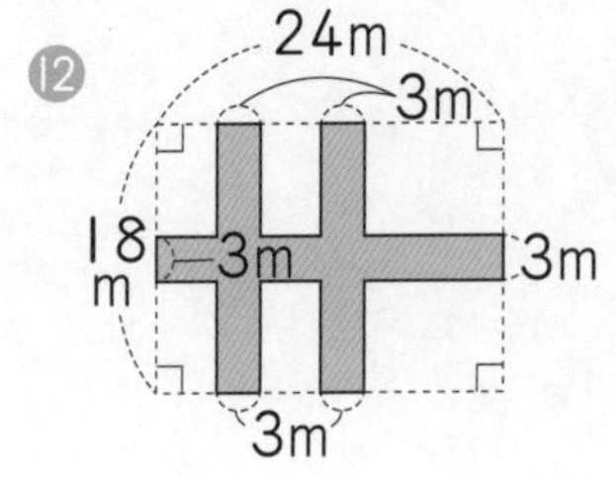


(　　)

# 割合と百分率(1)

得点　/100点

◆ 下の表の空らんにあてはまる割合(わりあい)を書きましょう。　1つ4〔40点〕

| 割合を表す小数 | 0.7 | ③ | 0.45 | ⑦ | ⑨ |
|---|---|---|---|---|---|
| 百分率(ひゃくぶんりつ) | ① | 20% | ⑤ | ⑧ | 91% |
| 歩合(ぶあい) | ② | ④ | ⑥ | 8割 | ⑩ |

♥ □にあてはまる数を書きましょう。　1つ6〔48点〕

⑪ 1.62gは、9gの□%です。

⑫ 125m²の□割□分は、105m²です。

⑬ 3.8Lの38%は□Lです。

⑭ □kmは27kmの44%です。

⑮ 1500人の14%は□人です。

⑯ 3900円は□円の5割2分です。

⑰ □cm³の33%は198cm³です。

⑱ 46万さつは□万さつの92%です。

♠ 定価(ていか)が65000円のテレビを、定価の4割引きで買いました。何円で買いましたか。

式　1つ6〔12点〕

答え（　　　）

# 25 割合と百分率(2)

得点　/100点

◆ 下の表の空らんにあてはまる割合(わりあい)を書きましょう。　1つ4〔40点〕

| 割合を表す小数 | 0.14 | ❸ | 0.109 | ❼ | ❾ |
|---|---|---|---|---|---|
| 百分率(ひゃくぶんりつ) | ❶ | 2.7% | ❺ | ❽ | 100% |
| 歩合(ぶあい) | ❷ | ❹ | ❻ | 8割5厘(りん) | ❿ |

♥ □にあてはまる数を書きましょう。　1つ6〔48点〕

⓫ 2haは、16haの□%です。

⓬ 63.95gの□割は、76.74gです。

⓭ 15.06mLの25%は□mLです。

⓮ 34mの70.5%は□mです。

⓯ 500人の101%は□人です。

⓰ 30600円は□円の25%です。

⓱ □$m^3$の130%は78$m^3$です。

⓲ 54万本は□万本の9%です。

♠ 面積が25$m^2$の畑の面積を12%広げて、新しい畑をつくります。新しい畑全体の面積を求めましょう。　1つ6〔12点〕

式

答え（　　　）

●勉強した日　月　日

# 26 円周の長さ

得点
/100点

◆ 次の円の、円周の長さを求めましょう。　1つ7〔14点〕

❶ 直径20cmの円　（　　　）

❷ 半径0.6mの円　（　　　）

♥ 次の長さを求めましょう。　1つ7〔14点〕

❸ 円周が37.68cmの円の直径　（　　　）

❹ 円周が62.8mの円の半径　（　　　）

♠ 次の形のまわりの長さを求めましょう。　1つ9〔18点〕

❺ 直径13cmの円の半分　（　　　）

❻ 半径7.5mの円の$\frac{1}{4}$　（　　　）

♣ 色をぬった部分のまわりの長さを求めましょう。　1つ9〔54点〕

❼

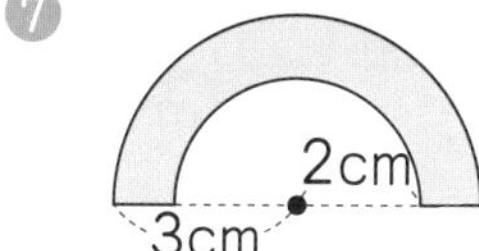


（　　　）

❽

10cm
10cm

（　　　）

❾

9cm
9cm

（　　　）

❿

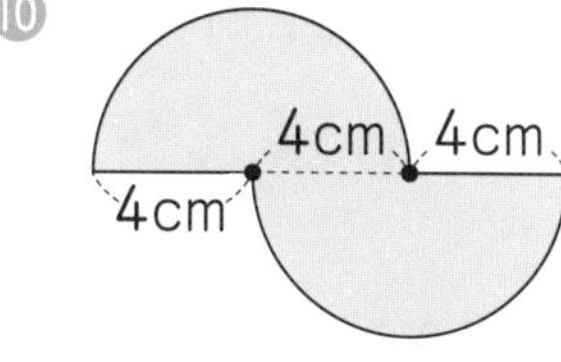


（　　　）

⓫

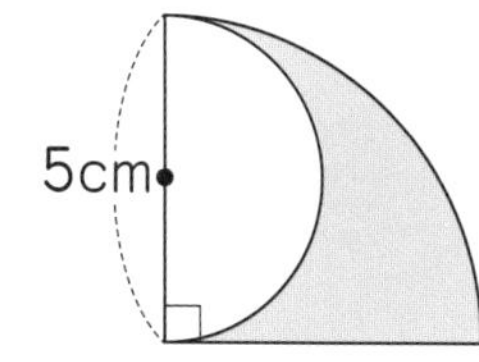


（　　　）

⓬

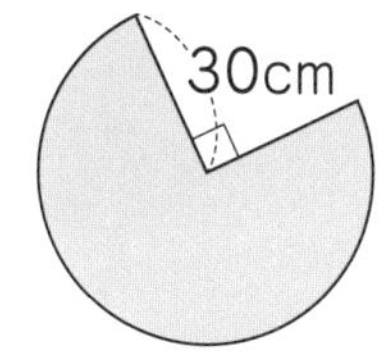


（　　　）

# 27 5年のまとめ(1)

得点　/100点

◆ 計算をしましょう。わり算は、わりきれるまで計算しましょう。　1つ4〔36点〕

❶ 0.6×0.4　❷ 1.5×0.6　❸ 8.65×2.4

❹ 0.9×1.35　❺ 20.8×0.05　❻ 17÷3.4

❼ 0.4÷0.8　❽ 8.4÷1.2　❾ 0.25÷0.04

♥ 商は一の位まで求めて、あまりも出しましょう。　1つ5〔15点〕

❿ 38.5÷6.5　⓫ 41.4÷2.2　⓬ 3.2÷0.28

♠ 商は四捨五入(ししゃごにゅう)して、上から2けたのがい数で求めましょう。　1つ5〔15点〕

⓭ 6.7÷1.4　⓮ 7.64÷1.1　⓯ 36.5÷6.7

♣ □にあてはまる数を書きましょう。　1つ6〔24点〕

⓰ 2.8 L は、8 L の□%です。　⓱ 1600円の135%は□円です。

⓲ □$m^2$の65%は182$m^2$です。　⓳ 63kgは□kgの75%です。

◆ ある店では、シャツが定価(ていか)の2割(わり)引きの1480円で売っていました。シャツの定価はいくらですか。　1つ5〔10点〕

式

答え（　　　）

# 28 5年のまとめ（2）

時間20分　得点　/100点

◆ 計算をしましょう。　1つ6〔36点〕

❶ $\frac{1}{3}+\frac{1}{6}$　❷ $\frac{7}{6}+\frac{11}{10}$　❸ $\frac{7}{12}+1\frac{1}{4}$

❹ $\frac{3}{4}-\frac{7}{12}$　❺ $\frac{11}{6}-\frac{17}{15}$　❻ $1\frac{2}{3}-\frac{8}{9}$

♥ 次の道のり、時間を、〔　〕の中の単位で求めましょう。　1つ8〔16点〕

❼ 秒速72mで走る新幹線が12.5秒間に進む道のり〔m〕

（　　　）

❽ 時速4.5kmで歩く人が5400m進むのにかかる時間〔分〕

（　　　）

♠ 色をぬった部分の面積を求めましょう。　1つ8〔32点〕

❾ 7cm　8cm　11cm　（　　　）

❿ 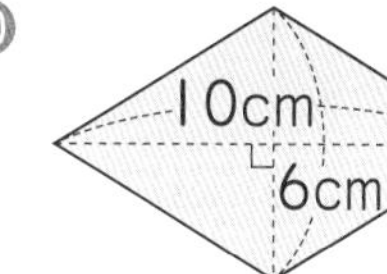


（　　　）

⓫ 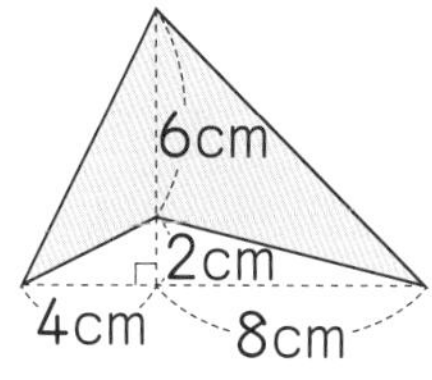


（　　　）

⓬ 4.8cm　4.2cm　2.1cm　6.3cm

（　　　）

♣ コーヒーを$1\frac{1}{5}$L、牛にゅうを$\frac{2}{15}$L混ぜてコーヒー牛にゅうをつくり、$\frac{3}{5}$L飲みました。コーヒー牛にゅうは何L残っていますか。　1つ8〔16点〕

式

答え（　　　）

# 答え

**1** ❶ 364cm³　❷ 184.8cm³
❸ 8000000cm³　❹ 152cm³
❺ 200cm³　❻ 80cm³
❼ 8cm³、8mL
❽ 192cm³、192mL
❾ 250000cm³、250L
5cm
式 25×10×1.2=300
答え 300m³、300000L

**2** ① 120cm³　② 512cm³
③ 94cm³　④ 260cm³
⑤ 270cm³　⑥ 1350cm³
3840cm³
式 50×60×15=45000
答え 45000cm³、45L

**3** ① 17.4　② 14.49　③ 26.6
④ 1.998　⑤ 3.432　⑥ 162.207
⑦ 2.059　⑧ 9.113　⑨ 1.1118
⑩ 11　⑪ 202　⑫ 3
⑬ 10　⑭ 0.99　⑮ 0.218
⑯ 0.098　⑰ 0.9　⑱ 0.08
式 27.6×7.3=201.48
答え 201.48g

**4** ❶ 86　❷ 11.64　❸ 18.19
❹ 359.94　❺ 77.568　❻ 9.999
❼ 5.624　❽ 0.4356　❾ 9.7216
❿ 21.7　⓫ 1.2　⓬ 8.8
⓭ 0.78　⓮ 0.636　⓯ 0.084
⓰ 0.405　⓱ 0.2　⓲ 0.01
式 0.45×0.8=0.36　答え 0.36m²

**5** ① 8.99　② 23.68　③ 3.784
④ 13.018　⑤ 38.335　⑥ 51.603
⑦ 8.3018　⑧ 273.6　⑨ 2097.8
⑩ 30.1　⑪ 22.95　⑫ 903
⑬ 203　⑭ 4.08　⑮ 0.416
⑯ 0.918　⑰ 0.78　⑱ 0.6
式 140×1.25=175　答え 175cm

**6** ① 1.6　② 2.9　③ 3.4
④ 3.5　⑤ 8.2　⑥ 6.5
⑦ 1.4　⑧ 1.8　⑨ 2.5
⑩ 6　⑪ 8　⑫ 7
⑬ 38　⑭ 29　⑮ 27
⑯ 60　⑰ 30　⑱ 50
式 36.75÷7.5=4.9　答え 4.9m

**7** ❶ 0.8　❷ 0.6　❸ 0.76
❹ 0.75　❺ 0.725　❻ 0.275
❼ 2.5　❽ 6.4　❾ 7.5
❿ 8.5　⓫ 4.5　⓬ 36.25
⓭ 11.5　⓮ 4.75　⓯ 6.65
⓰ 1.225　⓱ 16　⓲ 24
式 4.8÷6.4=0.75　答え 0.75kg

**8** ① 3あまり3.1　② 5あまり3
③ 18あまり1.8　④ 56あまり4
⑤ 44あまり7.4　⑥ 2あまり0.5
⑦ 1あまり8.2　⑧ 3あまり4.5
⑨ 1あまり1.63　⑩ 3.3
⑪ 5.5　⑫ 1.9　⑬ 1.4
⑭ 4.4　⑮ 2.4　⑯ 21
⑰ 2.8　⑱ 21
式 11.5÷3.6=3.19…（2）　答え 約3.2m

**9** ① 8　② 0.4　③ 9
④ 505　⑤ 0.075　⑥ 45
⑦ 0.5　⑧ 9.5　⑨ 0.3125
⑩ 4あまり1.76　⑪ 8あまり0.51
⑫ 29あまり1.52　⑬ 1あまり0.71
⑭ 2あまり0.54　⑮ 200あまり0.2
⑯ 5.6　⑰ 45　⑱ 80
式 421÷33.3=12あまり21.4
答え 12本できて21.4cmあまる。

**10** ❶ 2、12、40、56　❷ 7、21、33、61
❸ 7、21、56　❹ 12、24、36
❺ 15、30、45　❻ 96、192、288
❼ 52、104、156
❽ 1、2、3、4、6、8、12、24
❾ 1、7、49
❿ 1、2、3、4、6、8、12、24
⓫ 1、13　⓬ 288、12　⓭ 510、17
80cm

## 11

① 50°　② 140°　③ 60°
④ 105°　⑤ 140°　⑥ 135°
⑦ 85°　⑧ 54°　⑨ 95°
⑩ 135°　⑪ 80°　⑫ 25°
⑬ あ30°　い60°
⑭ う72°　え72°

## 12

① $\frac{11}{12}$　② $\frac{8}{15}$　③ $\frac{11}{14}$
④ $\frac{5}{8}$　⑤ $\frac{22}{15}\left(1\frac{7}{15}\right)$　⑥ $\frac{29}{28}\left(1\frac{1}{28}\right)$
⑦ $\frac{44}{15}\left(2\frac{14}{15}\right)$　⑧ $\frac{19}{18}\left(1\frac{1}{18}\right)$　⑨ $\frac{41}{24}\left(1\frac{17}{24}\right)$
⑩ $\frac{3}{14}$　⑪ $\frac{1}{20}$　⑫ $\frac{29}{42}$
⑬ $\frac{19}{40}$　⑭ $\frac{3}{20}$　⑮ $\frac{13}{21}$
⑯ $\frac{3}{8}$　⑰ $\frac{40}{21}\left(1\frac{19}{21}\right)$　⑱ $\frac{29}{40}$
式 $\frac{8}{5}-\frac{4}{3}=\frac{4}{15}$　答え $\frac{4}{15}$L

## 13

① $\frac{3}{4}$　② $\frac{1}{2}$　③ $\frac{3}{10}$　④ $\frac{4}{5}$
⑤ $\frac{3}{20}$　⑥ $\frac{6}{5}\left(1\frac{1}{5}\right)$　⑦ $\frac{25}{21}\left(1\frac{4}{21}\right)$
⑧ $\frac{7}{6}\left(1\frac{1}{6}\right)$　⑨ $\frac{77}{30}\left(2\frac{17}{30}\right)$　⑩ $\frac{1}{4}$
⑪ $\frac{8}{15}$　⑫ $\frac{1}{2}$　⑬ $\frac{3}{10}$　⑭ $\frac{5}{2}\left(2\frac{1}{2}\right)$
⑮ $\frac{1}{6}$　⑯ $\frac{10}{21}$　⑰ $\frac{3}{5}$　⑱ $\frac{73}{15}\left(4\frac{13}{15}\right)$
式 $\frac{2}{3}+\frac{5}{6}=\frac{3}{2}$　答え $\frac{3}{2}\left(1\frac{1}{2}\right)$kg

## 14

① $2\frac{1}{6}\left(\frac{13}{6}\right)$　② $1\frac{17}{35}\left(\frac{52}{35}\right)$　③ $3\frac{1}{8}\left(\frac{25}{8}\right)$
④ $2\frac{7}{12}\left(\frac{31}{12}\right)$　⑤ $4\frac{3}{40}\left(\frac{163}{40}\right)$　⑥ $3\frac{7}{30}\left(\frac{97}{30}\right)$
⑦ $4\frac{23}{45}\left(\frac{203}{45}\right)$　⑧ $4\frac{5}{12}\left(\frac{53}{12}\right)$　⑨ $4\frac{13}{24}\left(\frac{109}{24}\right)$
⑩ $1\frac{1}{2}\left(\frac{3}{2}\right)$　⑪ $2\frac{3}{4}\left(\frac{11}{4}\right)$　⑫ $3\frac{1}{2}\left(\frac{7}{2}\right)$
⑬ $4\frac{3}{20}\left(\frac{83}{20}\right)$　⑭ $5\frac{1}{18}\left(\frac{91}{18}\right)$　⑮ $3\frac{7}{15}\left(\frac{52}{15}\right)$
⑯ $2\frac{1}{6}\left(\frac{13}{6}\right)$　⑰ $6\frac{1}{2}\left(\frac{13}{2}\right)$　⑱ $8\frac{1}{6}\left(\frac{49}{6}\right)$
式 $1\frac{1}{6}+\frac{5}{14}=1\frac{11}{21}$　答え $1\frac{11}{21}\left(\frac{32}{21}\right)$L

## 15

① $2\frac{1}{6}\left(\frac{13}{6}\right)$　② $1\frac{5}{36}\left(\frac{41}{36}\right)$　③ $1\frac{13}{24}\left(\frac{37}{24}\right)$
④ $2\frac{1}{6}\left(\frac{13}{6}\right)$　⑤ $1\frac{3}{20}\left(\frac{23}{20}\right)$　⑥ $2\frac{2}{7}\left(\frac{16}{7}\right)$
⑦ $\frac{1}{2}$　⑧ $\frac{1}{24}$　⑨ $\frac{9}{20}$
⑩ $\frac{7}{10}$　⑪ $\frac{17}{24}$　⑫ $\frac{19}{36}$
⑬ $2\frac{20}{21}\left(\frac{62}{21}\right)$　⑭ $1\frac{5}{12}\left(\frac{17}{12}\right)$　⑮ $\frac{5}{6}$
⑯ $\frac{4}{5}$　⑰ $2\frac{25}{28}\left(\frac{81}{28}\right)$　⑱ $\frac{11}{12}$
式 $2\frac{5}{12}-\frac{9}{20}=1\frac{29}{30}$　答え $1\frac{29}{30}\left(\frac{59}{30}\right)$kg

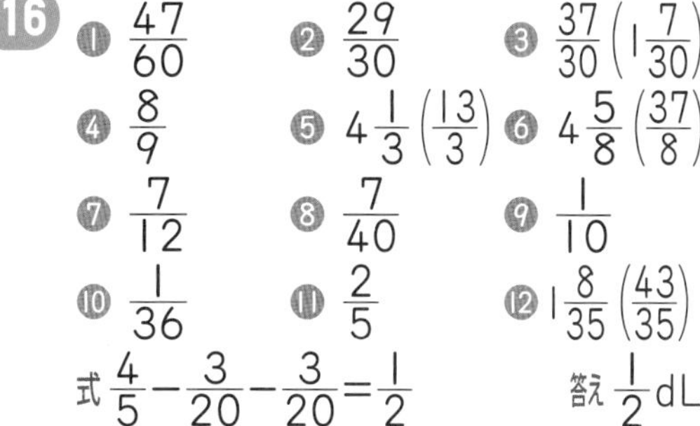

## 16

① $\frac{47}{60}$　② $\frac{29}{30}$　③ $\frac{37}{30}\left(1\frac{7}{30}\right)$
④ $\frac{8}{9}$　⑤ $4\frac{1}{3}\left(\frac{13}{3}\right)$　⑥ $4\frac{5}{8}\left(\frac{37}{8}\right)$
⑦ $\frac{7}{12}$　⑧ $\frac{7}{40}$　⑨ $\frac{1}{10}$
⑩ $\frac{1}{36}$　⑪ $\frac{2}{5}$　⑫ $1\frac{8}{35}\left(\frac{43}{35}\right)$
式 $\frac{4}{5}-\frac{3}{20}-\frac{3}{20}=\frac{1}{2}$　答え $\frac{1}{2}$dL

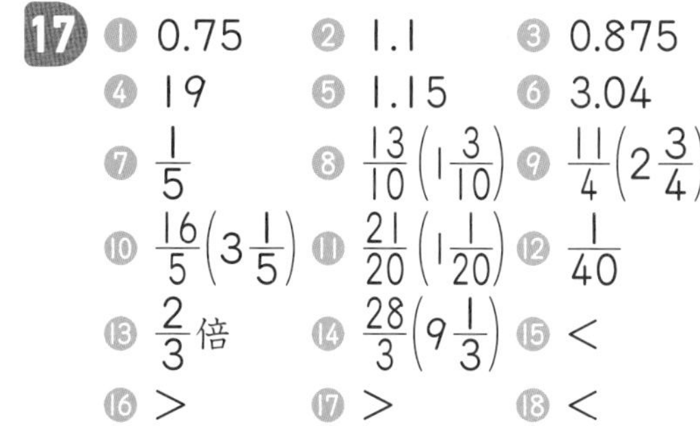

## 17

① 0.75　② 1.1　③ 0.875
④ 19　⑤ 1.15　⑥ 3.04
⑦ $\frac{1}{5}$　⑧ $\frac{13}{10}\left(1\frac{3}{10}\right)$　⑨ $\frac{11}{4}\left(2\frac{3}{4}\right)$
⑩ $\frac{16}{5}\left(3\frac{1}{5}\right)$　⑪ $\frac{21}{20}\left(1\frac{1}{20}\right)$　⑫ $\frac{1}{40}$
⑬ $\frac{2}{3}$倍　⑭ $\frac{28}{3}\left(9\frac{1}{3}\right)$　⑮ $<$
⑯ $>$　⑰ $>$　⑱ $<$

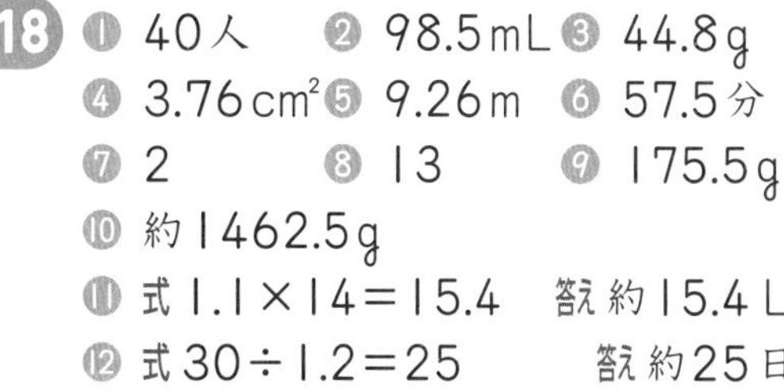

## 18

① 40人　② 98.5mL　③ 44.8g
④ 3.76cm²　⑤ 9.26m　⑥ 57.5分
⑦ 2　⑧ 13　⑨ 175.5g
⑩ 約1462.5g
⑪ 式 1.1×14=15.4　答え 約15.4L
⑫ 式 30÷1.2=25　答え 約25日

## 19

① 0.5人　② 2m²　③ 12.5km
④ 0.08L　⑤ 32g　⑥ 31.25m
⑦ 525円　⑧ 1325円　⑨ 4m
⑩ 9.6m　⑪ 約2000人
⑫ 約2600人　⑬ 約4800人

## 20

① 秒速5m　② 時速90km
③ 分速80m　④ 40.5km
⑤ 4500m　⑥ 9km
⑦ 2.5時間　⑧ 25分　⑨ 120分

| | 秒速 | 分速 | 時速 |
|---|---|---|---|
| 自転車 | 5m | 0.3km | 18km |
| 電車 | 20m | 1.2km | 72km |
| 飛行機 | 150m | 9km | 540km |

式 3000÷40=75　75×12=900

答え 900m

**21** ❶ 時速60km　❷ 分速180m
❸ 秒速12m　❹ 9km
❺ 800m　❻ 9000m
❼ 2時間　❽ 60分　❾ $\frac{11}{360}$時間

| | 秒速 | 分速 | 時速 |
|---|---|---|---|
| はと | 20m | 1.2km | 72km |
| つばめ | 65m | 3.9km | 234km |
| 飛行機 | 300m | 18km | 1080km |

式 48÷60=0.8　0.8×36=28.8
0.8×1.5=1.2　28.8÷1.2=24

答え 24分

**22** ❶ 18cm²　❷ 9.72cm²　❸ 100cm²
❹ 810cm²　❺ 7.5cm²　❻ 33.12cm²
❼ 190cm²　❽ 12.1cm²　❾ 6cm
❿ 6cm　⓫ 30cm　⓬ 33.6cm

**23** ❶ 37.5cm²　❷ 20.7cm²　❸ 15.2cm²
❹ 39.69cm²　❺ 3.52cm²　❻ 3cm²
❼ 17.55cm²　❽ 54.08cm²　❾ 48cm²
❿ 9cm²　⓫ 10.08m²　⓬ 162m²

**24** ❶ 70%　❷ 7割　❸ 0.2
❹ 2割　❺ 45%　❻ 4割5分
❼ 0.8　❽ 80%　❾ 0.91
❿ 9割1分　⓫ 18　⓬ 8、4
⓭ 1.444　⓮ 11.88　⓯ 210
⓰ 7500　⓱ 600　⓲ 50

式 65000×0.4=26000
65000−26000=39000
または、1−0.4=0.6
65000×0.6=39000

答え 39000円

**25** ❶ 14%　❷ 1割4分　❸ 0.027
❹ 2分7厘　❺ 10.9%　❻ 1割9厘
❼ 0.805　❽ 80.5%　❾ 1
❿ 10割　⓫ 12.5　⓬ 12
⓭ 3.765　⓮ 23.97　⓯ 505
⓰ 122400　⓱ 60　⓲ 600

式 25×0.12=3　25+3=28
または
1+0.12=1.12　25×1.12=28

答え 28m²

**26** ❶ 62.8cm　❷ 3.768m
❸ 12cm　❹ 10m
❺ 33.41cm　❻ 26.775m
❼ 17.7cm　❽ 35.7cm
❾ 28.26cm　❿ 33.12cm
⓫ 20.7cm　⓬ 201.3cm

**27** ❶ 0.24　❷ 0.9　❸ 20.76
❹ 1.215　❺ 1.04　❻ 5
❼ 0.5　❽ 7　❾ 6.25
❿ 5あまり6　⓫ 18あまり1.8
⓬ 11あまり0.12　⓭ 4.8
⓮ 6.9　⓯ 5.4　⓰ 35
⓱ 2160　⓲ 280　⓳ 84

式 1−0.2=0.8　1480÷0.8=1850

答え 1850円

**28** ❶ $\frac{1}{2}$　❷ $\frac{34}{15}\left(2\frac{4}{15}\right)$　❸ $1\frac{5}{6}\left(\frac{11}{6}\right)$
❹ $\frac{1}{6}$　❺ $\frac{7}{10}$　❻ $\frac{7}{9}$
❼ 900m　❽ 72分
❾ 72cm²　❿ 30cm²
⓫ 36cm²　⓬ 11.655cm²

式 $1\frac{1}{5}+\frac{2}{15}-\frac{3}{5}=\frac{11}{15}$　答え $\frac{11}{15}$L

「小学教科書ワーク・
数と計算」で、
さらに練習しよう！

# わくわくシール

★学習が終わったら、ページの上に好きなふせんシールをはろう。
　がんばったページやあとで見直したいページなどにはってもいいよ。
★実力判定テストが終わったら、まんてんシールをはろう。

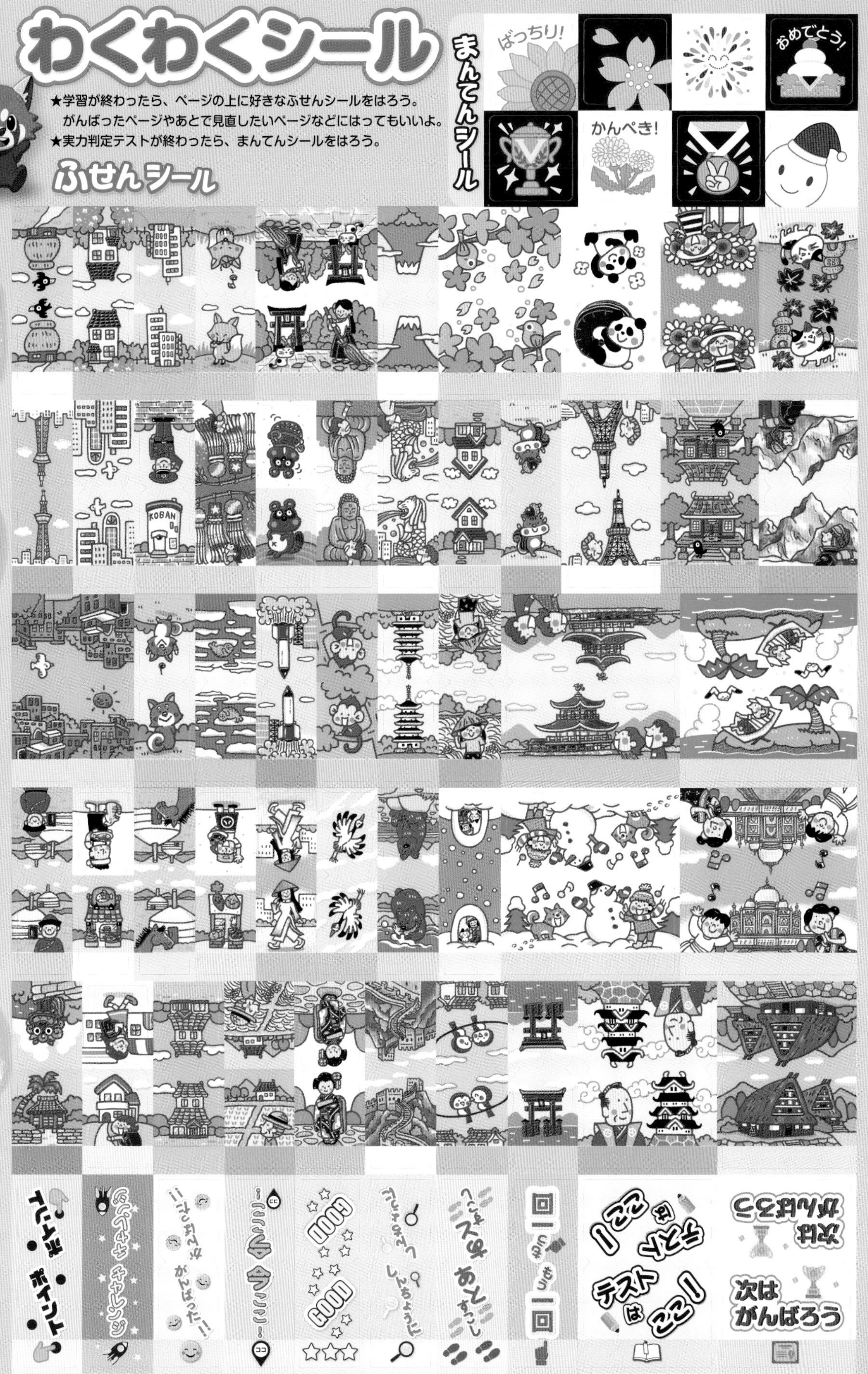

算数 5年

# 倍数と約数

教科書ワーク

**倍　数**…ある整数を整数倍してできる数
（3に整数をかけてできる数は3の倍数）

**公倍数**…いくつかの整数に共通な倍数

**最小公倍数**…公倍数のうち、いちばん小さい数

| 4の倍数 | 4 | 8 | 12 | 16 | 20 | 24 | 28 | 32 | 36 | … |
|---|---|---|---|---|---|---|---|---|---|---|
| 6の倍数 | 6 | 12 | 18 | 24 | 30 | 36 | 42 | 48 | 54 | … |

4の倍数　6の倍数

4　8
16　20
28　32　…

12　24
36　…

6　18
30　42　…

4と6の公倍数

4と6の公倍数は、12、24、36、…
（4と6の公倍数は、いくらでもあります。）

4と6の最小公倍数は、12

公倍数は最小公倍数の倍数になっているね！

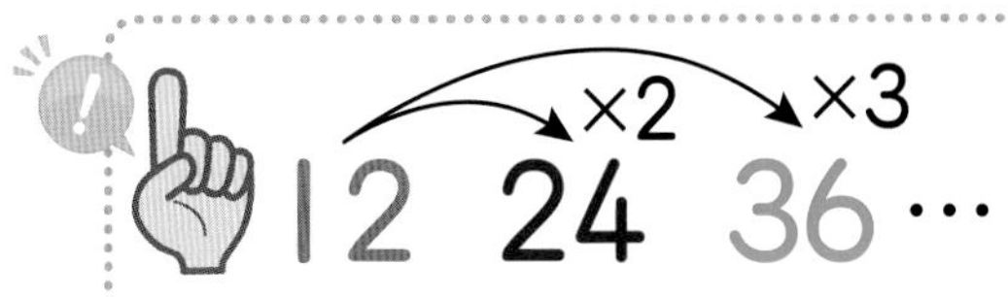


**約　数**…ある整数をわりきることができる整数
（8をわりきることのできる整数は8の約数）

**公約数**…いくつかの整数に共通な約数

**最大公約数**…公約数のうち、いちばん大きい数

| 18の約数 | 1 | 2 | 3 | 6 | 9 | 18 | | |
|---|---|---|---|---|---|---|---|---|
| 24の約数 | 1 | 2 | 3 | 4 | 6 | 8 | 12 | 24 |

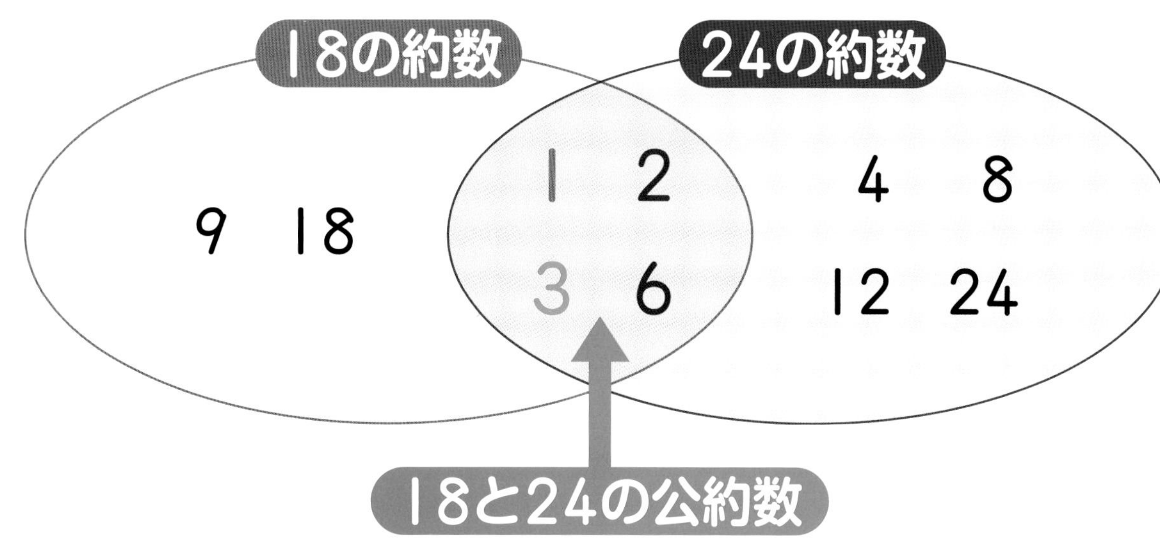


18と24の公約数は、1、2、3、6

18と24の最大公約数は、6

公約数は最大公約数の約数になっているよ！

1とその数自身は必ず約数になります。

教科書ワーク算数5年折込（裏）

算数 5年

# 面積の求め方

教科書ワーク

## 平行四辺形の面積＝底辺×高さ

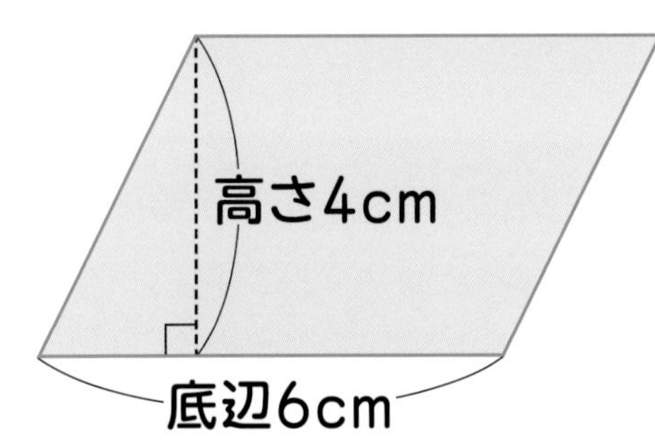


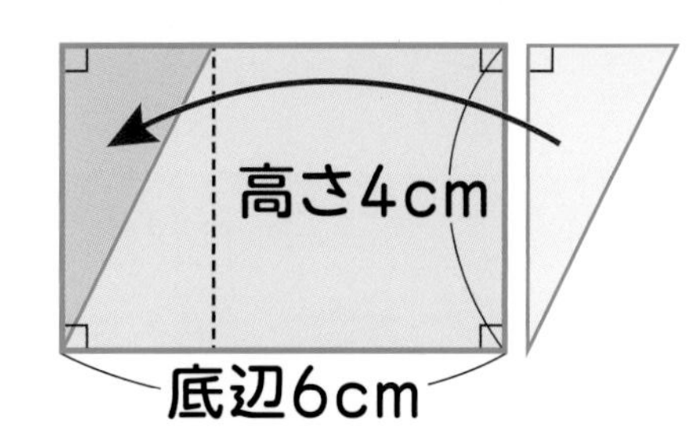


6×4＝24(cm²)

右の三角形を左に移動すると、長方形になります。

## 三角形の面積＝底辺×高さ÷2

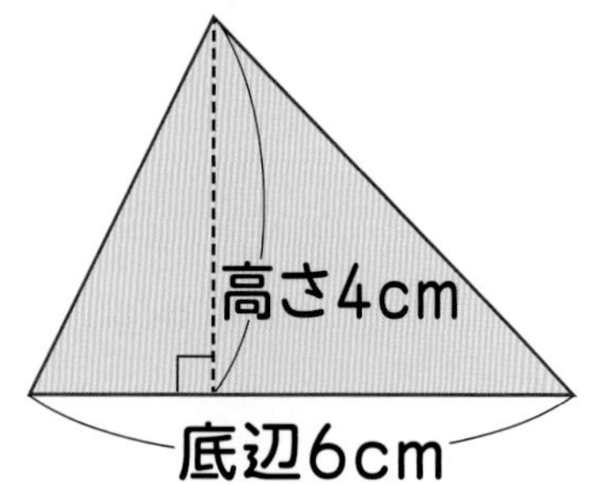


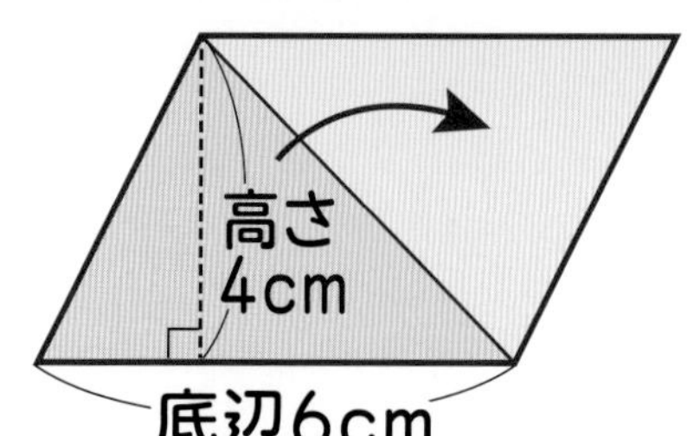


6×4÷2＝12(cm²)

三角形を2つ合わせると、平行四辺形になります。

## 台形の面積＝(上底＋下底)×高さ÷2

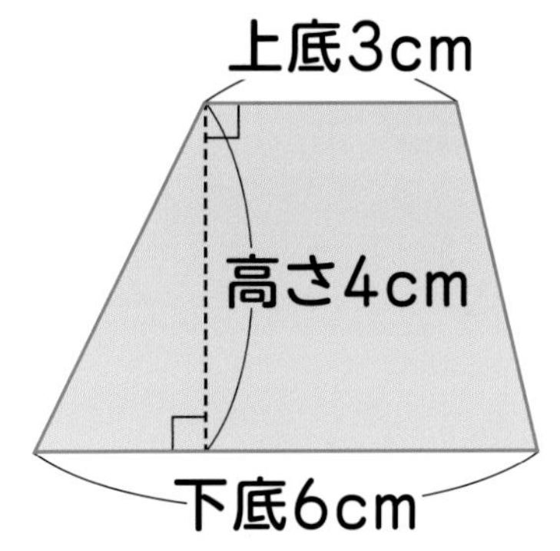


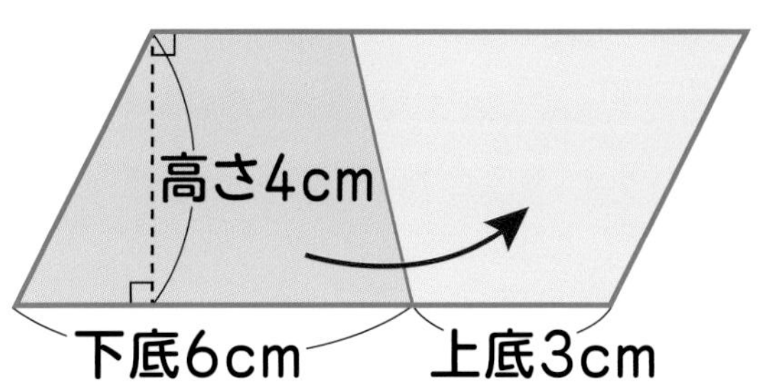


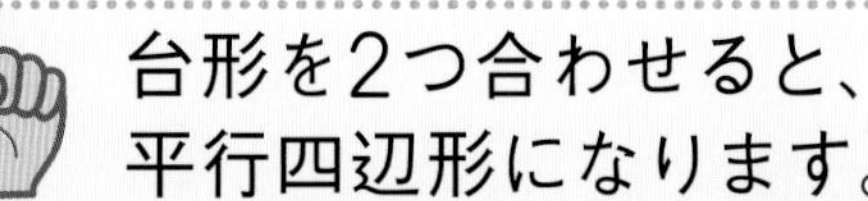


(3＋6)×4÷2＝18(cm²)

台形を2つ合わせると、平行四辺形になります。

## ひし形の面積＝対角線×対角線÷2

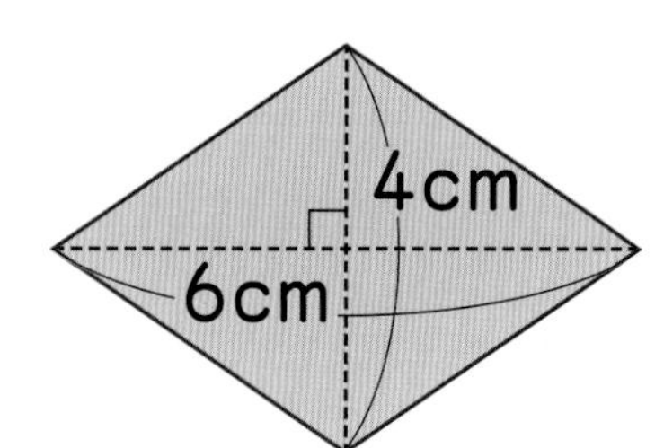


4cm

6cm

4×6÷2＝12(cm²)

ひし形をおおう長方形の面積の半分になります。

## 面積の求め方のくふう①(全体からひいて考える)

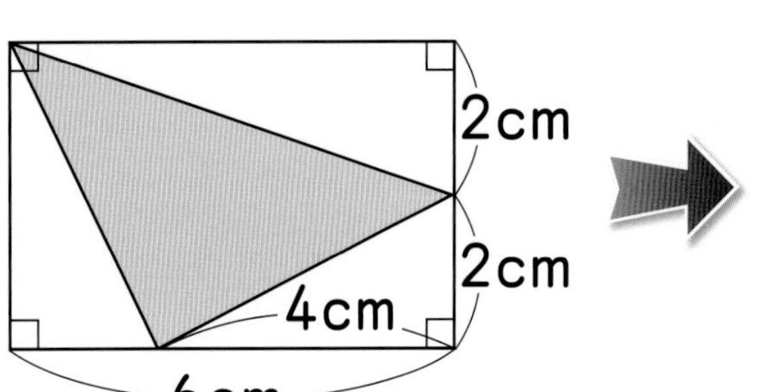


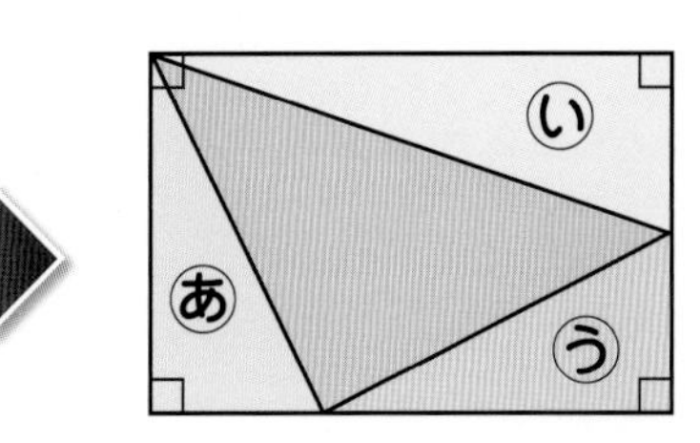


長方形全体の面積から、あ、い、うの三角形の面積をひけばいいね。

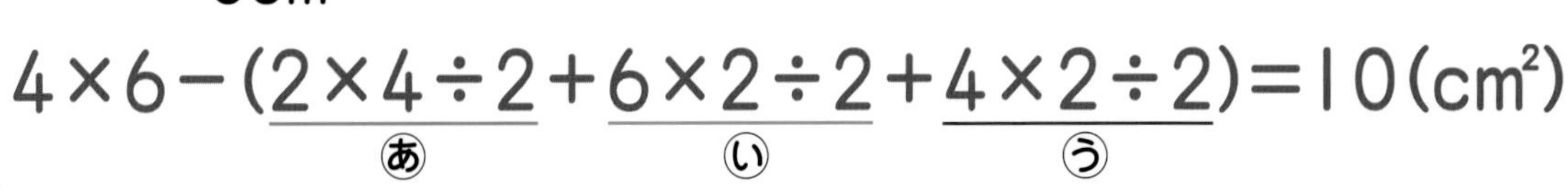


## 面積の求め方のくふう②(はしによせて考える)

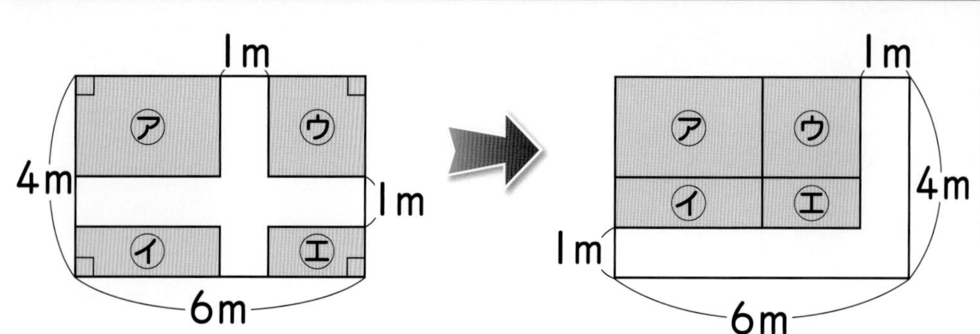


(4－1)×(6－1)＝15(m²)

白の部分をはしによせると、1つの長方形になるよ。

動画 コードを読みとって、下の番号の動画を見てみよう。

勉強した日　月　日

# 整数と小数
# 基本のワーク

**学習の目標**
整数と小数のしくみや、位や小数点の移り方を調べよう。

教科書 11~16ページ　答え 1ページ

## 基本 1 整数や小数のしくみがわかりますか。

☆ 32.145 を、位ごとの数をもとにして 1 つの式に表しましょう。

とき方

| | | | | | | | |
|---|---|---|---|---|---|---|---|
| 10 | が | 3 個で | 3 | 0 | | | |
| 1 | が | 2 個で | | 2 | | | |
| 0.1 | が | □ 個で | | 0 | .1 | | |
| 0.01 | が | 4 個で | | 0 | .0 | □ | |
| □ | が | 5 個で | | 0 | .0 | 0 | 5 |
| | | あわせて | 3 | 2 | .1 | 4 | 5 |

**たいせつ**
どんな整数や小数も、0 から 9 までの数字と小数点を使って表すことができます。

答え 32.145＝10×3＋1×□＋0.1×□＋0.01×□＋0.001×□

**1** □にあてはまる数を書きましょう。　教科書 13ページ1

15.203＝10×□＋1×□＋0.1×□＋0.01×□＋0.001×□

**2** 28.067 を、位ごとの数をもとにして 1 つの式に表しましょう。　教科書 13ページ1

(　　　　　　　　)

**3** 下の□に、1、3、5、7、9 の数字を 1 回ずつあてはめて、いちばん大きい数といちばん小さい数をつくりましょう。　教科書 13ページ1

□□□.□□

いちばん大きい数 (　　　　)　いちばん小さい数 (　　　　)

## 基本 2 10 倍、100 倍、……の数がわかりますか。

☆ 6.97 を 10 倍、100 倍、1000 倍した数を、それぞれ書きましょう。

とき方　整数や小数を 10 倍、100 倍、1000 倍すると、それぞれ位が 1 けた、□けた、□けた上がり、小数点はそれぞれ右へ 1 けた、□けた、□けた移(うつ)ります。

| | | | |
|---|---|---|---|
| 6 | .9 | 7 | |
| 6 | 9 | .7 | |
| 6 | 9 | 7 | . |
| 6 | 9 | 7 | 0. |

10 倍　100 倍　10 倍　1000 倍　10 倍

答え 10 倍 □　100 倍 □　1000 倍 □



さんすうはかせ　1 mm の $\frac{1}{1000}$ を 1 μm(マイクロメートル)、1 μm の $\frac{1}{1000}$ を 1 nm(ナノメートル)というよ。

**4** 次の数を書きましょう。 教科書 15ページ2

❶ 0.931 の 10 倍の数 ( )

❷ 25.4 の 100 倍の数 ( )

❸ 10.72 の 100 倍の数 ( )

❹ 0.3 の 1000 倍の数 ( )

**5** 計算をしましょう。 教科書 15ページ2

❶ 48.5×10

❷ 1.06×1000

## 基本 3 $\frac{1}{10}$、$\frac{1}{100}$、……の数がわかりますか。

☆ 47.5 を $\frac{1}{10}$、$\frac{1}{100}$、$\frac{1}{1000}$ にした数を、それぞれ書きましょう。

**とき方** 整数や小数を $\frac{1}{10}$、$\frac{1}{100}$、$\frac{1}{1000}$ にすると、それぞれ位が 1 けた、□けた、□けた下がり、小数点はそれぞれ左へ 1 けた、□けた、□けた移ります。

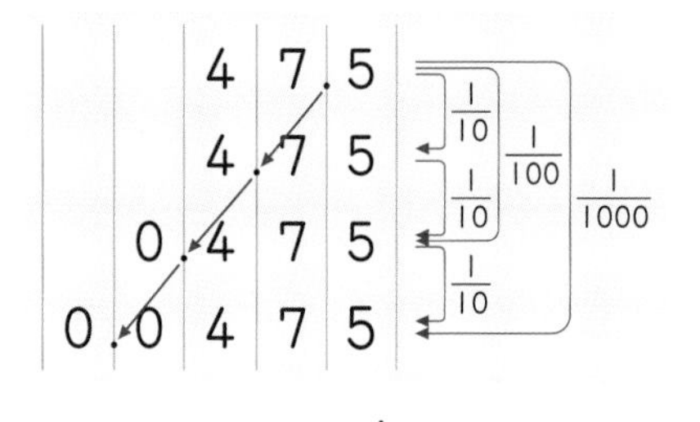


**答え** $\frac{1}{10}$ □ $\frac{1}{100}$ □ $\frac{1}{1000}$ □

**6** 次の数を書きましょう。 教科書 15ページ2

❶ 1.89 の $\frac{1}{10}$ の数 ( )

❷ 62 の $\frac{1}{100}$ の数 ( )

❸ 0.54 の $\frac{1}{100}$ の数 ( )

❹ 380 の $\frac{1}{1000}$ の数 ( )

**7** 計算をしましょう。 教科書 15ページ2

❶ 76.3÷10

❷ 49.05÷1000

**ポイント** 小数点を左へ移して、それより左に数字がなくなったら、0.12、0.012 のように、0 を書き加えましょう。

勉強した日　　月　　日

# 練習のワーク

教科書 11～17ページ　答え 1ページ

できた数　　/12問中

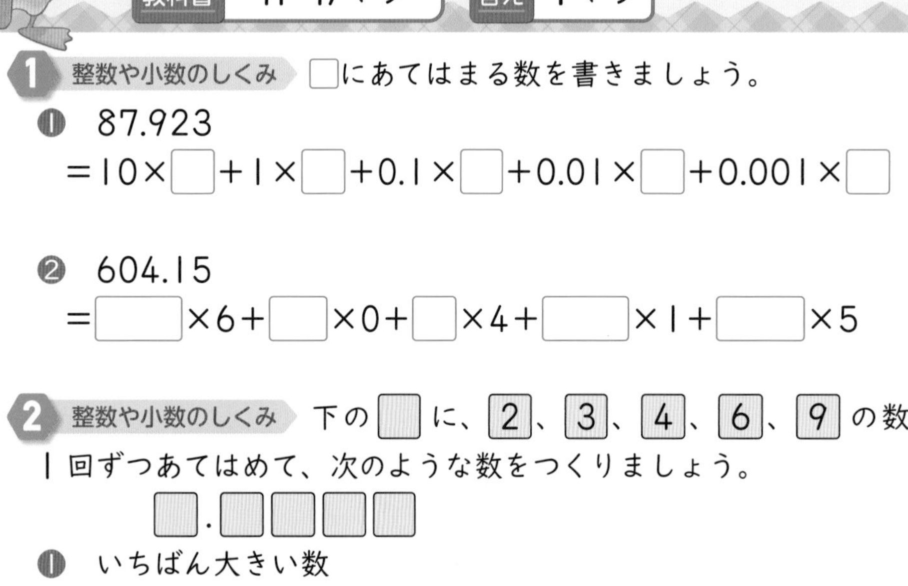

**1** 整数や小数のしくみ　□にあてはまる数を書きましょう。

❶ 87.923

＝10×□＋1×□＋0.1×□＋0.01×□＋0.001×□

❷ 604.15

＝□×6＋□×0＋□×4＋□×1＋□×5

**2** 整数や小数のしくみ　下の□に、[2]、[3]、[4]、[6]、[9]の数字を1回ずつあてはめて、次のような数をつくりましょう。

□.□□□□

❶ いちばん大きい数

（　　　　　）

❷ いちばん小さい数

（　　　　　）

**3** 10倍、100倍、……と$\frac{1}{10}$、$\frac{1}{100}$、……の数　次の数を、（　）の中の大きさにした数を書きましょう。

❶ 5.804（100倍）

（　　　　　）

❷ 3.76（1000倍）

（　　　　　）

❸ $0.25\left(\frac{1}{10}\right)$

（　　　　　）

❹ $490\left(\frac{1}{1000}\right)$

（　　　　　）

**4** 100倍、$\frac{1}{100}$の数　計算をしましょう。

❶ 0.072×100

❷ 82.9÷100

**5** 数直線の見方　下の数直線について答えましょう。

0　[1]　↓

❶ ↓のめもりが表す数はいくつでしょうか。

（　　　　　）

❷ [1]のところを[0.1]に変えると、↓のめもりが表す数はいくつになるでしょうか。

（　　　　　）

**1** 整数や小数の表し方

どの位の数が何個あるかを調べて、1つの式に表します。

**2** 数の大きさ

上の位の数字が大きいほど、数は大きくなります。

**3** **4** 小数点の移り方

**たいせつ**

整数や小数を10倍、100倍、……すると、小数点はそれぞれ右へ1けた、2けた、……移ります。

また、$\frac{1}{10}$、$\frac{1}{100}$、……にすると、小数点はそれぞれ左へ1けた、2けた、……移ります。

**5** 数直線の見方

[1]のとき、小さい1めもりは0.1を表します。

また、[0.1]のとき、小さい1めもりは0.01を表します。

できるナビ　小数点は、10倍するごとに右へ1けた、$\frac{1}{10}$にするごとに左へ1けた移るよ。

# まとめのテスト

得点　　/100点

教科書　11～17ページ　　答え　1ページ

**1** □にあてはまる数を書きましょう。　　1つ7〔28点〕

❶ 365.81＝100×□＋10×□＋1×□＋0.1×□＋0.01×□

❷ 915.04＝□×9＋□×1＋□×5＋□×0＋□×4

❸ 2.627は、1を□個、0.1を□個、0.01を□個、0.001を□個あわせた数です。

❹ 10を6個、1を4個、0.1を3個、0.001を8個あわせた数は□です。

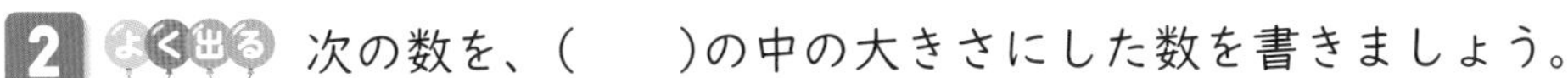

**2** よく出る　次の数を、(　　)の中の大きさにした数を書きましょう。　　1つ8〔48点〕

❶ 4.53(10倍)　　(　　　)

❷ 61.84(100倍)　　(　　　)

❸ 0.78(1000倍)　　(　　　)

❹ 37.29$\left(\frac{1}{10}\right)$　　(　　　)

❺ 930$\left(\frac{1}{100}\right)$　　(　　　)

❻ 50.6$\left(\frac{1}{1000}\right)$　　(　　　)

**3** 計算をしましょう。　　1つ8〔16点〕

❶ 34.8×100

❷ 7.56÷100

**4** 右の図は、ある木を写真にとったもので、もとの木の高さの$\frac{1}{100}$の高さを表しています。
もとの木の高さは何mでしょうか。　　〔8点〕

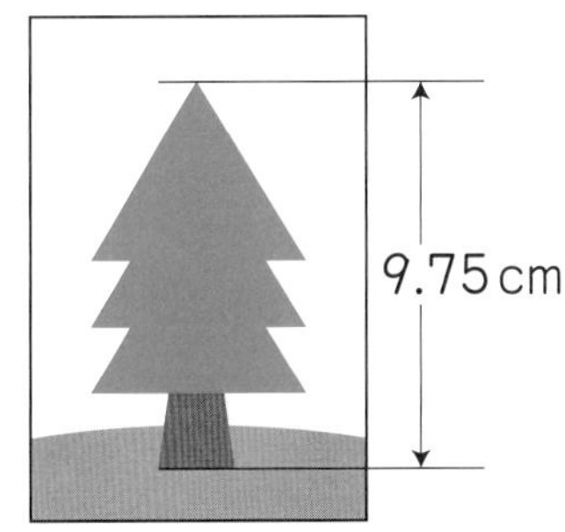


(　　　)

□小数を10倍、100倍、$\frac{1}{10}$、$\frac{1}{100}$にした数を求めることができたかな？

勉強した日　月　日

# 体積 ［その1］
## 基本のワーク

学習の目標
体積の表し方や、直方体・立方体の体積の求め方を考えよう。

教科書 18～24ページ　答え 2ページ

### 基本1 体積の表し方がわかりますか。

☆ ｜辺が｜cmの立方体の積み木で、右のような直方体を作りました。この直方体の体積(たいせき)は何$cm^3$でしょうか。

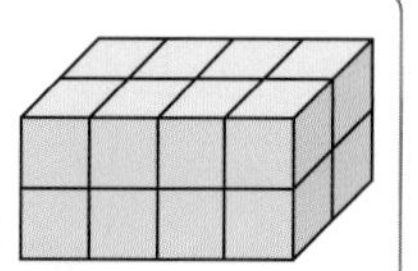

とき方 かさのことを［　］といい、｜辺が｜cmの立方体を単位として、それが何個(なんこ)分あるかで表します。
積み木｜個の体積が｜［　］で、積み木は［　］個あるから、この直方体の体積は、［　］$cm^3$です。

答え ［　］$cm^3$

たいせつ
｜辺が｜cmの立方体の体積を｜$cm^3$(｜立方センチメートル)といいます。

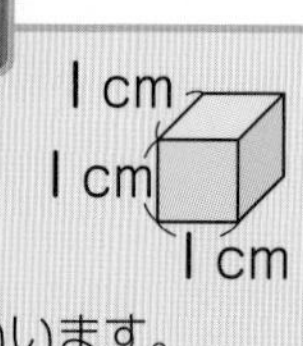


**1** ｜辺が｜cmの立方体の積み木で、次のような形を作りました。体積は何$cm^3$でしょうか。

教科書 19ページ1

①

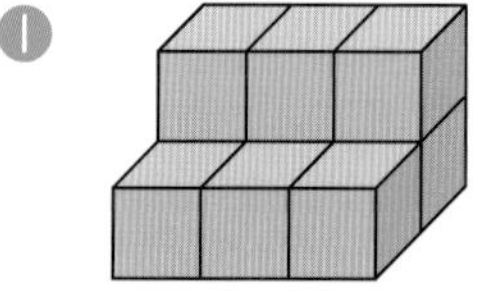

（　　　）

②

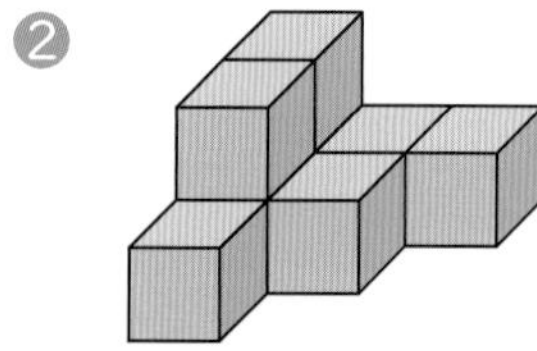

（　　　）

**2** 次のような立体の体積は何$cm^3$でしょうか。

教科書 19ページ1

①

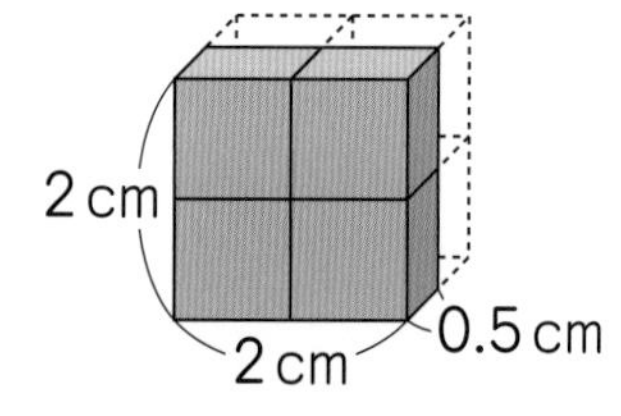


（　　　）

②

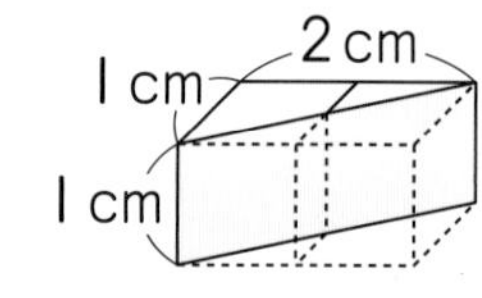


（　　　）

### 基本2 直方体の体積を求めることができますか。

☆ 右のような直方体の体積を求めましょう。

3cm　5cm　4cm

とき方 たて3cm、横5cmだから、｜$cm^3$の立方体が、｜だんでは、たてに3個、横に5個ならびます。また、高さが4cmだから、4だん積めます。
直方体の体積＝たて×［　］×［　］
だから、［　］×［　］×［　］＝［　］

答え ［　］$cm^3$

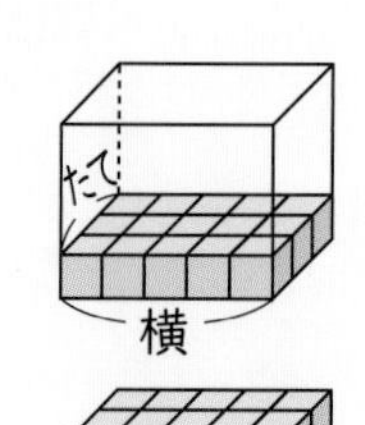


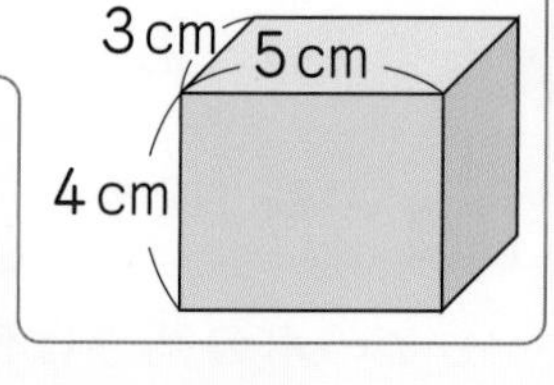

たいせつ
直方体の体積＝たて×横×高さ

さんすうはかせ 立方体は、たて、横、高さがどれも等しい、直方体の特別な形だよ。角砂糖(かくざとう)など、身のまわりにもたくさんあるね。さがしてみよう。

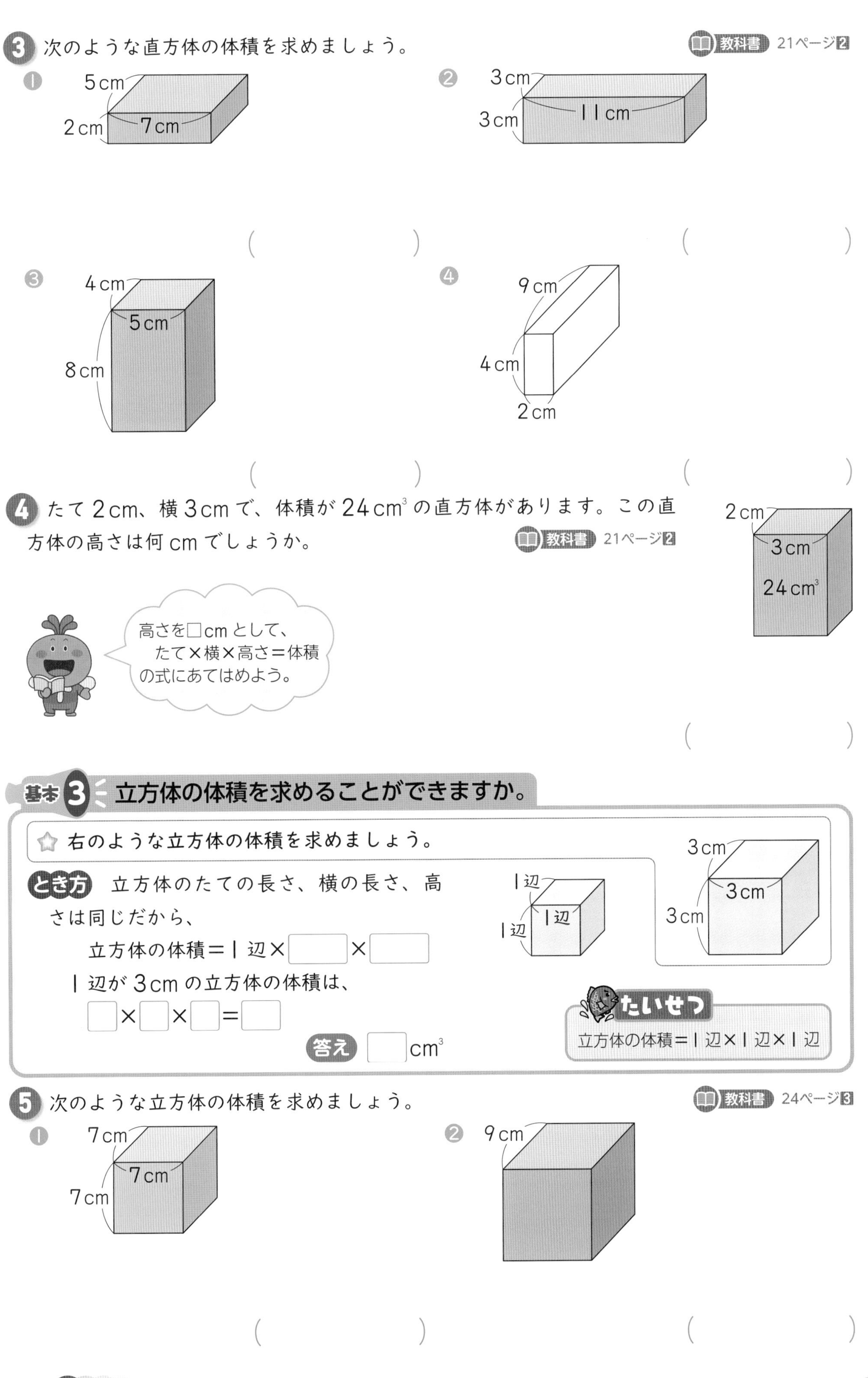

**3** 次のような直方体の体積を求めましょう。　教科書 21ページ2

❶ 5cm　2cm　7cm　（　　　）

❷ 3cm　3cm　11cm　（　　　）

❸ 4cm　5cm　8cm　（　　　）

❹ 9cm　4cm　2cm　（　　　）

**4** たて 2cm、横 3cm で、体積が 24cm³ の直方体があります。この直方体の高さは何 cm でしょうか。　教科書 21ページ2

2cm　3cm　24cm³



（　　　）

## 基本 3 立方体の体積を求めることができますか。

☆ 右のような立方体の体積を求めましょう。

**とき方** 立方体のたての長さ、横の長さ、高さは同じだから、

立方体の体積＝1辺×□×□

1辺が 3cm の立方体の体積は、

□×□×□＝□

**答え** □cm³

1辺　1辺　1辺

3cm　3cm　3cm

**たいせつ**
立方体の体積＝1辺×1辺×1辺

**5** 次のような立方体の体積を求めましょう。　教科書 24ページ3

❶ 7cm　7cm　7cm　（　　　）

❷ 9cm　（　　　）

**ポイント** 直方体や立方体の体積を求めるときは、公式に辺の長さをあてはめて計算します。

勉強した日　月　日

**学習の目標**
体積の単位$m^3$を知り、体積と水のかさの単位の関係を調べよう。

# 体積［その2］
# 基本のワーク

教科書 25～28ページ　答え 2ページ

## 基本1 大きな体積の単位がわかりますか。

☆ 右のような直方体の体積を求めましょう。

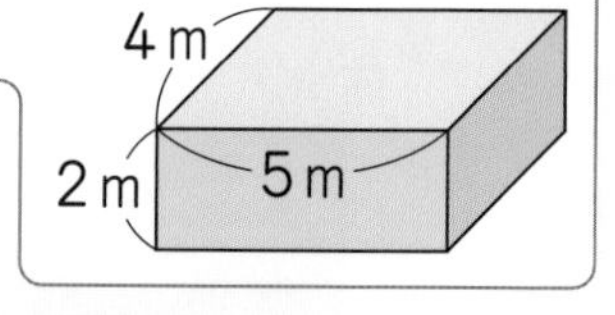


**とき方** 大きなものの体積は、1辺が1mの立方体の体積を単位として表します。

1辺が1mの立方体の体積を1立方メートルといい、1□と書きます。

体積の公式を使って、直方体の体積を求めると、

□×□×□＝□

答え □$m^3$

1辺が1mの立方体の体積を$1m^3$（1立方メートル）といいます。

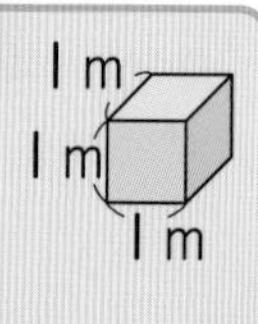


**1** 次の立体の体積を求めましょう。　教科書 25ページ4

❶ たて6m、横2m、高さ7mの直方体

（　　　　）

❷ 1辺が10mの立方体

（　　　　）

## 基本2 $m^3$と$cm^3$の関係がわかりますか。

☆ $3m^3$は何$cm^3$でしょうか。

**とき方** まず、$1m^3$が何$cm^3$か、考えましょう。1m＝100cmだから、

100×100×100＝□

$1m^3$＝□$cm^3$

したがって、$3m^3$は、

3×□＝□（$cm^3$）

答え □$cm^3$

**2** □にあてはまる数を書きましょう。　教科書 26ページ5

❶ $9m^3$＝□$cm^3$

❷ $4000000cm^3$＝□$m^3$

❸ $20m^3$＝□$cm^3$

❹ $1500000cm^3$＝□$m^3$



さんすうはかせ　お米の量をはかるときに使う「合（ごう）」も、体積の単位だよ。

## 基本 3 容積を求めることができますか。

☆ 厚さ1cmの板で作った、右のような直方体の形をした入れ物があります。この入れ物の容積を求めましょう。

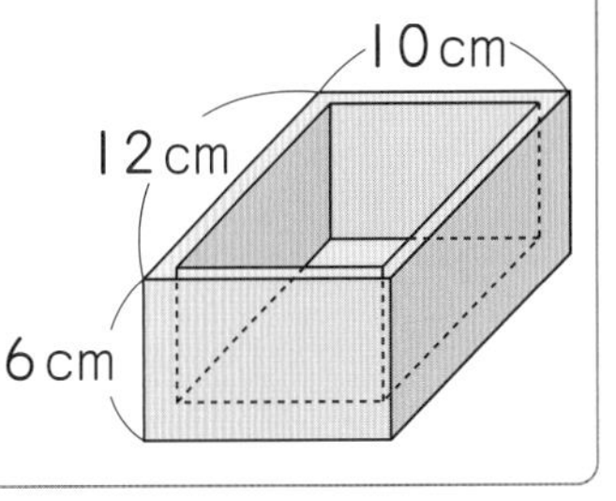


**とき方** 入れ物などの内側のたて、横、深さのことを内のりといいます。

この入れ物の内のりは、

たてが、12−1×2＝10(cm)

横が、10−1×2＝□(cm)

深さが、6−□＝□(cm)

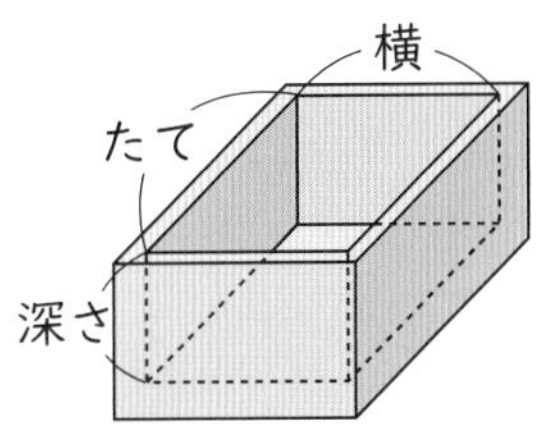


したがって、この入れ物の容積は、

10×□×□＝□(cm³)　**答え** □cm³

**容積とは**
入れ物の内側いっぱいの体積のこと。

**3** 厚さ1cmの板で作った、次のような直方体の形をした入れ物があります。この入れ物の容積を求めましょう。

教科書 27ページ6

❶

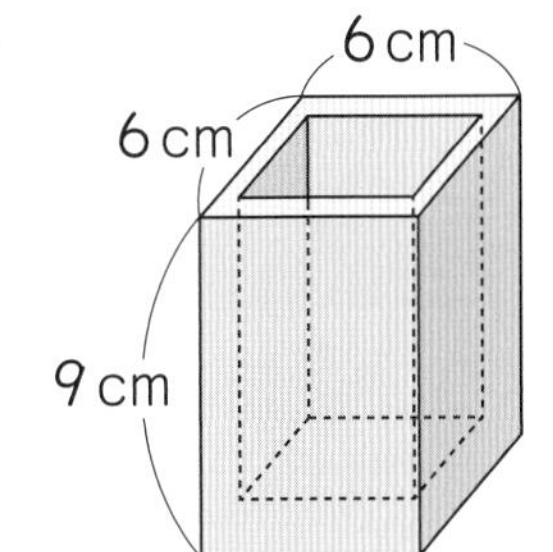


(　　　　)

❷

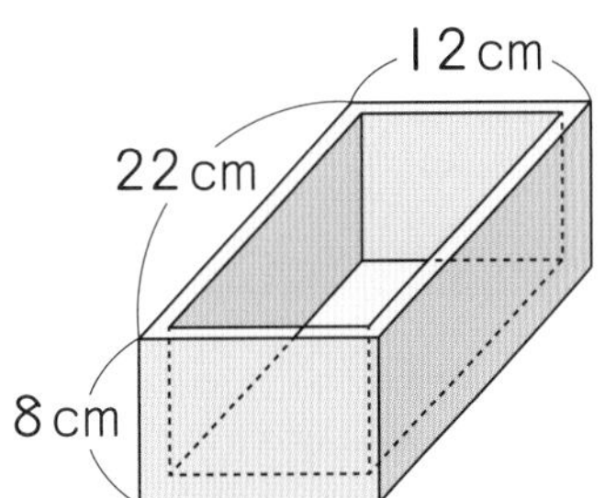


(　　　　)

## 基本 4 体積の単位とLの関係がわかりますか。

☆ 2m³は何Lでしょうか。

**とき方** 1Lは、たて、横、深さが10cmの容器に入る水の体積です。

10×10×10＝□(cm³)だから、1L＝□cm³

右の図のように、たて、横、高さが10cmの立方体Aをならべて、たて、横、高さが1mの立方体をつくると、ならぶ立方体Aの個数は、10×10×10＝□(個)

したがって、1m³＝□L

だから、2m³は、

2×□＝□(L)

**答え** □L

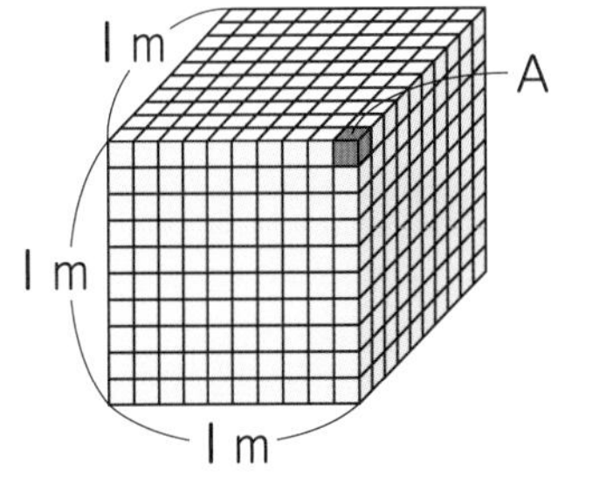


**4** □にあてはまる数を書きましょう。

教科書 28ページ7

❶ 10m³＝□L

❷ 7000L＝□m³

❸ 1.9L＝□cm³

❹ 3mL＝□cm³

**ポイント** 1L＝1000mLで、また、1L＝1000cm³だから、1mL＝1cm³です。

勉強した日 月 日

学習の目標
組み合わせた立体の体積を、くふうして求めよう。

# 体積 [その3]

# 基本のワーク

教科書 29〜31ページ　答え 2ページ

## 基本 1　1辺の長さと、面積や体積の単位の関係がわかりますか。

☆ 右の表のㇰからㇿをうめましょう。

| 1辺の長さ | 1cm | 10cm | 1m |
|---|---|---|---|
| 正方形の面積 | 1 $cm^2$ | 100 $cm^2$ | 1 $m^2$ |
| 立方体の体積 | 1 $cm^3$ | ㋐ | ㋒ |
| | 1mL | ㋑ | ㋓ |

とき方
㋐ 10×□×□=□
だから、□ $cm^3$
㋑ たて、横、深さが 10cm の容器に入る水のかさだから、□L
㋒ 1辺が 1m の立方体の体積だから、□ $m^3$
㋓ 1辺が 1m の立方体は、1辺が 10cm の立方体の 10×10×10=1000(倍)だから、1000L=□kL

答え ㋐□ $cm^3$、㋑□L、㋒□ $m^3$、㋓□kL

**1** 次の問題に答えましょう。　教科書 29ページ8

❶ 1m は 1cm の何倍ですか。
(　　　)

❷ 1 $m^2$ は 1 $cm^2$ の何倍ですか。
(　　　)

❸ 1 $m^3$ は 1 $cm^3$ の何倍ですか。
(　　　)

## 基本 2　組み合わせた立体の体積がわかりますか。

☆ 右のような立体の体積を求めましょう。

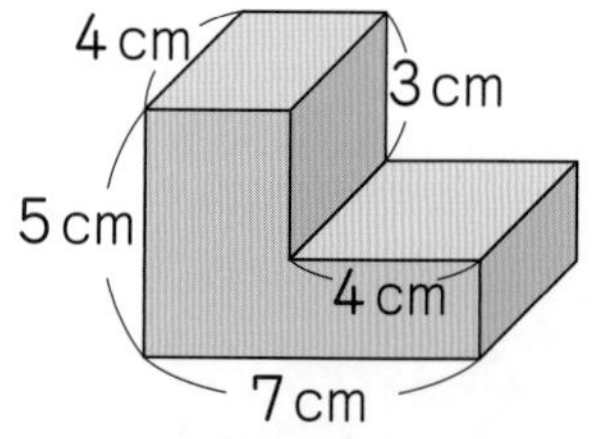

4cm　3cm　5cm　4cm　7cm

とき方 立体を 2 つの直方体に分けて考えます。
あの直方体➡ 4×(7−4)×5=□($cm^3$) 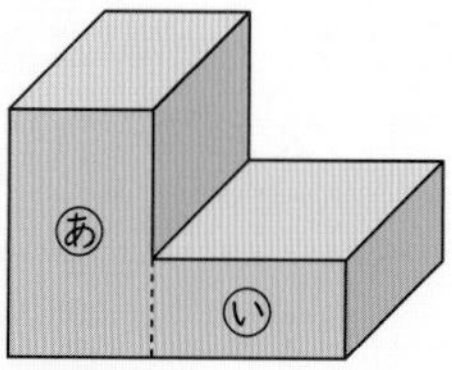
いの直方体➡ 4×4×(5−3)=□($cm^3$)
あの直方体の体積にいの直方体の体積を加えたものが、求める体積になります。
□+□=□($cm^3$)
あ　い

あ　い

答え □ $cm^3$

㋐ う　え

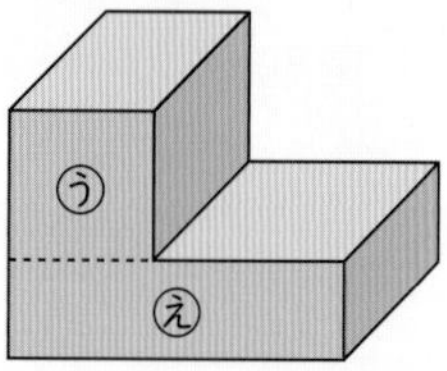

㋑ か　お

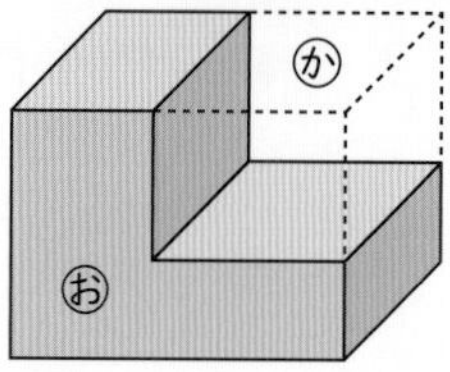

おは大きい直方体

左の図㋐でう+えでも、図㋑でお−かでも求められるね。

さんすうはかせ
体積(容積〔ようせき〕)を表す単位として、料理では「カップ」、「さじ」などを使うことがあるね。
1カップは 200mL、大さじ1ぱいは 15mL を表すよ。

**2** 右のような立体の体積を、図のように考えて求めます。図に合う式を、下のあからうの中から選びましょう。

教科書 30ページ9

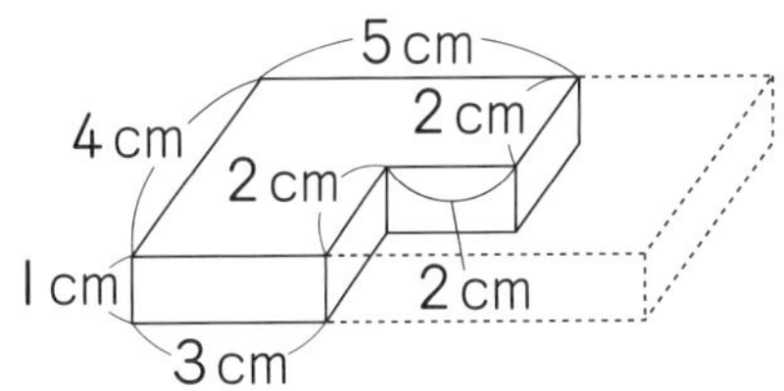

あ　4×5×1－2×2×1

い　4×(5＋3)×1÷2

う　4×3×1＋2×2×1

（　　　　）

**3** 次のような立体の体積を求めましょう。

教科書 30ページ9

❶

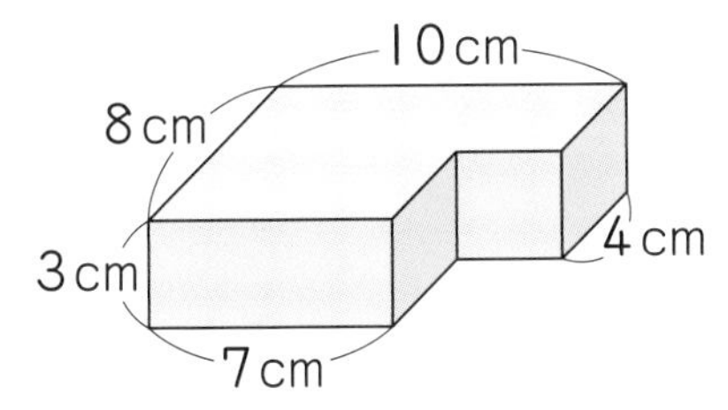


❷

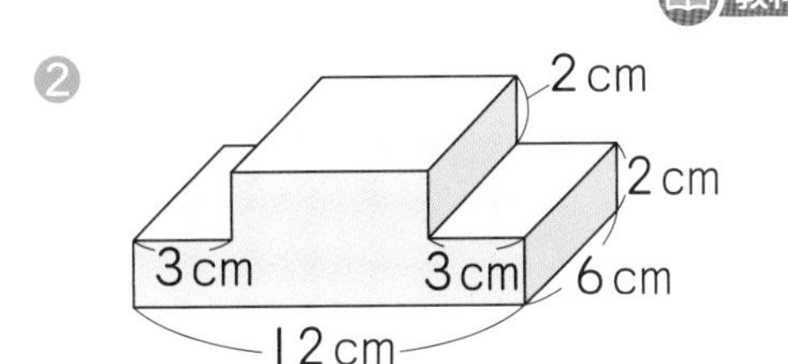


（　　　　）　　（　　　　）

## 基本3　箱の問題がわかりますか。

☆ 右のような直方体の形をしたおかしを、直方体の箱に同じ向きにつめます。箱は３種類あり、たて、横、高さは次のようになっています。

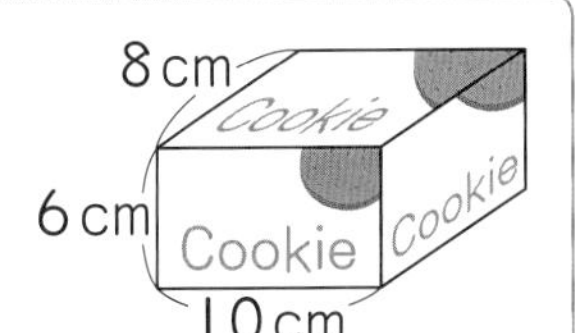


あ　たて8cm、横40cm、高さ12cm

い　たて18cm、横24cm、高さ18cm

う　たて16cm、横20cm、高さ24cm

❶ 体積がいちばん大きい箱はどれでしょうか。

❷ おかしをつめたときにすき間ができない箱はどれでしょうか。

**とき方** ❶ あ…8×40×12＝□($cm^3$)　い…18×24×18＝□($cm^3$)

う…16×20×24＝□($cm^3$)　**答え** □

❷ たて、横、高さが、それぞれ8、10、□でわりきれるとき、おかしをすき間なくつめることができます。　**答え** □、□

**4** 上の 基本3 で、あからうのうち、おかしをいちばん多くつめられる箱はどれでしょうか。また、その箱にはおかしを何個（なんこ）つめられるでしょうか。

教科書 31ページ

箱（　　　　）　おかしの個数（　　　　）

**ポイント** 組み合わせた立体の体積を求めるとき、いくつかの直方体に分ける方法はいろいろ考えられます。計算しやすいように分けるとよいでしょう。

勉強した日 月 日

# 練習のワーク

教科書 18～35ページ　答え 3ページ

できた数 /11問中

**1 直方体、立方体の体積** 次の立体の体積を求めましょう。

❶ たて4cm、横2cm、高さ8cmの直方体

(　　　　)

❷ 1辺が5mの立方体

(　　　　)

**2 体積と水のかさの単位** □にあてはまる数を書きましょう。

❶ $5m^3$＝□$cm^3$　❷ $9800000cm^3$＝□$m^3$

❸ 4.1L＝□$cm^3$　❹ $13000cm^3$＝□L

❺ $6m^3$＝□L　❻ $720cm^3$＝□mL

**3 容積** 右のような直方体の形をした厚さ1cmの入れ物があります。この入れ物の容積を求めましょう。

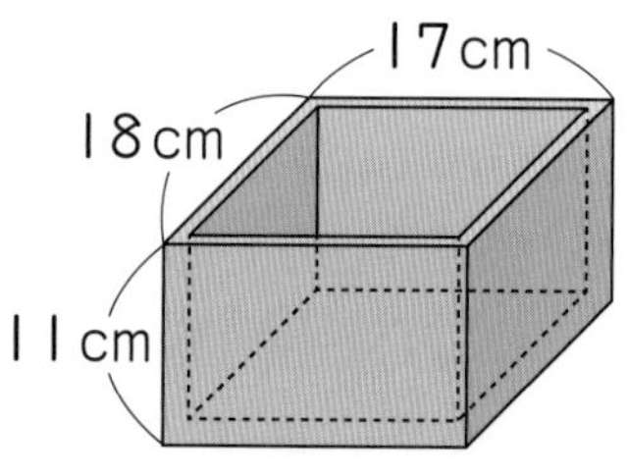


(　　　　)

**4 組み合わせた立体の体積** 次のような立体の体積を求めましょう。

❶

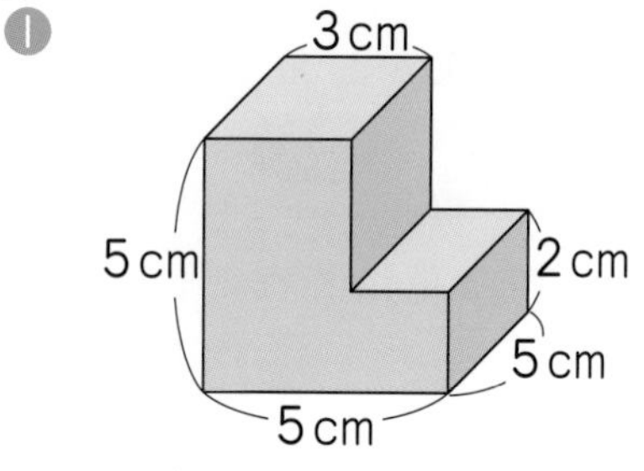


❷

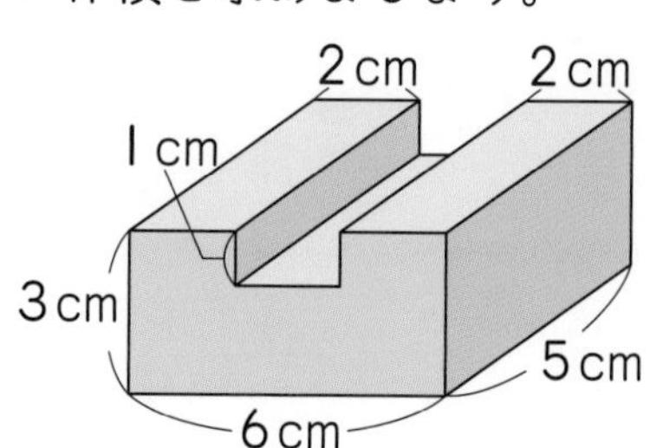


(　　　　)　(　　　　)

## てびき

**1 体積の公式**

たいせつ
直方体の体積
＝たて×横×高さ
立方体の体積
＝1辺×1辺×1辺

**2 体積の単位**

たいせつ
$1m^3$
＝$1000000cm^3$
1L＝$1000cm^3$
$1m^3$＝1000L
1mL＝$1cm^3$

**3 容積**

内のりのたて、横、深さから計算します。

**4 組み合わせた立体の体積**

いくつかの直方体に分けたり、大きい直方体から小さい直方体をひいたりして計算します。

できるナビ　$1m^3$＝$1000000cm^3$のように、大きい単位で表された数を小さい単位に変えるときは、0の数が多くなるので、まちがえないように気をつけよう。

# まとめのテスト

時間 20分　得点　/100点

教科書 18～35ページ　答え 3ページ

**1** 1辺が1cmの立方体の積み木で、右のような立体を作りました。体積は何cm³でしょうか。〔10点〕

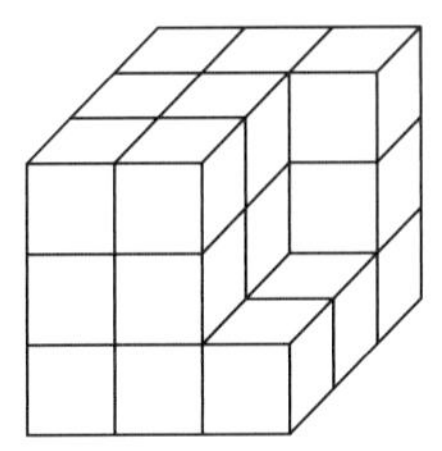

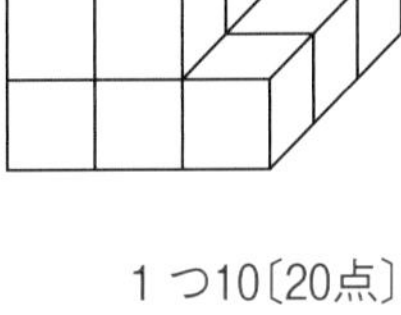

（　　　　）

**2** よく出る 次のような立体の体積を求めましょう。1つ10〔20点〕

❶ 2cm, 4cm, 7cm

❷

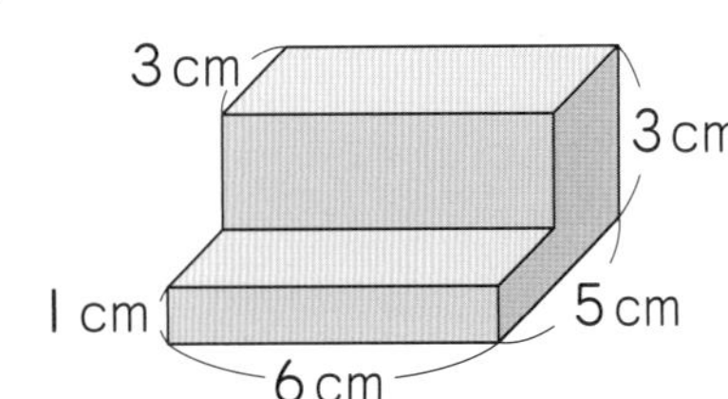


（　　　　）　（　　　　）

**3** □にあてはまる数を書きましょう。1つ10〔20点〕

❶ 3.8m³＝□cm³　　❷ 2400L＝□m³

**4** 1辺が20cmの立方体があります。1つ10〔20点〕

❶ この立方体の体積は何cm³ですか。

（　　　　）

❷ この立方体と体積が等しい、たて25cm、横10cmの直方体の高さを求めましょう。

（　　　　）

**5** 内のりが、たて50cm、横30cm、深さ30cmの直方体の水そうに、底から20cmの高さまで水が入っています。1つ15〔30点〕

❶ 水の体積は何cm³ですか。

（　　　　）

❷ 水そうに石を完全にしずめたところ、水面が3cm高くなりました。石の体積は何cm³ですか。

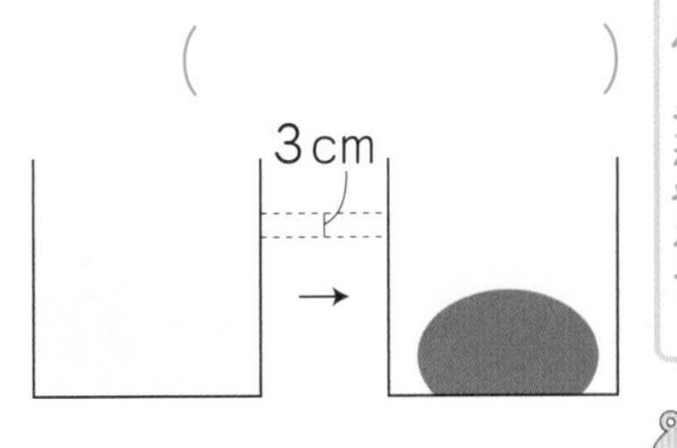


（　　　　）

ふろくの「計算練習ノート」2～3ページをやろう！

□ 直方体や立方体の体積を求めることができたかな？
□ 体積の単位の関係がわかったかな？

勉強した日　月　日

# 2つの量の変わり方
## 基本のワーク

学習の目標
ともなって変わる2つの量の変わり方を、表や式に表して調べよう。

教科書 36〜44ページ　答え 3ページ

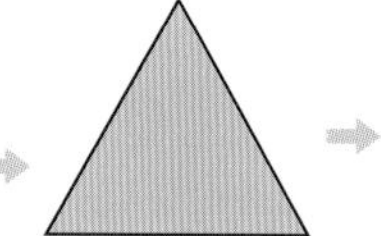

### 基本1 比例する2つの量の変わり方を調べることができますか。

☆ 正三角形の、1辺の長さと周りの長さの関係を調べます。

❶ 下の表のあいているところに数を書きましょう。

| 1辺の長さ(cm) | 1 | 2 | 3 | 4 | 5 | 6 |
|---|---|---|---|---|---|---|
| 周りの長さ(cm) | 3 | 6 | 9 | | | |

❷ 1辺の長さが1cm、2cm、……と増(ふ)えると、周りの長さはどのように変わるでしょうか。

❸ 周りの長さは1辺の長さに比例(ひれい)していますか。

❹ 1辺の長さを○cm、周りの長さを△cmとして、○と△の関係を式に表しましょう。

❺ 周りの長さが84cmのときの、1辺の長さは何cmになるでしょうか。

**とき方** ❶ 4×3=□　5×3=□　6×3=□　答え 問題の表に記入

❷ 表1のように、1辺の長さが1cm、2cm、……と増えると、周りの長さは□cmずつ増えています。

答え □cmずつ増える。

表1

| 1辺の長さ(cm) | 1 | 2 | 3 | 4 | 5 | 6 |
|---|---|---|---|---|---|---|
| 周りの長さ(cm) | 3 | 6 | 9 | | | |

（上：+1 +1　下：+3 +3）

❸ 表2のように、1辺の長さが2倍、3倍、……になると、周りの長さは□倍、□倍、……になります。

答え □

表2

| 1辺の長さ(cm) | 1 | 2 | 3 | 4 | 5 | 6 |
|---|---|---|---|---|---|---|
| 周りの長さ(cm) | 3 | 6 | 9 | | | |

（上：2倍 3倍　下：2倍 3倍）

❹ 周りの長さは、1辺の長さの3倍だから、

○×□=△

答え □

❺ ❹で求めた式の△に、84をあてはめます。

○×□=84

○=84÷□

=□

答え □cm

**たいせつ**
2つの量があって、一方の値(あたい)が2倍、3倍、……になると、それにともなってもう一方の値も2倍、3倍、……になるとき、この2つの量は比例の関係にあります。

同じ数ずつ増えていく数の列を等差数列(とうさすうれつ)というんだよ。最初の数を○、きまって増える数を△とすると、□番目の数は、○+△×(□−1) になるよ。

**1** たて５cm、高さ６cm の直方体があります。 

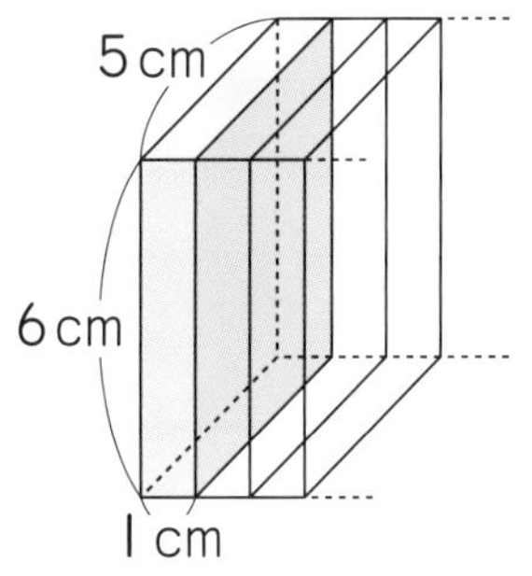


❶ 横の長さが１cm、２cm、……と増えると、体積はどのように変わるでしょうか。下の表をうめましょう。

| 横 (cm) | 1 | 2 | 3 | 4 | 5 | 6 |
|---|---|---|---|---|---|---|
| 体積($cm^3$) | 30 | | | | | |

❷ 体積は、横の長さに比例していますか。

( )

❸ 横の長さを○cm、体積を△$cm^3$として、○と△の関係を式に表しましょう。

( )

❹ 体積が750$cm^3$のときの、横の長さは何cmになるでしょうか。

( )

## 基本 2 ともなって変わる２つの量の関係を、式に表すことができますか。

☆ 下のあ、いについて、○と△の関係を式に表しましょう。また、式をもとにして、○と△の変わり方を表に整理しましょう。

あ 40個(こ)あるチョコレートの、食べた個数○個と残りの個数△個

い 水が５L入っている水そうに水をたすときの、たす水の量○Lと全体の水の量△L

**とき方** あ 全体の個数－食べた個数＝残りの個数

**答え** 式 [ ]
表 右の表に記入

| 食べた個数 ○(個) | 1 | 2 | 3 | 4 | 5 |
|---|---|---|---|---|---|
| 残りの個数 △(個) | | | | | |

い はじめに入っている量＋たす水の量＝全体の水の量

**答え** 式 [ ]
表 右の表に記入

| たす水の量 ○(L) | 1 | 2 | 3 | 4 | 5 |
|---|---|---|---|---|---|
| 全体の水の量△(L) | | | | | |

**2** 次のう、えについて、○と△の関係を式に表しましょう。また、式をもとにして、○と△の変わり方を表に整理しましょう。 教科書 42ページ3

う １さつのねだんが120円のノートを買うときの、買うさっ数○さつと代金△円

式 ( )

| 買うさっ数○(さつ) | 1 | 2 | 3 | 4 | 5 |
|---|---|---|---|---|---|
| 代金 △(円) | | | | | |

え １個の重さが400gのかんづめを300gのかごに入れたときの、かんづめの個数○個と全体の重さ△g

式 ( )

| かんづめの個数○(個) | 1 | 2 | 3 | 4 | 5 |
|---|---|---|---|---|---|
| 全体の重さ △(g) | | | | | |

**ポイント** 上のあ、い、えで、２つの量の関係は、一方の値が２倍、３倍、……になったとき、もう一方の値が２倍、３倍、……になっていないので、比例ではありません。

勉強した日　月　日

# 練習のワーク

教科書 36～45ページ　答え 4ページ

できた数 /13問中

**1 ともなって変わる量** 2つの量○と△の関係を調べて、表と式に表しましょう。また、2つの量が比例しているかどうかを答えましょう。

❶ 200円のバスケットに50円のクッキーを○個入れて買うときの、クッキーの個数○個と代金△円

| クッキーの個数○(個) | 1 | 2 | 3 | 4 | 5 |
|---|---|---|---|---|---|
| 代金　△(円) | | | | | |

式（　　　　）　比例して（ いる ・ いない ）

❷ 1Lのガソリンで17km走る自動車が、○Lのガソリンで進む道のり△km

| ガソリンの量 ○(L) | 1 | 2 | 3 | 4 | 5 |
|---|---|---|---|---|---|
| 進む道のり　△(km) | | | | | |

式（　　　　）　比例して（ いる ・ いない ）

❸ 問題を100問解くときの、解いた問題数○問と残りの問題数△問

| 解いた問題数 ○(問) | 1 | 2 | 3 | 4 | 5 |
|---|---|---|---|---|---|
| 残りの問題数 △(問) | | | | | |

式（　　　　）　比例して（ いる ・ いない ）

**2 いろいろな式** 右の図のように、ご石を正方形の形にならべていきます。1辺にならべるご石の個数を○個、全部の個数を△個とします。

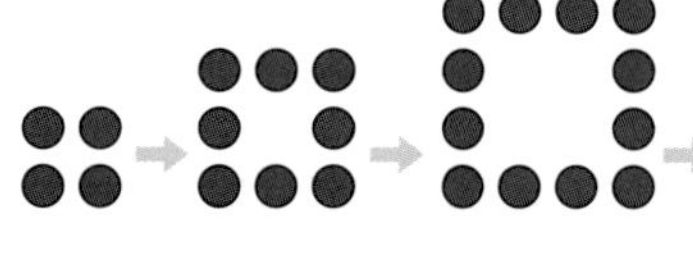

❶ ○と△の関係を、右の表に整理しましょう。

| 1辺の個数○(個) | 2 | 3 | 4 | 5 | 6 |
|---|---|---|---|---|---|
| 全部の個数△(個) | | | | | |

❷ ○と△の関係を表す式を、次のあ、いのように考えました。

あ (○−1)×4=△　　い ○×4−4=△

それぞれ下のア、イのどちらのように考えた式でしょうか。

ア　イ

あ（　　）　い（　　）

❸ 1辺に15個ならべるとき、ご石は全部で何個必要でしょうか。

（　　　　）

## てびき

**1 比例**

○が2倍、3倍、……になると、△も2倍、3倍、……になるとき、○と△は比例します。

❶

**ちゅうい**

○が1増えると△がきまった数だけ増えても、比例するとはいえません。かならず、2倍、3倍、……を調べましょう。

**2 いろいろな式**

❷

**さんこう**

○と△の関係を表す式はほかにも考えられます。

(例) ○×2+(○−2)×2=△

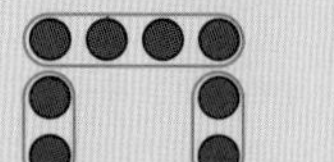

❸ 式の○に15をあてはめます。



できるナビ ○と△の関係を式に表すときは、ことばの式を使って考えよう。

# まとめのテスト

時間 20分

得点　/100点

教科書 36～45ページ　答え 4ページ

**1** よく出る 下のあからうについて、2つの量○と△の関係を調べて、それぞれ表と式に表してから、あとの問題に答えましょう。 1つ10〔80点〕

あ 1mのねだんが600円の布（ぬの）を買うときの、買う長さ○mと代金△円

| 買う長さ　○(m) | 1 | 2 | 3 | 4 | 5 |
|---|---|---|---|---|---|
| 代金　△(円) | | | | | |

式（　　　　　　　　）

い 400gのケースに110gのボールを入れるときの、ボールの個数○個と全体の重さ△g

| ボールの個数　○(個) | 1 | 2 | 3 | 4 | 5 |
|---|---|---|---|---|---|
| 全体の重さ　△(g) | | | | | |

式（　　　　　　　　）

う 周りの長さが24cmの長方形の、たての長さ○cmと横の長さ△cm

| たての長さ　○(cm) | 1 | 2 | 3 | 4 | 5 |
|---|---|---|---|---|---|
| 横の長さ　△(cm) | | | | | |

式（　　　　　　　　）

❶ ○が増えると、△が減（へ）るのはどれでしょうか。

（　　　　）

❷ 2つの量が比例しているのはどれでしょうか。

（　　　　）

**2** 下の表は、紙のまい数と厚（あつ）さの関係を調べたものです。紙の厚さはまい数に比例すると考えて、あとの問題に答えましょう。 1つ10〔20点〕

| まい数　○(まい) | 100 | 200 | 300 | 400 | 500 |
|---|---|---|---|---|---|
| 厚さ　△(cm) | 1 | 2 | 3 | 4 | 5 |

❶ まい数が2000まいのとき、厚さは何cmになるでしょうか。

（　　　　）

❷ 厚さが16cmのとき、まい数は何まいになるでしょうか。

（　　　　）

□ともなって変わる2つの量の関係を、表や式に表すことができたかな？
□比例する2つの量の変わり方がわかったかな？

勉強した日　月　日

# 小数のかけ算 [その1]

# 基本のワーク

**学習の目標**
整数と小数、小数と小数のかけ算のしかたを考えよう。

教科書 48〜53ページ　答え 4ページ

## 基本1 整数×小数 の計算ができますか。

☆ 1mのねだんが70円のリボンがあります。このリボン3.4mの代金は何円でしょうか。

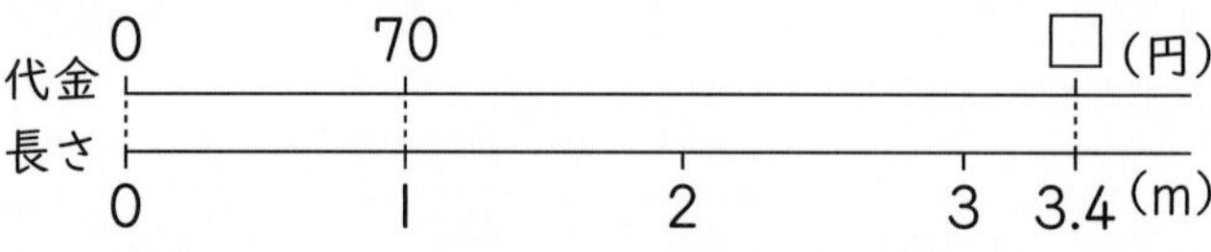


1mのねだん × 買う長さ ＝ 代金 だから、代金を求める式は、70×□

70×□＝□
↓10倍　↑$\frac{1}{10}$
70× 34 ＝ 2380

3.4mは34mの$\frac{1}{10}$だから、34mの代金を10でわればいいんだね。

答え □円

**1** 1mのねだんが90円のテープを2.5m買います。代金は何円でしょうか。

教科書 48ページ1

式

答え（　　　　）

## 基本2 1より小さい数をかける計算ができますか。

☆ 1mのねだんが70円のリボンがあります。このリボン0.8mの代金は何円でしょうか。

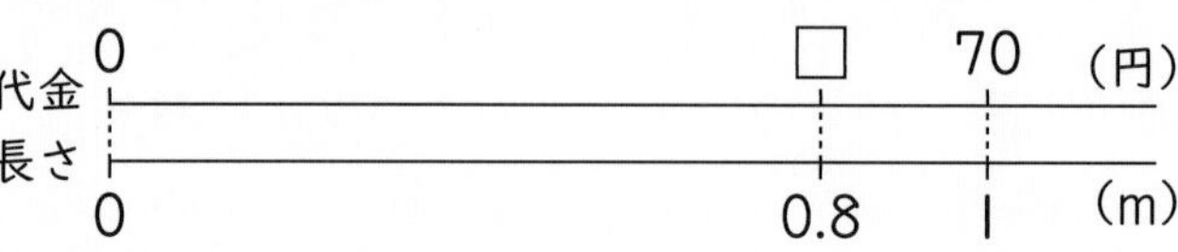


代金を求める式は、70×□

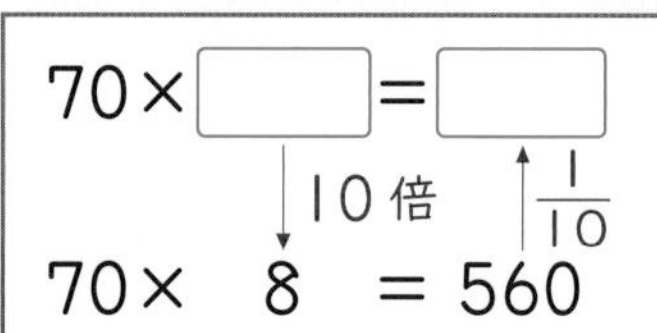

70×□＝□
↓10倍　↑$\frac{1}{10}$
70× 8 ＝ 560

整数の計算をもとにして、積を求めよう。

答え □円

**2** 1mのねだんが120円のひもを0.6m買います。代金は何円でしょうか。

教科書 51ページ2

式

答え（　　　　）

さんすうはかせ　現在(げんざい)使われている小数は、16〜17世紀ごろに、ヨーロッパのネイピアやステヴィンという人たちが考えたといわれているよ。

## 基本3 小数×小数 の計算ができますか。

☆ 1mの重さが1.2kgのぼうがあります。このぼう5.3mの重さは何kgでしょうか。

とき方

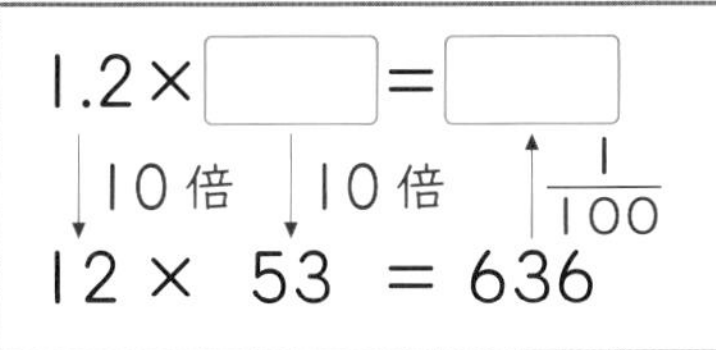


1mの重さ × 長さ = 全体の重さ だから、5.3mの重さを求める式は、1.2×□

1.2×□=□
↓10倍 ↓10倍 ↑$\frac{1}{100}$
12 × 53 = 636

かけられる数とかける数をそれぞれ10倍して、整数のかけ算をしてから、最後に100でわるんだね。

答え □kg

**3** 計算をしましょう。 教科書 53ページ3

❶ 4.6×2.6　　❷ 3.2×1.8　　❸ 2.3×0.7

## 基本4 小数×小数 の筆算のしかたがわかりますか。

☆ 1.5×2.3の筆算のしかたを考えましょう。

とき方

```
   1.5   →10倍→    1 5
 × 2.3   →10倍→  × 2 3
 ─────           ─────
    □□               4 5
  □□      ←1/100  3 0
 ─────           ─────
  □□□            3 4 5
```

15×23の計算とみて計算して、あとで1.5×2.3の積の大きさにもどすんだよ。

答え □

**4** 計算をしましょう。 教科書 53ページ3

❶ 3.1×5.4　　❷ 1.7×6.6　　❸ 2.8×4.3

❹ 3.6×0.9　　❺ 6.9×0.2　　❻ 0.5×7.5

ポイント 積に小数点をうって、積の大きさをもどすのをわすれないようにしましょう。

月　日

いろいろな小数のかけ算の筆算ができるようになろう。

# 小数のかけ算 [その2]

# 基本のワーク

教科書 54~55ページ　答え 5ページ

## 基本 1 かけられる数かかける数が $\frac{1}{100}$ の位までの小数のかけ算のしかたがわかりますか。

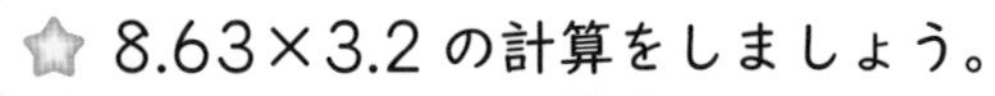

☆ 8.63×3.2 の計算をしましょう。

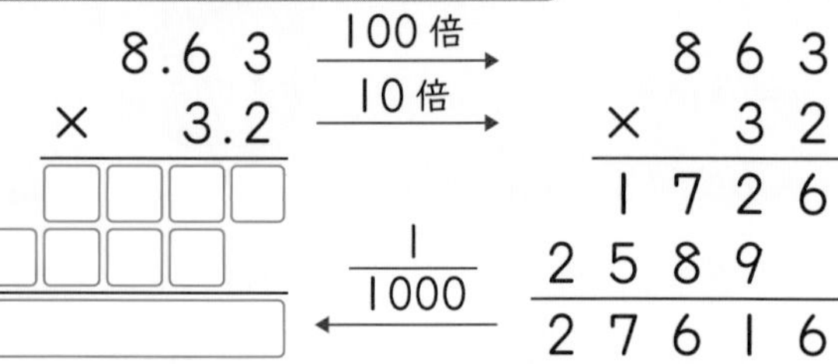


答え

**1** 計算をしましょう。　教科書 54ページ4

❶ 1.84×3.7　❷ 6.21×2.9　❸ 1.4×4.93

## 基本 2 かけられる数とかける数が $\frac{1}{100}$ の位までの小数のかけ算のしかたがわかりますか。

☆ 0.47×0.16 の計算をしましょう。

とき方

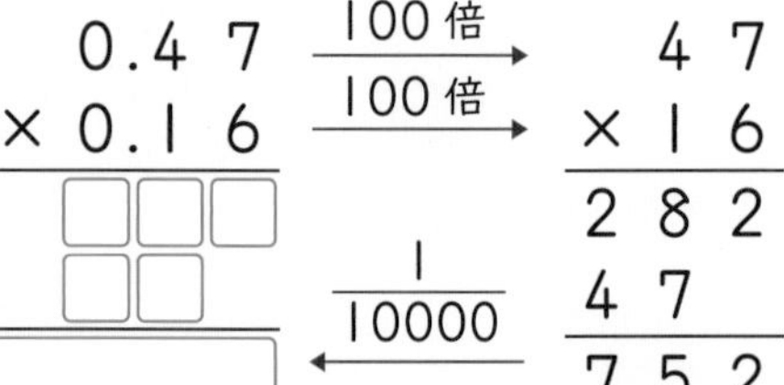


答え

**2** 計算をしましょう。　教科書 54ページ5

❶ 5.31×2.38　❷ 1.03×6.54　❸ 1.73×4.62

❹ 0.66×0.42　❺ 0.17×0.39　❻ 0.02×0.07

さんすうはかせ　インドや中国では、ヨーロッパで使われるようになるずっと前から小数の考え方を使っていたんだって。

## 基本 3 小数のかけ算の筆算のしかたがわかりますか。

☆ 7.62×3.9 の計算をしましょう。

とき方

```
      7.6 2
  ×    3.9
    6 8 5 8
  2 2 8 6
  2 9 7 1 8
```

① 小数点がないものとして、整数のかけ算とみて計算する。

```
      7.6 2   ← 2けた
  ×    3.9   ← 1けた
    6 8 5 8
  2 2 8 6
  [      ]   ← 3けた
```

② 積の小数部分のけた数が、かけられる数とかける数の小数部分のけた数の和になるように、小数点をうつ。

答え [　　　]

**3** 計算をしましょう。 教科書 54ページ5

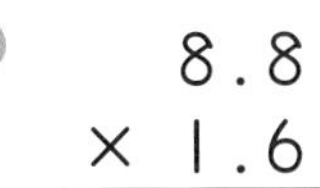

❶ 8.8 × 1.6

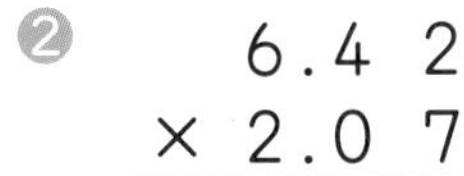

❷ 6.4 2 × 2.0 7

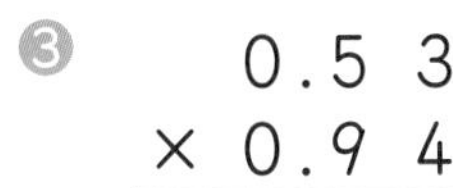

❸ 0.5 3 × 0.9 4

## 基本 4 積のいちばん下の位が 0 になるかけ算のしかたがわかりますか。

☆ 6.05×0.36 の計算をしましょう。

とき方

```
      6.0 5   ← 2けた
  ×  0.3 6   ← 2けた
    3 6 3 0
  1 8 1 5
  [      ]   ← 4けた
```

まず積に小数点をうつんだよ。それから、積のいちばん下の位の 0 を消そう。

答え [　　　]

**4** 計算をしましょう。 教科書 54ページ5

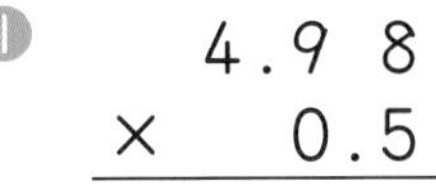

❶ 4.9 8 × 0.5

❷ 2.3 5 × 3.0 2

❸ 0.7 5 × 0.0 4

ポイント 積のいちばん下の位が 0 になるかけ算では、積の小数点をうつ前に 0 を消してしまうミスに気をつけましょう。

勉強した日　月　日

学習の目標

小数のかけ算を使っていろいろな問題を解こう。

# 小数のかけ算 [その3]

# 基本のワーク

教科書 56~58ページ　答え 5ページ

## 基本 1 かける数と積の大きさの関係がわかりますか。

☆ 1mのねだんが150円のテープがあります。このテープ1.2mと0.8mの代金のうち、150円より安くなるのはどちらでしょうか。

とき方

代金 0　□　150　□（円）

長さ 0　0.8　1　1.2（m）

それぞれの代金の式と150を比べて、不等号を使って表すと、

1.2mの代金　150×1.2 □ 150

0.8mの代金　150×0.8 □ 150

たいせつ

かけ算では、1より小さい数をかけると、積はかけられる数より小さくなります。

答え 150円より安くなるのは □ mの代金

**1** 積がかけられる数より小さくなる式を、すべて選びましょう。 教科書 56ページ6

㋐ 3.8×2.9　㋑ 5.6×0.3

㋒ 0.7×1.4　㋓ 0.2×0.08

かける数が1より大きいか、小さいかを見ればいいね。

(　　　　)

## 基本 2 小数のかけ算を使って、面積や体積を求めることができますか。

☆ 長方形㋐の面積と、直方体㋑の体積を、それぞれ求めましょう。

㋐ 4.6cm　3.2cm

㋑ 0.9m　1.5m　1.2m

とき方 それぞれ公式を使って計算します。

㋐ 長方形の面積＝たて×横 だから、

□×□＝□

㋑ 直方体の体積＝たて×横×高さ だから、

□×□×□＝□

たいせつ

辺の長さが小数で表されていても、面積や体積は、公式を使って求められます。

答え ㋐ □ $cm^2$　㋑ □ $m^3$

さんすうはかせ 小数には、小数点以下の数字が限りなく続くものがあって、これを無限小数というよ。

**2** 次の長方形や正方形の面積を求めましょう。 教科書 57ページ7

❶ たてが 2.3cm、横が 5.7cm の長方形

式

答え（　　　　）

❷ 1辺が 4.6m の正方形

式

答え（　　　　）

**3** 次の直方体や立方体の体積を求めましょう。 教科書 57ページ7

❶ たてが 0.8m、横が 1.4m、高さが 2.5m の直方体

式

答え（　　　　）

❷ 1辺が 0.4cm の立方体

式

答え（　　　　）

## 基本3 計算のきまりを使って、くふうして計算することができますか。

☆ くふうして計算しましょう。

❶ 1.2×0.5×0.2　　❷ 0.8×1.5＋0.2×1.5

**とき方** 整数のときに成り立った計算のきまりは、小数についても成り立ちます。

❶ 1.2×0.5×0.2＝1.2×(0.5×□)
＝1.2×□
＝□　　答え □

❷ 0.8×1.5＋0.2×1.5＝(0.8＋□)×1.5
＝□×1.5
＝□　　答え □

**たいせつ**

計算のきまり
① ○×△＝△×○
② (○×△)×□＝○×(△×□)
③ (○＋△)×□＝○×□＋△×□
④ (○－△)×□＝○×□－△×□

**4** くふうして計算しましょう。 教科書 58ページ8 9

❶ 38×0.2×0.5　　❷ 2.5×2.7×4

❸ 9.2×6.3＋9.2×3.7　　❹ 1.6×8.8－0.6×8.8

❺ 10.1×7.4　　❻ 0.9×5.8

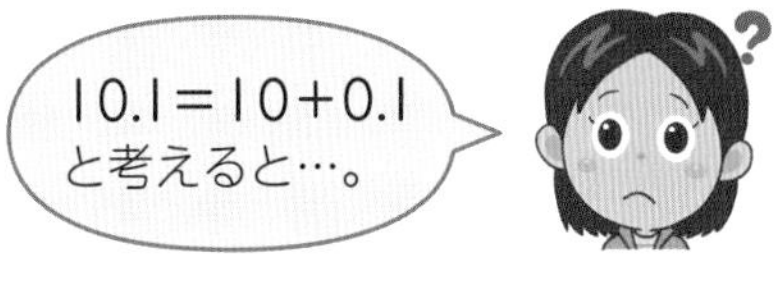

10.1＝10＋0.1
と考えると…。

**ポイント** 上のように、計算のきまりをうまく使うと、計算がかんたんになることがあります。

勉強した日　月　日

# 練習のワーク

教科書 48～60ページ　答え 6ページ

できた数 /12問中

## 1 整数と小数のかけ算　計算をしましょう。

❶ 30×2.5　❷ 140×8.8

## 2 小数と小数のかけ算　計算をしましょう。

❶ 6.3×9.4　❷ 7.2×0.7

❸ 5.69×2.3　❹ 4.08×0.8

❺ 2.47×1.84　❻ 6.43×9.01

❼ 0.33×0.26　❽ 3.45×4.8

## 3 計算のきまり　くふうして計算しましょう。

❶ 0.4×2.6×2.5　❷ 5.2×7.9＋4.8×7.9

**1 2 小数のかけ算**

**たいせつ**
まず、小数点がないものとして計算します。積の小数点は、かけられる数とかける数の小数部分のけた数の和になるように、右から数えてうちます。

例
```
    4.8   1けた
  × 7.9   1けた
  -----
    432
   336
  -----
   37.92  2けた
```

**ちゅうい**
小数点をうつとき、積のけた数がたりない場合は、上の位に0を書きたします。

**3 計算のきまり**

**たいせつ**
- ○×△＝△×○
- (○×△)×□＝○×(△×□)
- (○＋△)×□＝○×□＋△×□
- (○－△)×□＝○×□－△×□

できるナビ　小数のかけ算のしかた…①整数と同じように計算する。→②積に小数点をうつ。→③いちばん下の位が0のとき、0を消す。

# まとめのテスト

教科書 48~60ページ　答え 6ページ

時間 20分　得点 /100点

**1** よく出る 計算をしましょう。　1つ6〔36点〕

❶ 20×6.7　❷ 5.9×9.5　❸ 6.05×1.3

❹ 5.87×4.78　❺ 0.38×0.19　❻ 0.22×0.85

**2** 次の面積や体積を求めましょう。　1つ6〔24点〕

❶ 1辺が2.3cmの正方形の面積

式

答え（　　　）

❷ たてが1.7m、横が3.3m、高さが0.7mの直方体の体積

式

答え（　　　）

**3** くふうして計算しましょう。　1つ6〔12点〕

❶ 8.7×2.4+8.7×7.6　❷ 9.9×12.3

**4** 1Lで6.4$m^2$の板をぬれるペンキがあります。このペンキ1.7Lでは、何$m^2$の板をぬれるでしょうか。　1つ7〔14点〕

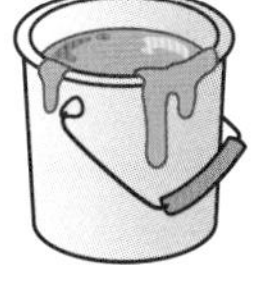

式

答え（　　　）

**5** 右のような長方形の面積を求める式を2つ書きましょう。　1つ7〔14点〕

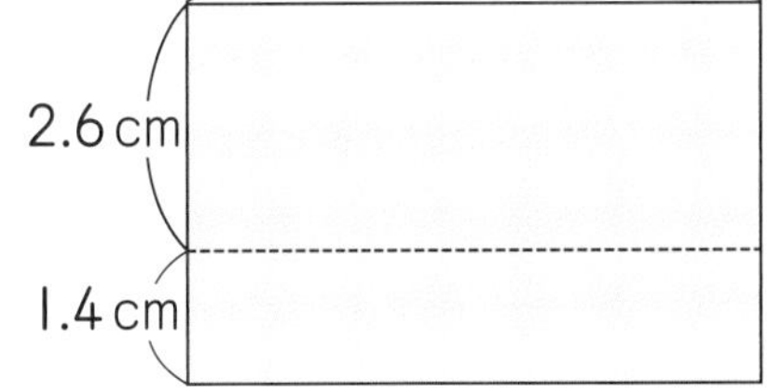


式（　　　）

式（　　　）

ふろくの「計算練習ノート」4～6ページをやろう！

チェック✓
□小数のかけ算の筆算ができたかな？
□小数のかけ算を使って、面積や体積を求めることができたかな？

勉強した日　月　日

# 合同と三角形、四角形［その1］

## 基本のワーク

学習の目標・
合同な図形について知り、その性質がわかるようになろう。

教科書 62〜66ページ　答え 6ページ

### 基本 1 合同な図形がわかりますか。

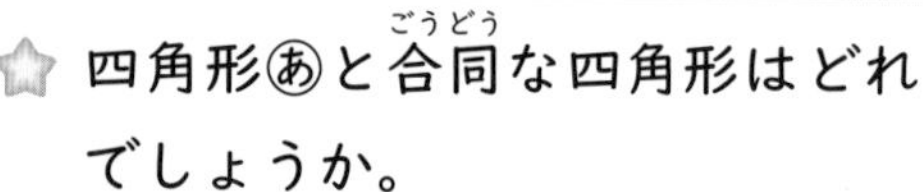

☆ 四角形あと合同（ごうどう）な四角形はどれでしょうか。

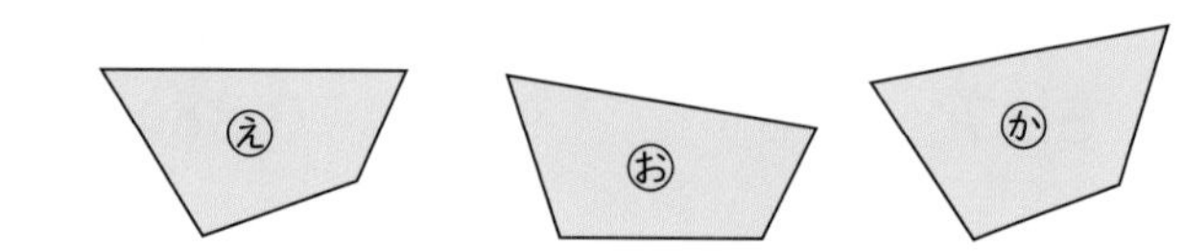

とき方 ぴったり重ねることのできる２つの図形は、□であるといいます。

四角形あをうす紙に写して、いからかに重ねて調べましょう。

合同とは
ぴったり重ねることのできる２つの図形のこと

答え 四角形あと合同な四角形は□

1 四角形あと合同な四角形はどれでしょうか。 教科書 63ページ1

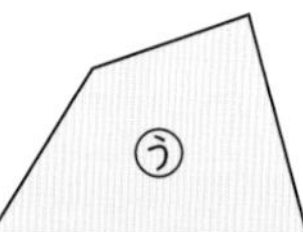

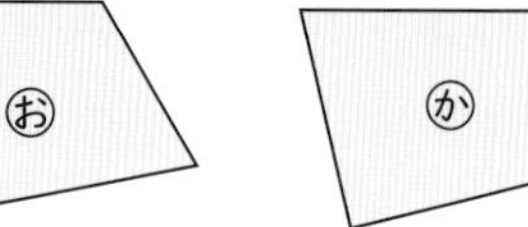

（　　　　）

### 基本 2 合同な図形の対応する辺、頂点、角がわかりますか。

☆ 右の２つの四角形は合同です。
次の頂点（ちょうてん）や辺、角を答えましょう。

❶ 頂点Aと対応（たいおう）する頂点
❷ 辺CDと対応する辺
❸ 角Bと対応する角

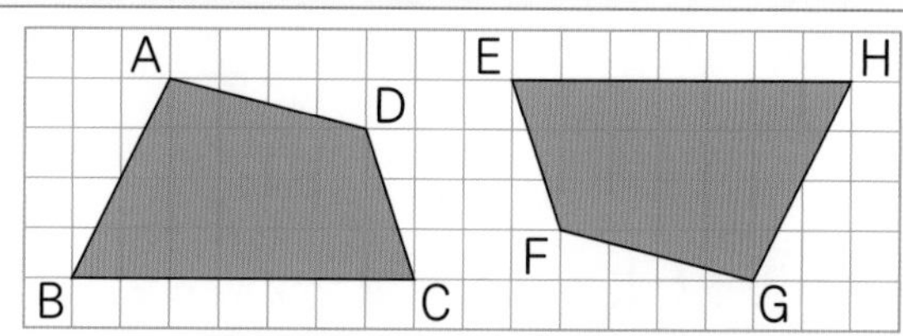


とき方 合同な図形では、重なる頂点を□する頂点、重なる辺を□する辺、重なる角を□する角といいます。

❶ 頂点Aと重なるのは、頂点□です。　答え 頂点□
❷ 辺CDと重なるのは、辺□です。　答え 辺□
❸ 角Bと重なるのは、角□です。　答え 角□

たいせつ
合同な図形では、対応する辺の長さや角の大きさは、それぞれ等しくなっています。

CDやコースターなど、合同な図形は身のまわりにもたくさんあるよ。さがしてみよう。

**2** 下の２つの四角形は合同です。□にあてはまる数を書きましょう。 教科書 64ページ2

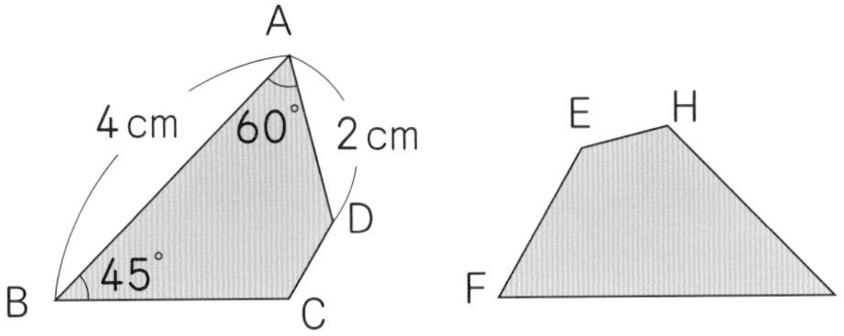


❶ 辺FGの長さは□cmです。

❷ 角Fの大きさは□°です。

**3** 下の方眼(ほうがん)に、あと合同な図形をかきましょう。 教科書 64ページ2

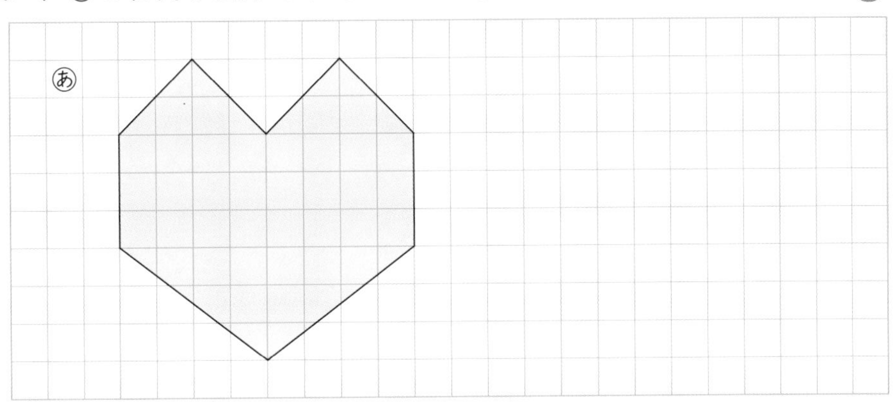


## 基本3 四角形に対角線をかいてできる図形がわかりますか。

☆ 下の図は、いろいろな四角形に１本の対角線をかいたものです。それぞれの四角形にできる２つの三角形が合同になるものはどれでしょうか。

あ 長方形 い 正方形 う 台形 え ひし形 お 平行四辺形

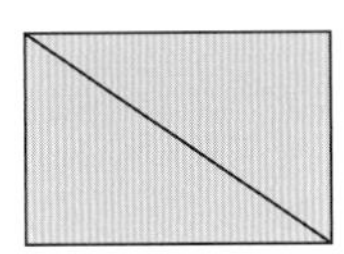
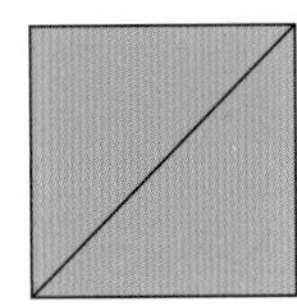
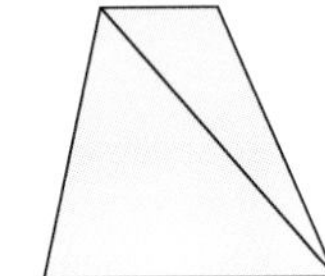
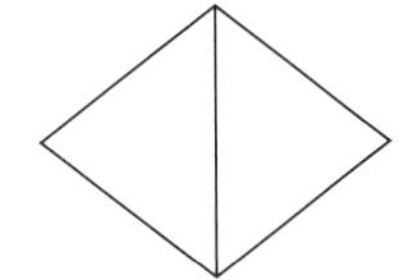
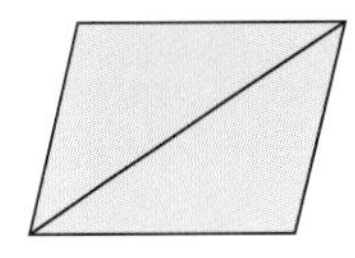

**とき方** ２つの三角形が合同になる四角形は、長方形、正方形、□、平行四辺形です。
また、合同にならない四角形は、□です。

**答え** あ、い、□、お

**4** 右の長方形ABCDに２本の対角線をかきました。

教科書 66ページ3

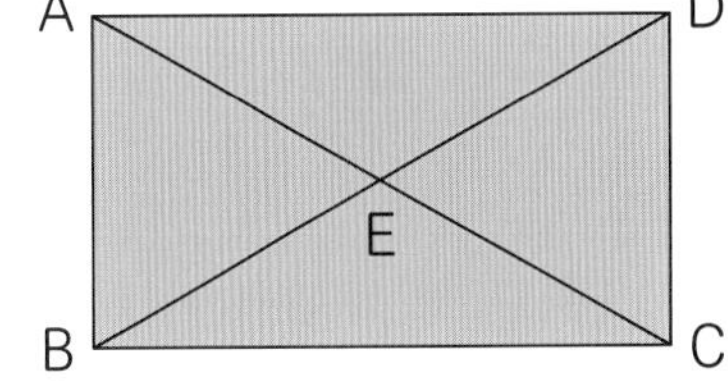


❶ 三角形ABEと合同な三角形はどれでしょうか。

（　　　　）

❷ 三角形AEDと合同な三角形はどれでしょうか。

（　　　　）

ポイント 合同な図形で、辺の長さや角の大きさを求めるときは、対応する辺や角を見つけましょう。

勉強した日　月　日

# 合同と三角形、四角形 [その2]

# 基本のワーク

学習の目標
合同な三角形や四角形のかき方がわかるようになろう。

教科書 67～71ページ　答え 7ページ

## 基本1 合同な三角形をかくことができますか。

☆ 右の三角形 ABC と合同な三角形をかきましょう。

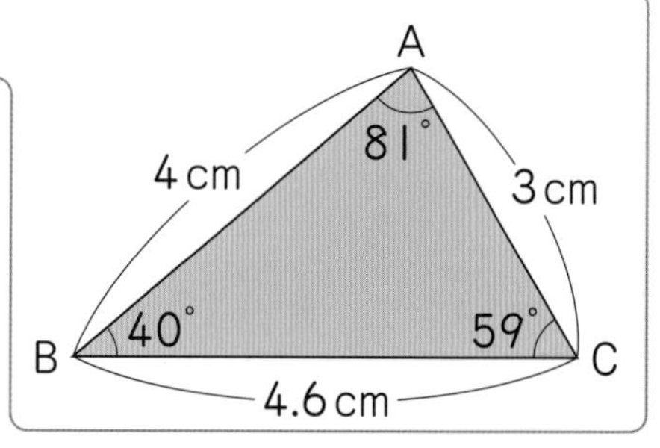


とき方 《1》から《3》のどれかを使ってかきましょう。

《1》 3つの辺の長さ

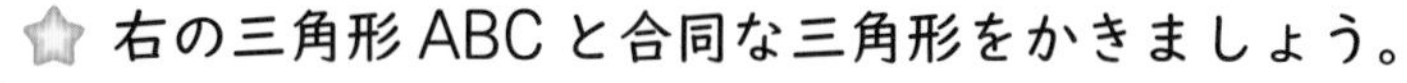

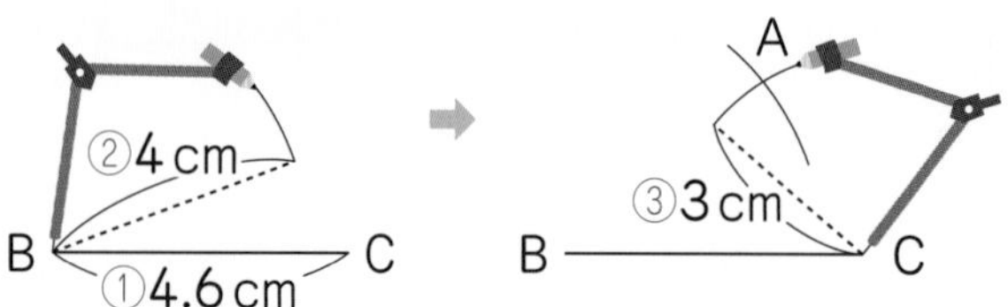


《2》 2つの辺の長さとその間の角の大きさ

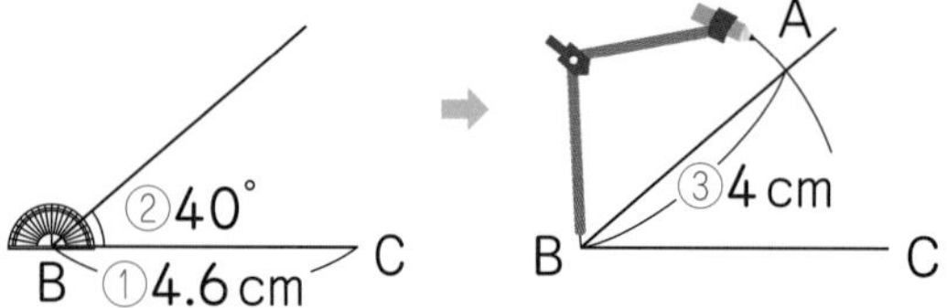


《3》 1つの辺の長さとその両はしの角の大きさ

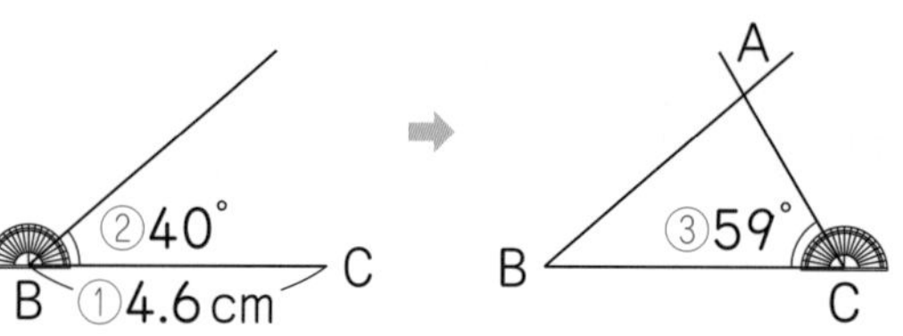


答え

**1** 次の三角形と合同な三角形をかきましょう。　教科書 67ページ4

❶ 1つの辺の長さが 5cm で、その両はしの角の大きさが 30° と 40° の三角形

❷ 2つの辺の長さが 6cm と 5.5cm で、その間の角の大きさが 25° の三角形

❸ 3つの辺の長さが 2cm、3cm、4cm の三角形

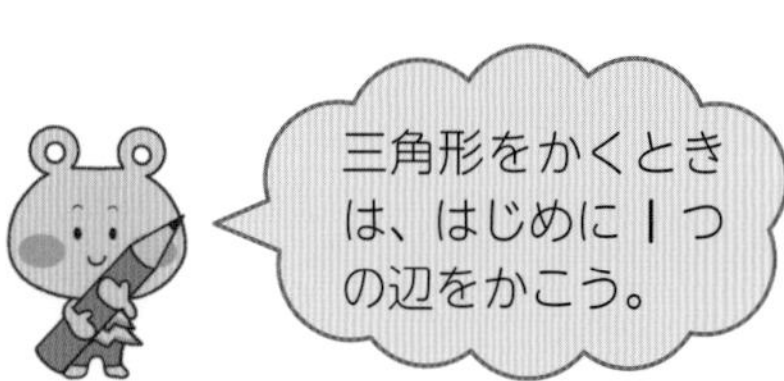

さんすうはかせ　分度器を使わずに直角をつくるには、3つの辺の長さが 3cm、4cm、5cm の三角形をかくといいよ。ためしてみて。

**2** 次の❶から❻の中で、わかっている辺の長さや角の大きさだけで三角形が１つに決まるものを、すべて選びましょう。

教科書 70ページ5

❶ 70°、45°、65°

❷ 6cm、8cm、7cm

❸ 60°、8cm

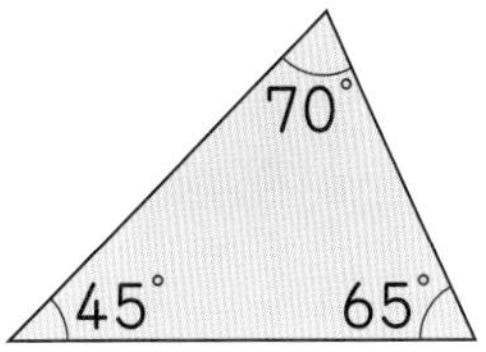

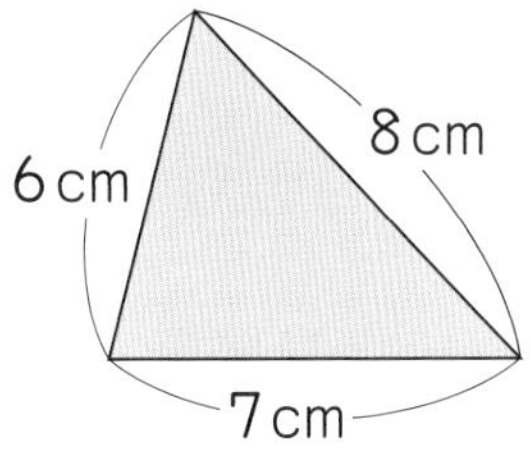

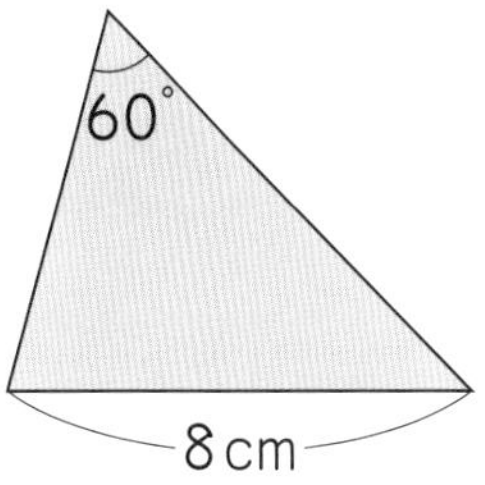

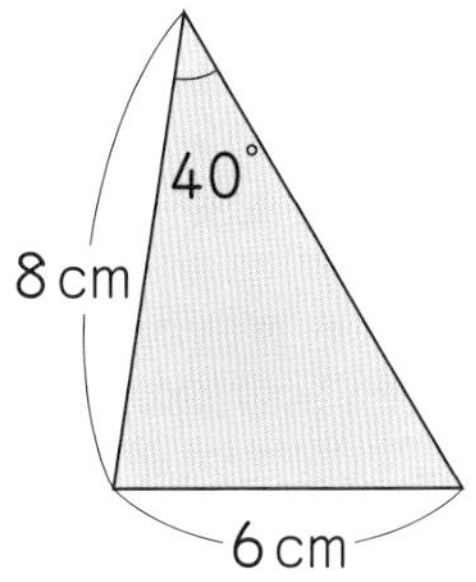

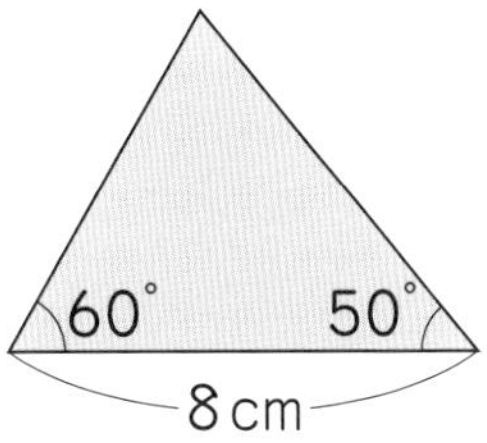

❹ 8cm、40°、6cm

❺ 60°、50°、8cm

❻ 10cm、35°、5cm

(　　　　　　)

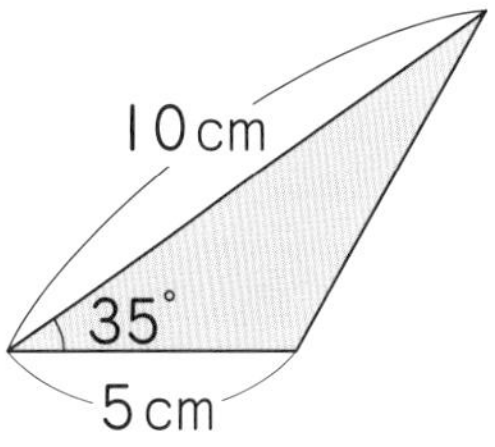

## 基本 2　合同な四角形をかくことができますか。

☆ 右の四角形ABCDと合同な四角形をかきましょう。

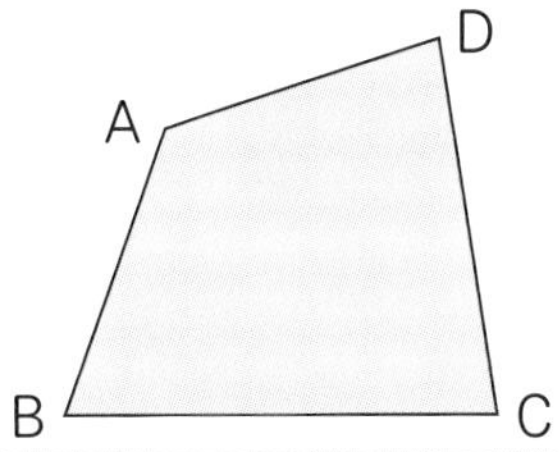

A　D　B　C

**とき方** 四角形は、対角線で２つの[　　]に分けることができるので、合同な三角形のかき方を使って、合同な四角形をかくことができます。

まず三角形ABCをかき、次に辺ACを使って、三角形[　　]をかきます。

**答え**

コンパスで、辺の長さを写し取ればいいね。

**3** 下の平行四辺形ABCDと合同な平行四辺形をかきましょう。

教科書 71ページ6

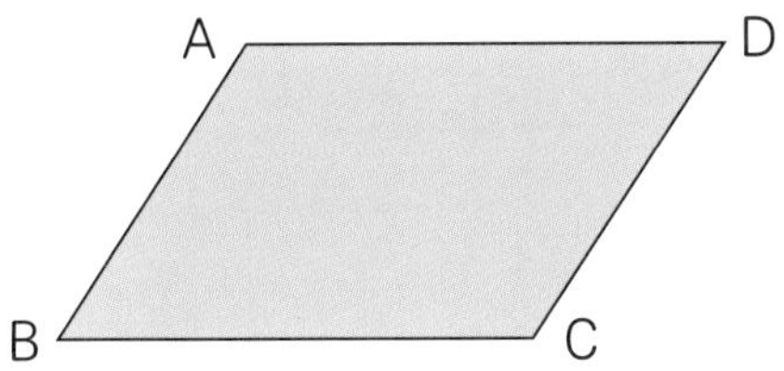

A　D　B　C

**ポイント** 平行四辺形に対角線をかくと、２つの合同な三角形ができます。

勉強した日 月 日

# 合同と三角形、四角形 [その3]

# 基本のワーク

学習の目標・
三角形や四角形について、角の大きさのきまりを調べよう。

教科書 72~79ページ　答え 7ページ

## 基本 1 三角形や四角形の角の大きさのきまりがわかりますか。

☆ 右の三角形や四角形の角の大きさの和は、何度になるでしょうか。

❶ ❷

とき方 まず、三角形から考えます。

❶ 図1のように、合同な三角形を、3つの角をあわせるようにならべると、一直線になります。したがって、三角形の3つの角の大きさの和は、□°です。

答え □°

❷ 図2のように、四角形に対角線をひくと、2つの□に分けられます。したがって、四角形の4つの角の大きさの和は、

□×2=□　答え □°

図1

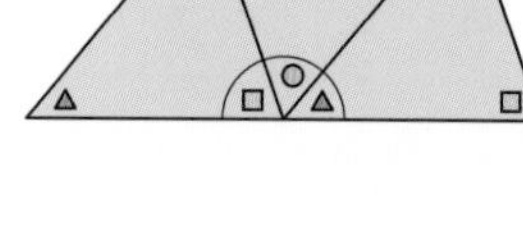

図2

たいせつ
三角形の3つの角の大きさの和は180°です。

たいせつ
四角形の4つの角の大きさの和は360°です。

**1** あからかの角度をはかり、それぞれの図の角の大きさの和を求めましょう。　教科書 73ページ7 75ページ8

❶

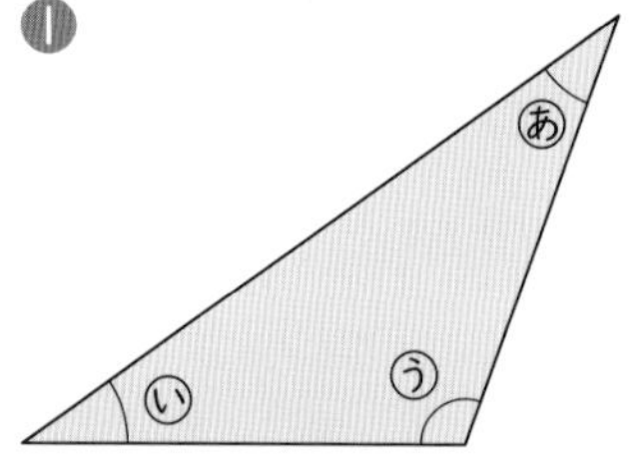


❷


❶ あ（　　）い（　　）
う（　　）和（　　）

❷ え（　　）お（　　）
か（　　）和（　　）

## 基本 2 多角形の角の大きさの和を、くふうして求めることができますか。

☆ 右の五角形の角の大きさの和を求めましょう。

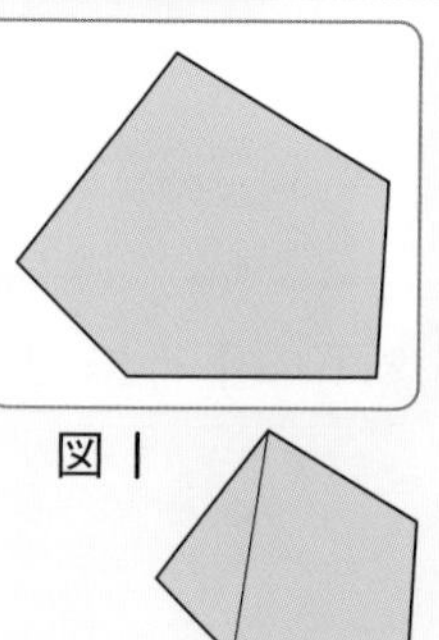

とき方 5本の直線で囲(かこ)まれた図形を□といいます。

また、三角形、四角形、五角形、……のように、直線だけで囲まれた図形を□といいます。

《1》 図1のように、五角形は、1つの対角線で三角形と四角形に分けられます。したがって、五角形の5つの角の大きさの和は、

180+□=□

《2》 図2のように、五角形は、1つの頂点(ちょうてん)から対角線をかくと、□つの三角形に分けられます。したがって、五角形の5つの角の大きさの和は、180×□=□　答え □°

図1

図2

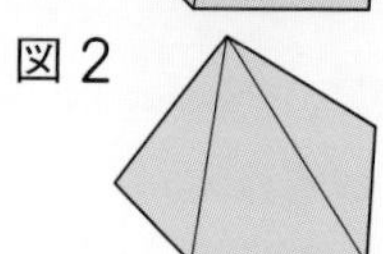

図形の中にある角を「内角」、図形の角の大きさの和のことを「内角の和」ともいうよ。

**2** 下の六角形の角の大きさの和を求めましょう。

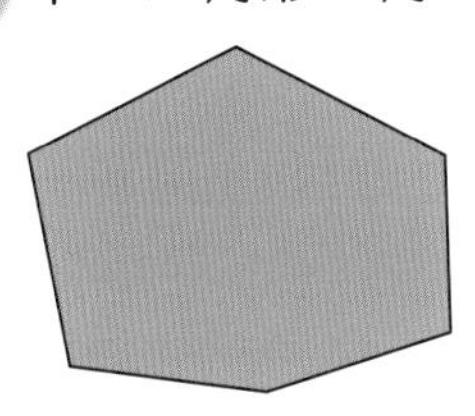

対角線をかいて、三角形や四角形に分けると求められるね。

（　　　　　）

## 基本 3 三角形や四角形の角度を、求めることができますか。

☆ 右のあ、いの角度はそれぞれ何度でしょうか。

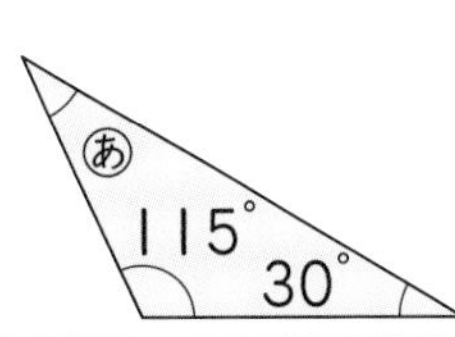


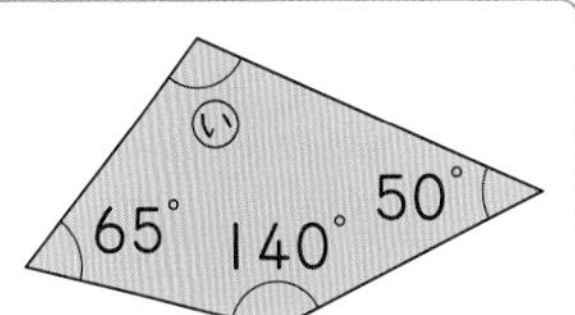


**とき方** 三角形の 3 つの角の大きさの和は 180° だから、

あの角度は、180−(115＋□)＝□

また、四角形の 4 つの角の大きさの和は 360° だから、

いの角度は、□−(65＋140＋□)＝□

**答え** あ □°　い □°

**3** 下のあからきの角度を求めましょう。

教科書 78ページ10

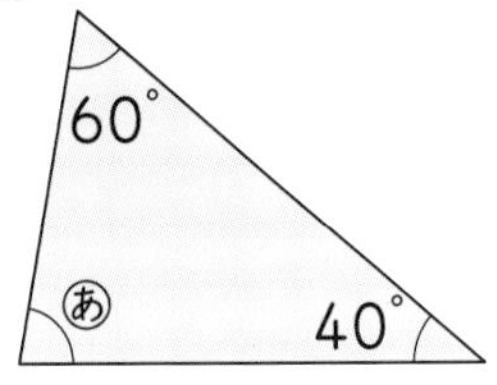


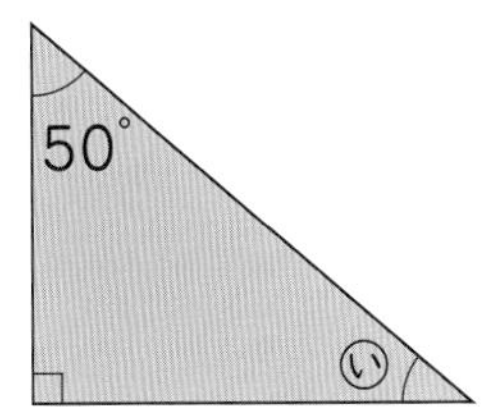


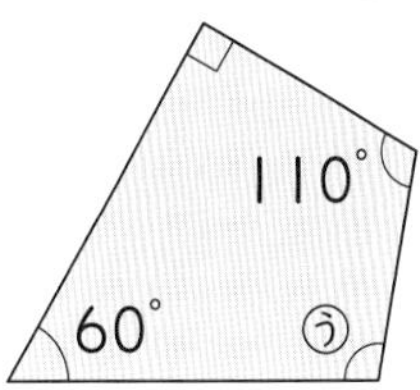


あ（　　　　　）　い（　　　　　）　う（　　　　　）

70°
え

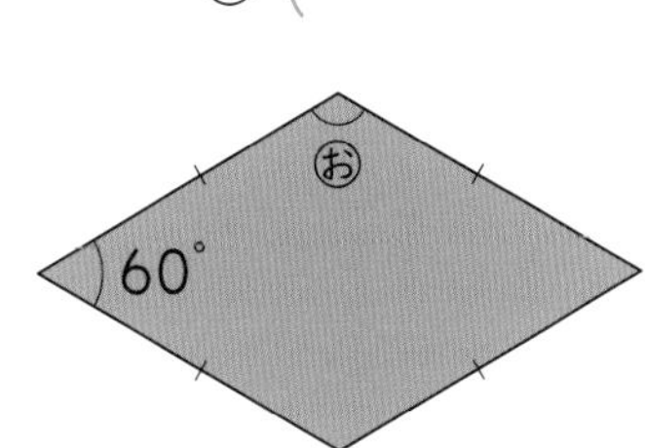


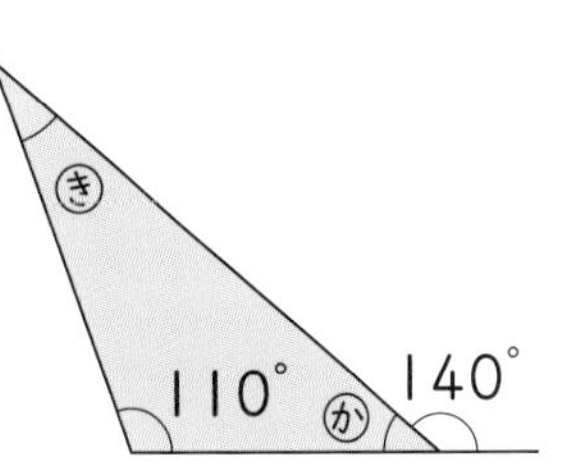


か（　　　　　）

え（　　　　　）　お（　　　　　）　き（　　　　　）

**ポイント** 多角形を 1 つの頂点からかいた対角線で三角形に分けると、四角形は 2 つ、五角形は 3 つ、六角形は 4 つ、……のように、多角形の辺の数−2(個)の三角形ができます。

# 練習のワーク①

勉強した日　　月　　日

できた数　　/9問中

教科書 62~81ページ　答え 8ページ

**1** 合同な図形の性質　右の2つの図形は合同です。

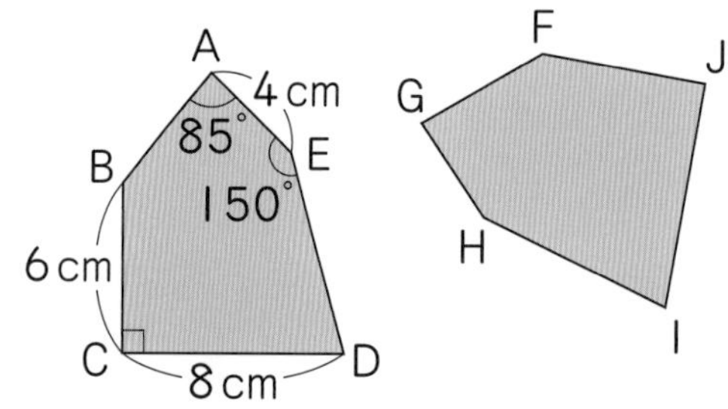


❶ 頂点B と対応する頂点はどれでしょうか。

（　　　　）

❷ 辺IJの長さは何cmでしょうか。

（　　　　）

❸ 角Gの角度は何度でしょうか。

（　　　　）

**2** 合同な図形に分けられる四角形　右のように平行四辺形ABCDに2本の対角線AC、BDをかきました。

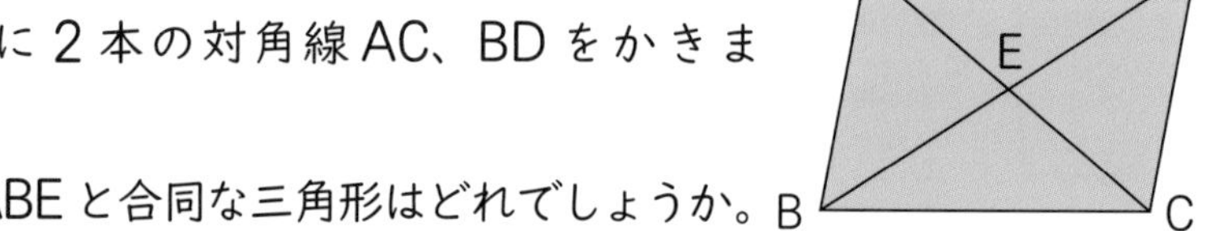


❶ 三角形ABEと合同な三角形はどれでしょうか。

（　　　　）

❷ 三角形ABCと合同な三角形はどれでしょうか。

（　　　　）

**3** 三角形や四角形の角　下のあからえの角度を求めましょう。

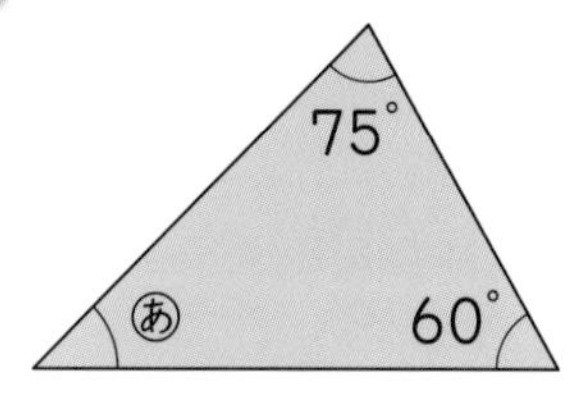


い

あ（　　　　）　い（　　　　）

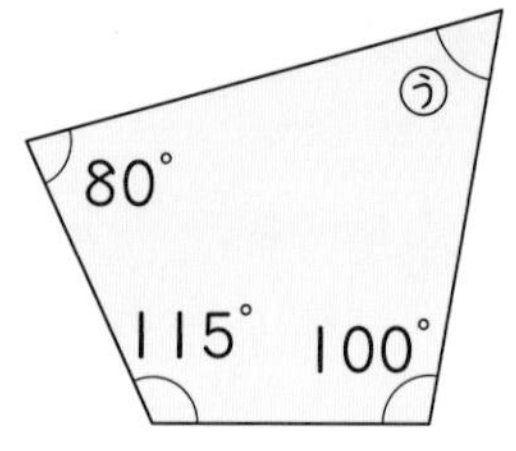


110°
え

う（　　　　）　え（　　　　）

**1** 合同な図形の性質

対応する辺の長さや角の大きさは、それぞれ等しくなります。

**2** 平行四辺形

平行四辺形の長さが等しい辺や大きさが等しい角を考えます。

**3** 三角形や四角形の角

三角形の3つの角の大きさの和は180°です。

い　正三角形の3つの角の大きさは、すべて等しくなっています。

たいせつ

四角形の4つの角の大きさの和は360°です。

え　ひし形の向かい合った角の大きさは等しくなっています。

できるナビ　合同な図形の対応する頂点がわかりにくいときは、2つの図形が同じ向きになるようにかき直してみるといいよ。

# 練習のワーク②

教科書 62~81ページ　答え 8ページ

できた数　　/7問中

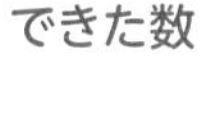

**1** 合同な三角形のかき方　次の三角形と合同な三角形をかきましょう。

❶ 2つの辺の長さが4cmと5cmで、その間の角の大きさが45°の三角形

❷ |つの辺の長さが4.5cmで、その両はしの角の大きさが50°と40°の三角形

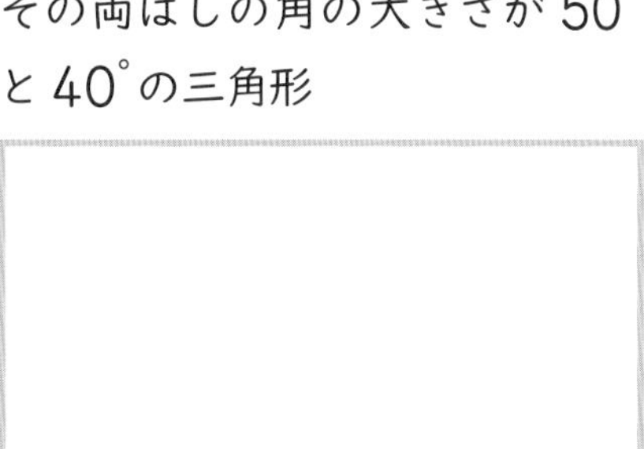

**2** 合同な四角形のかき方　下の台形ABCDと合同な台形をかきましょう。

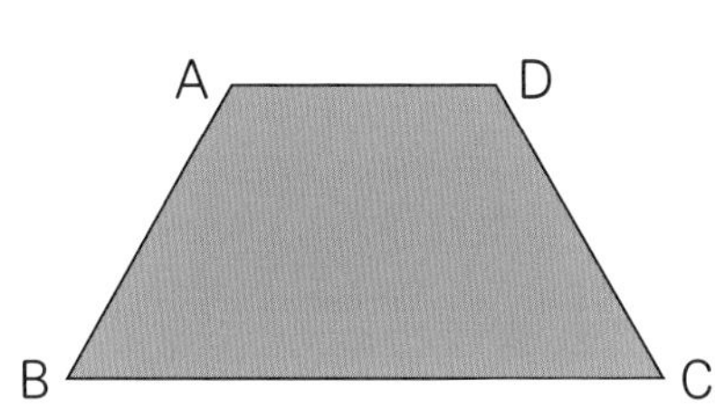

**3** 三角形や四角形の角　下のあからうの角度を求めましょう。

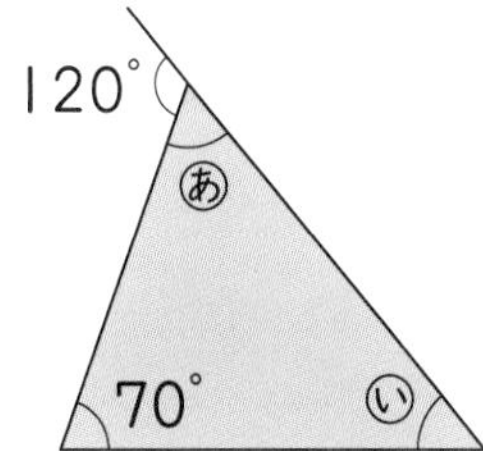


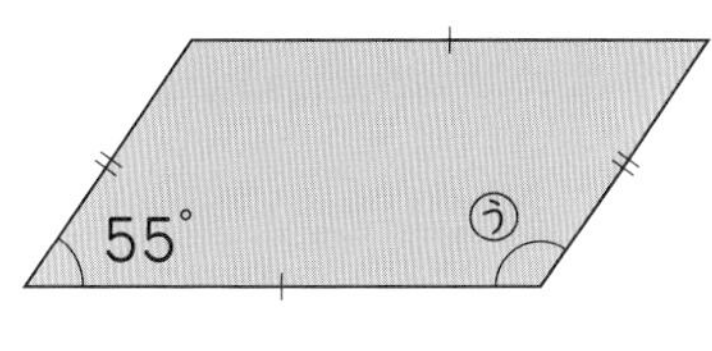


あ(　　　　　)
い(　　　　　)　　う(　　　　　)

**4** 多角形の角　七角形の角の大きさの和を求めましょう。

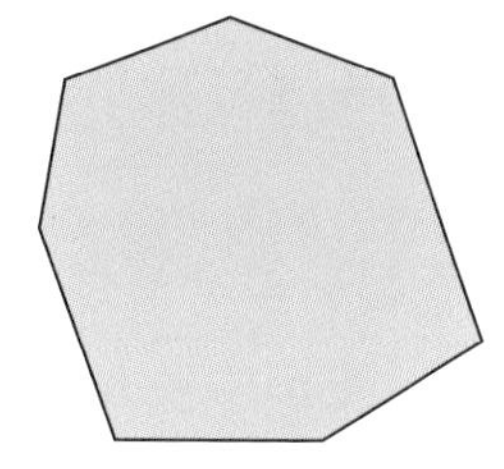

(　　　　　)

てびき

**1** 三角形のかき方

たいせつ

三角形は、次のあ、い、うのどれかがわかればかけます。
あ　3つの辺の長さ
い　2つの辺の長さとその間の角の大きさ
う　|つの辺の長さとその両はしの角の大きさ

**2** 四角形のかき方

ヒント

対角線をひくと三角形が2つできます。

**3** 三角形や四角形の角

う　平行四辺形の向かい合った角の大きさは等しくなっています。

**4** 多角形の角

|つの頂点から対角線をかいて、三角形に分けましょう。

できるナビ

多角形の辺の数が|増える。→|つの頂点からかける対角線の数が|増える。→分けられる三角形が|増える。→角の大きさの和が180°増える。

勉強した日　月　日

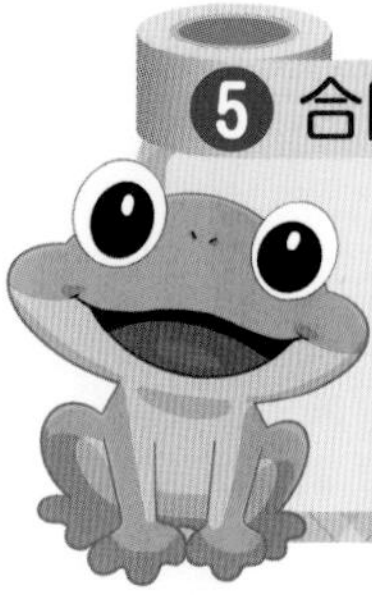

# まとめのテスト①

時間 20分

得点 /100点

教科書 62~81ページ　答え 9ページ

**1** 合同な図形はどれとどれでしょうか。3組見つけましょう。 1つ10〔30点〕

あ い う え お か き く け こ さ し

(　　　　) (　　　　) (　　　　)

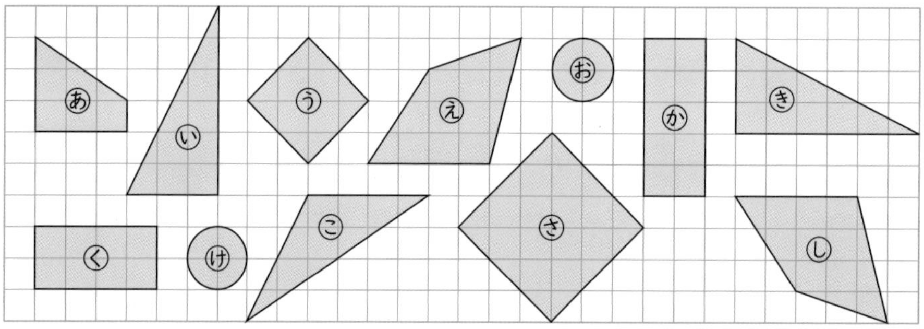

**2** よく出る 次の三角形と合同な三角形をかきましょう。 1つ10〔20点〕

❶ 2つの辺の長さが3cm、もう1つの辺の長さが3.5cmの三角形

❷ 1つの辺の長さが4cmで、その両はしの角の大きさが35°と50°の三角形

**3** よく出る 下のあからうの角度を求めましょう。 1つ10〔30点〕

35° あ 40°

50° い

(平行四辺形)

う 35°

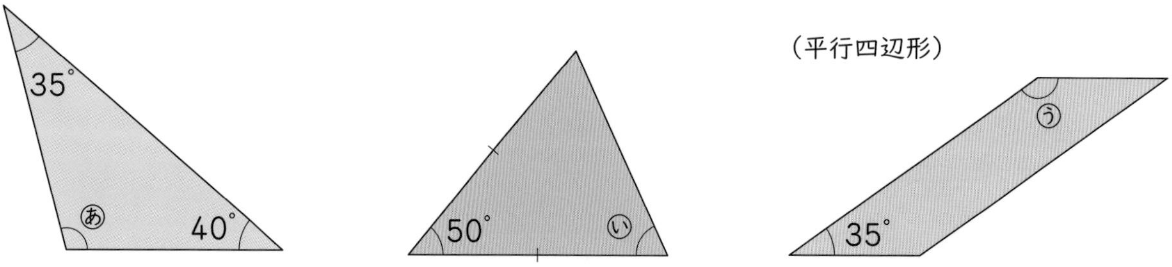

あ(　　　　) い(　　　　) う(　　　　)

**4** 九角形の角の大きさの和を、次のようにして求めました。□にあてはまる数を書きましょう。 1つ5〔20点〕

九角形は、1つの頂点から対角線をかくと、□つの三角形に分けられます。三角形の角の大きさの和は□°だから、九角形の角の大きさの和は、180×□で、□°です。

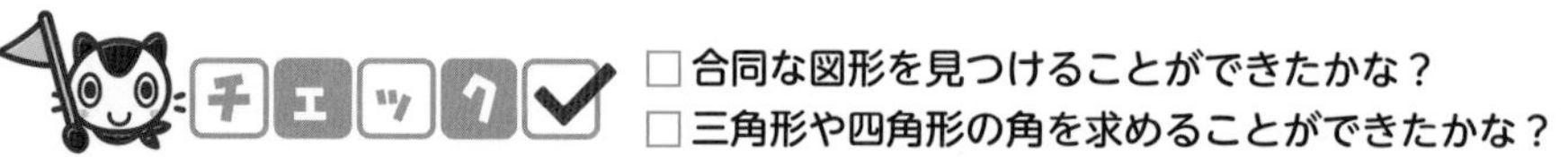

勉強した日　月　日

# まとめのテスト②

時間 20分　得点　/100点

教科書 62〜81ページ　答え 9ページ

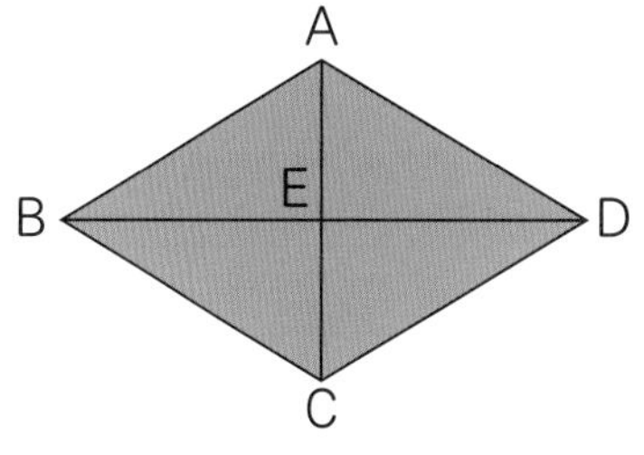

**1** 右のようにひし形ABCDに2本の対角線AC、BDをかきました。　1つ15〔30点〕

❶ 三角形ABDと合同な三角形はどれでしょうか。

（　　　　）

❷ 三角形ABEと合同な三角形はどれでしょうか。すべて答えましょう。

（　　　　）

**2** 下のひし形ABCDと合同なひし形をかきましょう。　〔15点〕

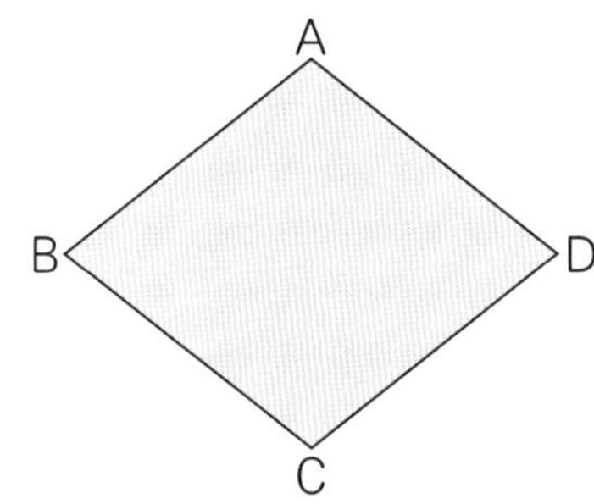

**3** よく出る 下の㋐から㋒の角度を求めましょう。　1つ10〔30点〕

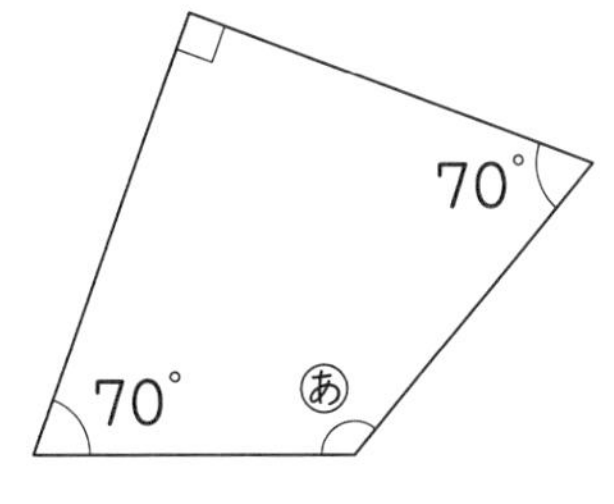


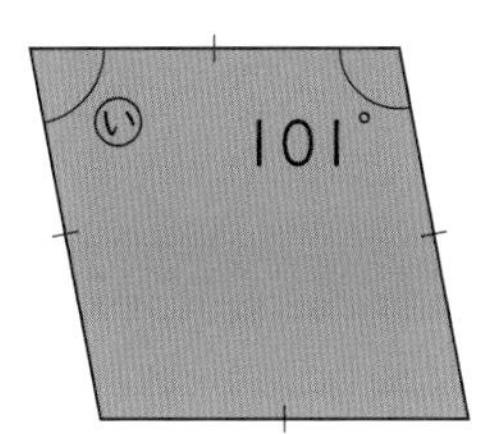


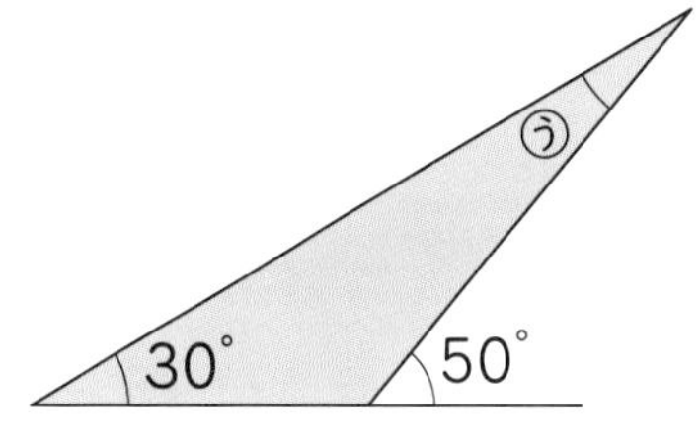


㋐（　　　　）　㋑（　　　　）　㋒（　　　　）

**4** 次の㋐、㋑、㋒のうち、三角形の3つの角の大きさの組み合わせとなっているのはどれでしょうか。　〔10点〕

㋐ 40°、120°、30°　㋑ 60°、55°、55°　㋒ 80°、45°、55°

（　　　　）

**5** 右の図で、四角形ABCDは平行四辺形です。㋐の角度を求めましょう。　〔15点〕

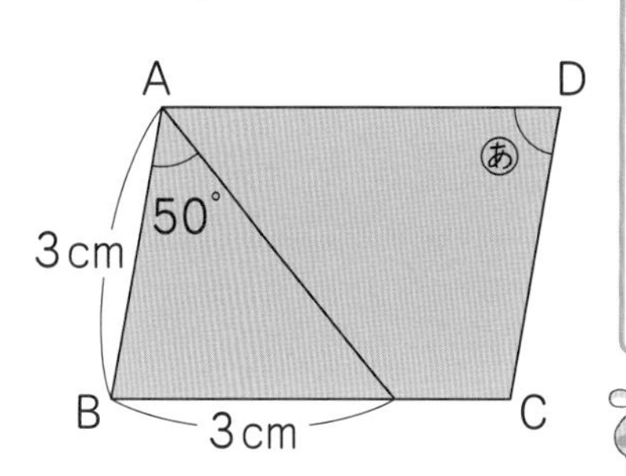


（　　　　）

ふろくの「計算練習ノート」12ページをやろう！

□三角形の3つの角の大きさのきまりがわかったかな？
□合同な四角形をかくことができたかな？

勉強した日　月　日

# 小数のわり算 [その1]
# 基本のワーク

学習の目標・
整数と小数、小数と小数のわり算のしかたを考えよう。

教科書 82～88ページ　答え 9ページ

## 基本 1 整数÷小数 の計算ができますか。

☆ 1.6mの代金が64円のリボンがあります。このリボン1mのねだんは何円でしょうか。

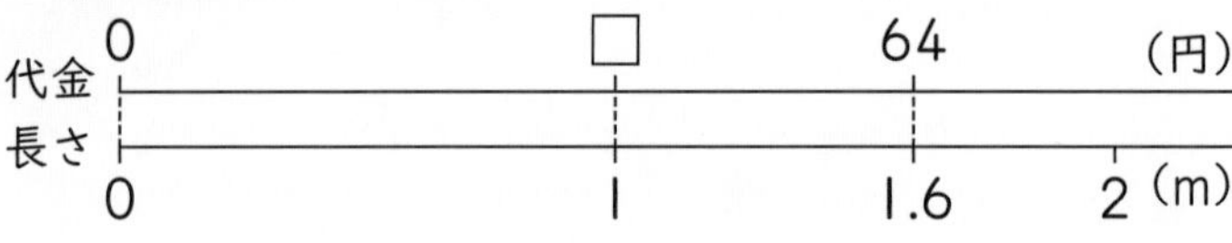


代金÷もとの長さ=1mのねだん だから、1mのねだんを求める式は、

64÷□

64 ÷□=□
↓10倍 ↓10倍 等しい
640÷ 16 = 40

長さを10倍したら、代金も10倍すれば、1mのねだんが求められるね。

答え □円

**1** リボンを2.5m買ったら、代金は450円でした。このリボン1mのねだんは何円でしょうか。

教科書 82ページ1

式

答え（　　　）

## 基本 2 1より小さい数でわる計算ができますか。

☆ 0.7mの代金が98円のリボンがあります。このリボン1mのねだんは何円でしょうか。

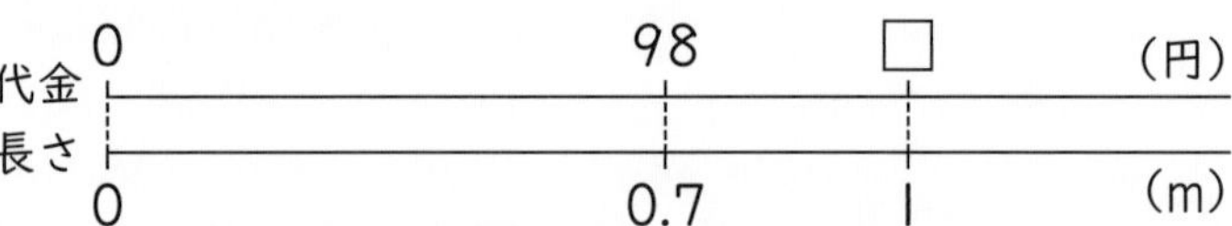


1mのねだんを求める式は、98÷□

98 ÷□=□
↓10倍 ↓10倍 等しい
980÷ 7 = 140

わる数が1より小さくても、整数の計算をもとにすればいいね。

答え □円

**2** 布を0.4m買ったら、代金は312円でした。この布1mのねだんは何円でしょうか。

教科書 85ページ2

式

答え（　　　）

さんすうはかせ

わり算のときに使う「÷」という記号は、いまでは世界中で使われているけど、最初に使われたのは350年ほど前で、スイスの数学者ラーンが考案したといわれているよ。

## 基本3 小数÷小数 の計算ができますか。

☆ 4.5mの重さが6.3kgのぼうがあります。このぼう1mの重さは何kgでしょうか。

とき方

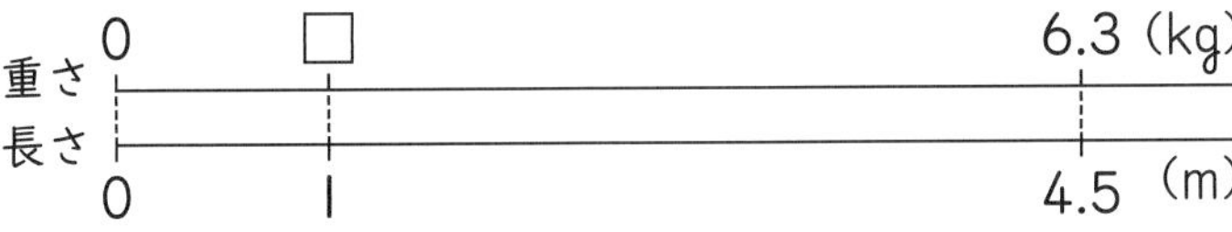


6.3÷□＝□
↓10倍 ↓10倍　等しい
63÷45＝1.4

答え □kg

**3** 0.8mの重さが1.2kgのぼうがあります。このぼう1mの重さは何kgでしょうか。

教科書 87ページ3

式

答え（　　　）

## 基本4 小数÷小数 の筆算のしかたがわかりますか。

☆ 2.7÷1.5 の計算をしましょう。

とき方

1.5)2.7 ➡ 1.5)2.7（10倍 □倍）➡

```
       1.□
1.5)2.7
    15
    120
    120
      0
```

答え □

**4** 計算をしましょう。 教科書 87ページ3

❶ 8.4÷2.4　❷ 12.6÷3.5　❸ 7.5÷0.2

## 基本5 わられる数が $\frac{1}{100}$ の位までの小数のわり算のしかたがわかりますか。

☆ 3.24÷1.2 の計算をしましょう。

とき方

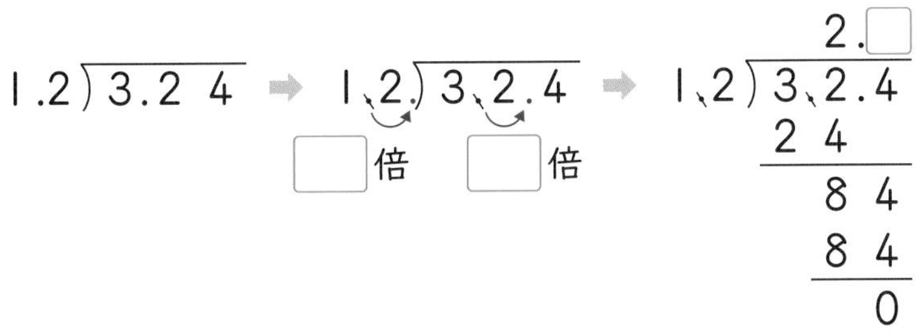

1.2)3.24 ➡ 1.2)3.2.4（□倍 □倍）➡

```
        2.□
1.2)3.2.4
    24
     84
     84
      0
```

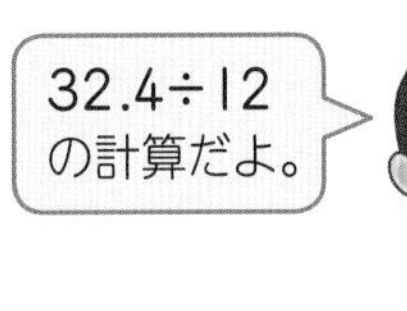

答え □

**5** 計算をしましょう。 教科書 88ページ4

❶ 6.97÷1.7　❷ 9.44÷0.8　❸ 13.28÷3.2

ポイント 小数÷小数の筆算では、わる数を整数にするには何倍したらよいかを考えます。

勉強した日　月　日

# 小数のわり算 [その2]

# 基本のワーク

学習の目標

いろいろな小数のわり算の筆算ができるようになろう。

教科書 88~90ページ　答え 9ページ

## 基本 1 商の一の位が 0 になるわり算ができますか。

☆ 0.56÷1.6 の計算をしましょう。

とき方

1.6)0.5 6 → 1.6)0.5.6（10倍　10倍）→ 1.6)0.5.6（商 □.）→ 1.6)0.5.6（商 □.3□）

48
80
80
0

5は16より小さいから、一の位に商はたたない。

答え □

**1** 計算をしましょう。 教科書 88ページ5

❶ 1.56÷2.4　❷ 0.28÷0.8　❸ 0.47÷9.4

## 基本 2 わる数が $\frac{1}{100}$ の位までの小数のわり算の筆算のしかたがわかりますか。

☆ 5.964÷2.13 の計算をしましょう。

とき方

2.1 3)5.9 6 4（100倍）→ 2.1 3)5.9 6.4（100倍）→ 2.1 3)5.9 6.4（商 □.□）

426
1704
1704
0

1　わる数が整数になるように、小数点を右へ移(うつ)す。

2　わられる数の小数点も、1で移した分だけ右へ移す。

3　商の小数点は、わられる数の移した小数点にそろえてうつ。

答え □

**2** 計算をしましょう。 教科書 89ページ6

❶ 6.156÷3.24　❷ 3.618÷0.67　❸ 0.243÷0.54



さんすうはかせ　かけ算に九九があるように、わり算にも九九があるよ。むかしは、そろばんで計算するときなどに使われていたんだって。

**3** 右の 2.952÷3.69 の筆算はまちがえています。 教科書 89ページ6

```
       8
3.69)2.95.2
     2952
        0
```

❶ まちがいを説明しましょう。

説明

❷ 正しい答えを求めましょう。

(　　　　)

## 基本3 ($\frac{1}{10}$の位までの小数)÷($\frac{1}{100}$の位までの小数)の計算ができますか。

☆ 9.9÷2.25 の計算をしましょう。

**とき方** わられる数の小数点を移すとき、数字がたりない場合は 0 を書きたします。

2.25)9.90.
100倍　100倍

➡

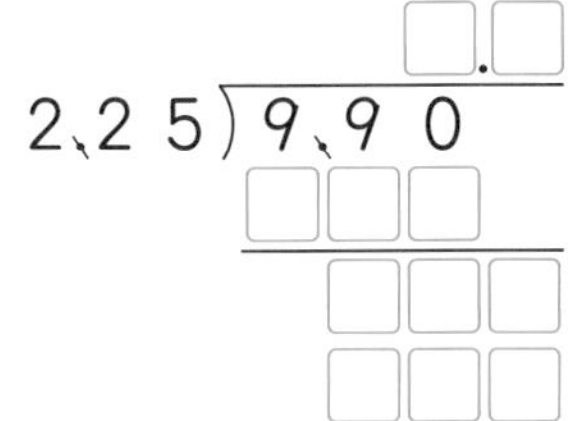

答え

**4** 計算をしましょう。 教科書 90ページ7

❶ 2.64)6.6

❷ 1.25)20.9

❸ 0.25)23.2

❹ 5.75)2.3

❺ 3.25)2.6

❻ 1.25)1.1

❼ 0.75)0.6

❽ 1.25)0.3

❾ 3.75)3.6

ポイント がい数で商の見当をつけてから計算すると、小数点のつけまちがいによる計算ミスを減らすことができます。

# 小数のわり算 [その3]

## 基本のワーク

学習の目標
商の四捨五入や、あまりのあるわり算ができるようになろう。

教科書 90〜93ページ 答え 10ページ

### 基本1 整数÷小数 の計算ができますか。

☆ 8÷2.5 の計算をしましょう。

とき方 整数を、$\frac{1}{10}$ の位が 0 の小数とみて計算します。

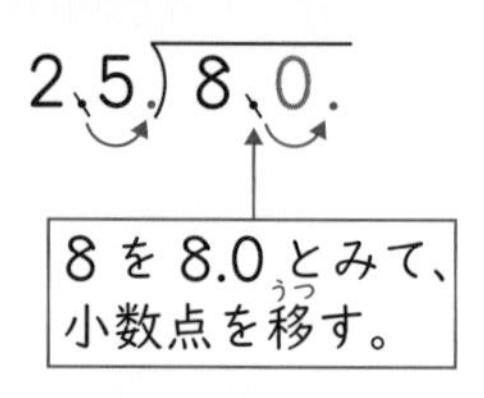


➡

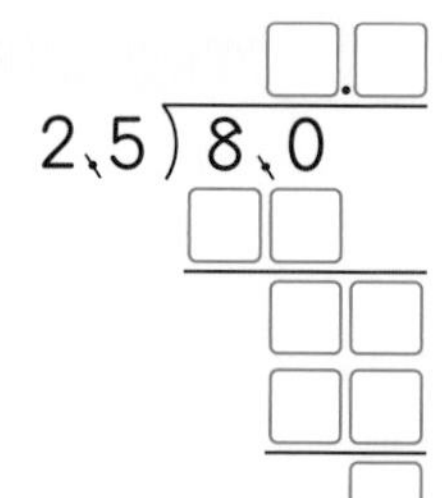

答え □

**1** 計算をしましょう。 教科書 90ページ8

❶ 7.5)6

❷ 0.8)14

❸ 1.25)6

### 基本2 わる数と商の大きさの関係がわかりますか。

☆ 1.2 m の代金が 360 円のリボンあと、0.8 m の代金が 360 円のリボンいがあります。リボンあ、いのうち、1 m のねだんが 360 円より高くなるのはどちらでしょうか。

とき方

あ 代金 0 □ 360 (円)
長さ 0 1 1.2 (m)

い 代金 0 360 □ (円)
長さ 0 0.8 1 (m)

それぞれの 1 m のねだんの式と 360 を比べて、不等号を使って表すと、

リボンあ 360÷1.2 □ 360

リボンい 360÷0.8 □ 360

たいせつ
わり算では、1 より小さい数でわると、商はわられる数より大きくなります。

答え 360 円より高くなるのはリボン □

**2** 商がわられる数より大きくなる式を、すべて選びましょう。 教科書 91ページ9

あ 93÷3.1　　い 7.8÷0.6　　う 0.5÷0.04　　え 0.8÷20

(　　　　)

さんすうはかせ 計算に便利な電卓だけど、初めて作られたのは 60 年くらい前のこと。その重さは、14kg もあったんだって。

## 基本 3 商の四捨五入ができますか。

☆ 1.4÷2.7 の計算をしましょう。商は四捨五入(ししゃごにゅう)して、上から 2 けたのがい数で求めましょう。

とき方 商を上から 3 けたまで計算し、3 けための数字を四捨五入します。

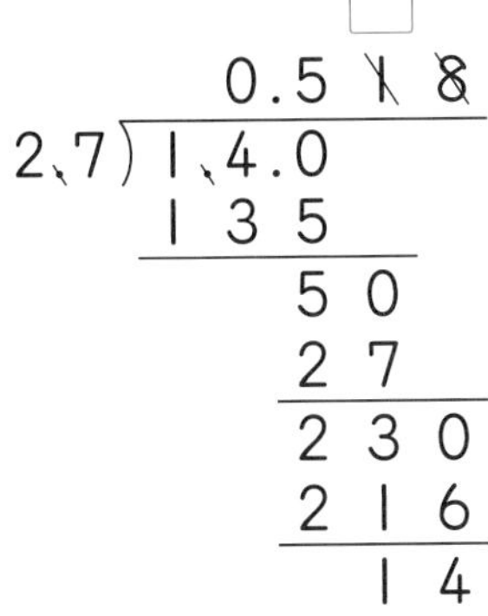

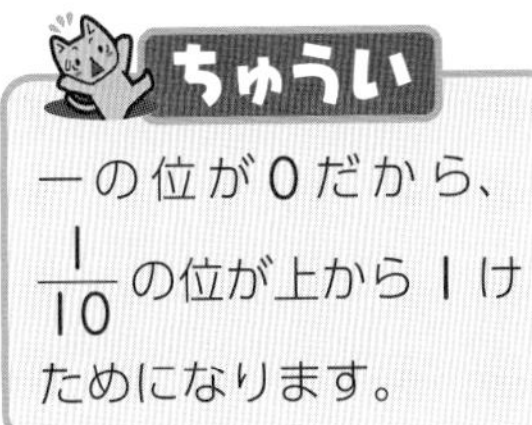


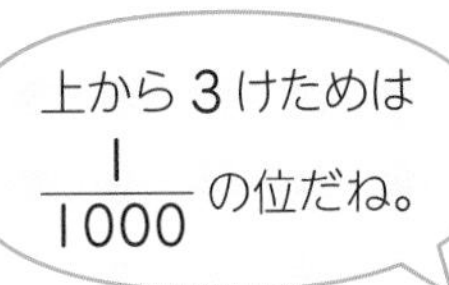

答え □

**3** 商は四捨五入して、上から 2 けたのがい数で求めましょう。 教科書 92ページ10

❶ 4.8÷3.6　❷ 2.51÷7.2　❸ 8÷9.4

(　　　)　(　　　)　(　　　)

## 基本 4 あまりのあるわり算ができますか。

☆ 3.4m のテープを 0.5m ずつ切っていきます。0.5m のテープは何本できて、何 m あまるでしょうか。

とき方 式は、3.4÷0.5 です。

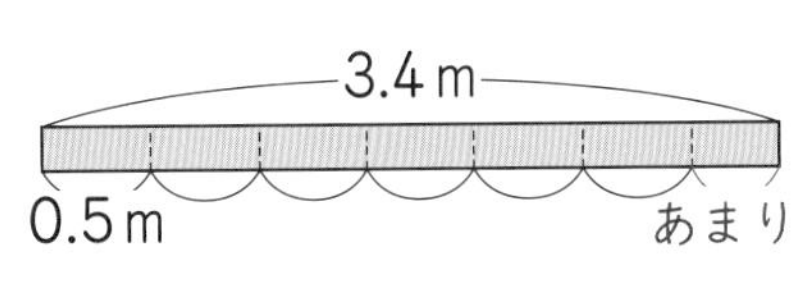


本数は整数だから、商は一の位まで求めればよい。

3.4 の小数点にそろえて、あまりの小数点をうつ。

たいせつ
小数のわり算では、あまりの小数点は、わられる数のもとの小数点にそろえてうちます。

3.4÷0.5=□ あまり □

答え □ 本できて、□ m あまる。

**4** 9.65m のテープを 1.7m ずつ切っていきます。1.7m のテープは何本できて、何 m あまるでしょうか。 教科書 93ページ11

式

答え (　　　)

ポイント あまりのあるわり算では、下の式で答えの確(たし)かめをしましょう。
わる数×商+あまり=わられる数

勉強した日　月　日

# 小数のわり算 [その4]

# 基本のワーク

学習の目標
小数のわり算を使って、いろいろな倍の問題を解こう。

教科書 94~96ページ　答え 11ページ

## 基本 1 倍の大きさを求める問題がわかりますか。

☆ ホース㋐の長さは、6.5mです。ホース㋑の長さは、ホース㋐の長さの0.8倍です。ホース㋑の長さは何mでしょうか。

とき方 ホース□の長さを1とみたとき、ホース□の長さが0.8にあたります。
求める数を□として、問題の場面を数直線に表すと、次のようになります。

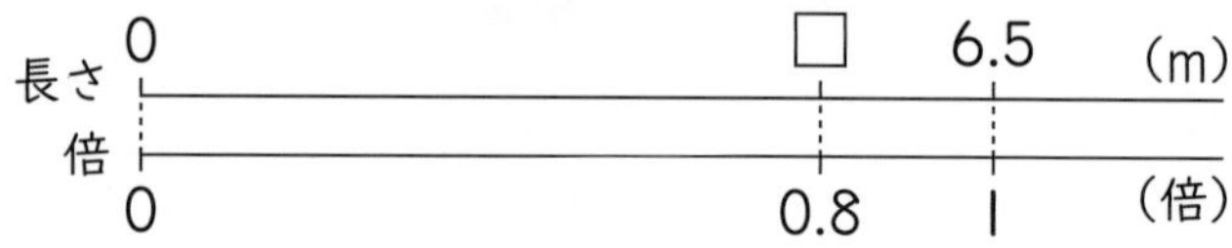


式に表して、答えを求めると、
6.5□0.8=□

答え □m

**1** 国語辞典の重さは、2.5kgです。雑誌(ざっし)の重さは、辞典の重さの0.3倍です。雑誌の重さは何kgでしょうか。

教科書 94ページ12

式

答え(　　　　)

## 基本 2 倍を求める問題がわかりますか。

☆ 9.8cmのろうそく㋐と、5.6cmのろうそく㋑があります。㋐の長さは、㋑の長さの何倍でしょうか。

とき方 問題の場面を別の言葉で表すと、次のようになります。
ろうそく□の長さを1とみたとき、ろうそく□の長さがどれだけにあたるかを求める問題です。
また、求める数を□として、問題の場面を数直線に表すと、次のようになります。

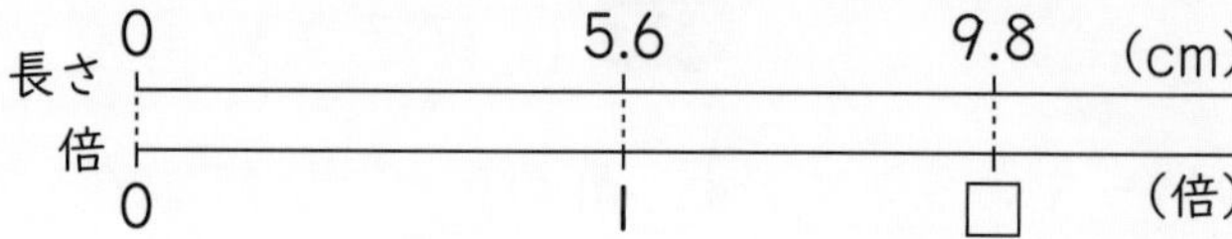


式に表して、答えを求めると、
9.8□5.6=□

答え □倍

何倍かを求めるときは、わり算を使うよ。

日本やアメリカでは小数点として「.」を使うけれど、ドイツやフランスでは「,」を使っているんだって。

**2** 3.5kgのすいかと、1.4kgのパイナップルがあります。すいかの重さは、パイナップルの重さの何倍でしょうか。

教科書 94ページ13

式

答え（　　　　）

**3** $0.72m^2$のビニールシートあと、$2.88m^2$のビニールシートいがあります。あの面積は、いの面積の何倍でしょうか。

教科書 94ページ13

式

答え（　　　　）

## 基本3 もとにする量を求める問題がわかりますか。

☆あるペンキをうすめて、1.6倍の量にして使います。うすめたときの量を5.6Lにするには、もとのペンキの量を何Lにすればよいでしょうか。

**とき方** もとにする量を1とみたとき、うすめたときの量の5.6Lが□にあたるようにします。そのときのもとにする量を求める問題です。

求める数を□として、問題の場面を数直線に表すと、次のようになります。

| | | | | |
|---|---|---|---|---|
| ペンキの量 | 0 | □ | 5.6 | (L) |
| 倍 | 0 | 1 | 1.6 | (倍) |

□×1.6＝5.6
□＝5.6÷1.6
＝□

×1.6
□L　5.6L
÷1.6

答え □L

**4** しぼったみかんを炭酸水でわって、しぼったみかんの量の1.8倍のジュースをつくります。ジュースを2.7Lつくるには、しぼったみかんの量を何Lにすればよいでしょうか。

教科書 96ページ14

式

答え（　　　　）

**5** 赤いリボンの長さは15.3cmです。これは、青いリボンの長さの0.6倍です。青いリボンの長さは何cmでしょうか。

教科書 96ページ14

式

答え（　　　　）

ポイント 倍の問題を考えるときは、問題の場面をかんたんな数直線に表すと、まちがいを防ぐことができます。

勉強した日　月　日

# 練習のワーク

教科書 82～98ページ　答え 11ページ

できた数　/11問中

**1** 小数のわり算　計算をしましょう。

❶ 14.4÷4.5　❷ 6.6÷0.4

❸ 9.75÷3.9　❹ 6.84÷7.2

❺ 0.34÷8.5　❻ 3.784÷0.88

❼ 9.6÷2.56　❽ 63÷0.35

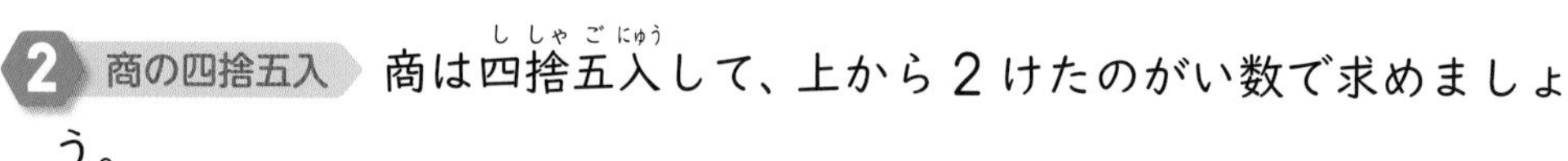

**2** 商の四捨五入　商は四捨五入して、上から2けたのがい数で求めましょう。

❶ 6.3÷1.1　❷ 5.34÷7.9

(　　　)　(　　　)

**3** あまりのあるわり算　9.8kgのすなを1.2kgずつふくろに入れていきます。すなが1.2kg入ったふくろは何ふくろできて、何kgあまるでしょうか。

式

答え (　　　)

## てびき

**1** 小数のわり算

わる数が整数になるように、わる数とわられる数の小数点を同じだけ右に移してから計算します。

例
```
        5.1
1.7)8.6.7
      8 5
        1 7
        1 7
          0
```

**2** 商の四捨五入

上から2けたのがい数で求めるときは、上から3けための数字を四捨五入します。

**3** あまりのあるわり算

次の式で、答えの確かめをしましょう。
わる数×商＋あまり＝わられる数

商の小数点……わられる数の移した小数点にそろえてうつ。
あまりの小数点……わられる数のもとの小数点にそろえてうつ。

# まとめのテスト

時間 20分　得点 /100点

教科書 82～98ページ　答え 11ページ

**1** よく出る 計算をしましょう。　1つ7〔42点〕

❶ 9.1÷3.5　❷ 6.21÷0.9　❸ 4.623÷4.02

❹ 0.215÷0.86　❺ 7.8÷9.75　❻ 34÷1.25

**2** たてが 3.14m で、面積が 15.386m² の長方形があります。横の長さは何 m でしょうか。　1つ7〔14点〕

式

答え（　　　）

**3** 1.7L のはちみつの重さをはかったら、2.3kg でした。このはちみつ 1L の重さは約何 kg でしょうか。商は四捨五入して、上から 2 けたのがい数で求めましょう。　1つ7〔14点〕

式

答え（　　　）

**4** ゆいさんの家から学校までの道のりは 1.32km で、家から駅までの道のりは 1.65km です。家から駅までの道のりは、家から学校までの道のりの何倍でしょうか。　1つ7〔14点〕

式

答え（　　　）

**5** ある数を 2.5 でわる計算を、まちがえて 2.5 をかけてしまい、答えが 75 になりました。　1つ8〔16点〕

❶ ある数はいくつでしょうか。

（　　　）

❷ このわり算の正しい答えを求めましょう。

（　　　）

ふろくの「計算練習ノート」7～10ページをやろう！

□小数のわり算の筆算ができたかな？
□商の四捨五入ができたかな？

勉強した日　月　日

# 整数の見方 [その1]

# 基本のワーク

学習の目標
偶数と奇数、倍数と公倍数の意味や見つけ方を学ぼう。

教科書 101～107ページ　答え 12ページ

## 基本1 偶数と奇数がわかりますか。

☆ 次の整数を、偶数(ぐうすう)と奇数(きすう)に分けましょう。
0　5　8　23　35　129　2856

とき方 □を整数とすると、偶数は 2×□と表すことができる数、奇数は 2×□+1 と表すことができる数です。0 は □ です。
すべての整数は、偶数か奇数のどちらかに分けることができ、偶数と奇数は、下のように 1 つおきにならんでいます。

⓪ 1 ② 3 ④ 5 ⑥ 7 ⑧ 9 ⑩ 11 ⑫ 13 ⑭　○…偶数　□…奇数

一の位が 0、2、4、6、8 の数は □ で、1、3、5、7、9 の数は □ です。

答え 偶数 □　奇数 □

たいせつ
2 でわったとき、わりきれる整数を偶数、あまりが 1 になる整数を奇数といいます。

**1** 次の整数を、偶数と奇数に分けましょう。　教科書 101ページ1
21　30　92　105　654　4477

偶数（　　　）　奇数（　　　）

**2** 奇数と奇数の和は、どんな数になるでしょうか。　教科書 104ページ2

（　　　）

## 基本2 倍数がわかりますか。

☆ 7 の倍数を、小さい順に 3 つ書きましょう。

とき方 □を 0 以外の整数とすると、7 の倍数は、7×□と表すことができる数です。□に、1 から順に整数をあてはめると、
7×1＝□
7×□＝□
7×□＝□

たいせつ
ある整数を整数倍してできる数を、もとの整数の倍数といいます。

答え □、□、□

**3** 5 の倍数を、小さい順に 3 つ書きましょう。　教科書 105ページ3

（　　　）

さんすうはかせ
何けたの整数でも、その数が偶数か奇数かは、一の位の数字だけでわかるよ。一の位が偶数なら、その数は偶数、一の位が奇数なら、その数は奇数だよ。

## 基本3 公倍数がわかりますか。

☆ 1たば4本のバラと、1たば6本のカーネーションを、それぞれ何たばか買います。バラとカーネーションの本数が等しくなるときの本数を、小さい順に2つ書きましょう。

**とき方** □を0以外の整数とすると、バラの本数は4×□と表されるから、4の[　　]になっています。また、カーネーションの本数は6×□と表されるから、6の[　　]になっています。本数が等しくなるのは、4と6の公倍数のときです。

4の倍数　4、8、[　　]、16、20、[　　]、…

6の倍数　6、[　　]、18、[　　]、…

**答え** [　　]本、[　　]本

**たいせつ**
いくつかの整数に共通な倍数を、それらの整数の公倍数といいます。

**公倍数とは**

4と6の公倍数
4の倍数　6の倍数
4、8、16、20、…　12、24、…　6、18、30、……

**4** (　)の中の数の公倍数を、小さい順に3つ書きましょう。 教科書 105ページ3 107ページ4

❶ (3、5)　(　　　　　)

❷ (2、7)　(　　　　　)

❸ (4、10)　(　　　　　)

❹ (6、18)　(　　　　　)

## 基本4 最小公倍数がわかりますか。

☆ 6と8の最小公倍数は何でしょうか。
また、6と8の公倍数を、小さい順に3つ書きましょう。

**とき方** まず8の倍数を調べて、その中から6の倍数になっている数を見つけます。

8の倍数 ―――― 8、16、[　　]、32、40、48、56、64、[　　]

↑
最小公倍数

6の倍数になっているか ―― ×、×、○、[　　]、×、[　　]、×、×、○

**たいせつ**
公倍数のうち、いちばん小さい公倍数を最小公倍数といいます。

8の倍数が6でわりきれるかを調べるんだよ。

**答え** 最小公倍数[　　]　公倍数[　　]、[　　]、[　　]

**5** (　)の中の数の最小公倍数を求めましょう。 教科書 107ページ4

❶ (3、7)　(　　　　　)

❷ (9、12)　(　　　　　)

**ポイント** 公倍数を求めるときは、基本4のように、大きいほうの数の倍数の中から小さいほうの数の倍数にもなっている数を見つける方法がかんたんです。

勉強した日　月　日

学習の目標
3つの数の公倍数、約数と公約数の意味や見つけ方を学ぼう。

# 整数の見方［その2］
# 基本のワーク

教科書 108〜114ページ　答え 12ページ

## 基本1　3つの数の公倍数がわかりますか。

☆ 3と4と6の最小公倍数は何でしょうか。
また、3と4と6の公倍数を、小さい順に3つ書きましょう。

とき方　6の倍数の中から、4の倍数でもあり、3の倍数でもある数を見つけます。

6の倍数 ―――――― 6、12、18、24、30、□、…
4の倍数になっているか ― ×、□、×、○、×、○、…
3の倍数になっているか ― ○、□、○、○、○、○、…

答え　最小公倍数□　公倍数□、□、□

**1**（　　）の中の数の最小公倍数は何でしょうか。また、（　　）の中の数の公倍数を、小さい順に3つ書きましょう。　教科書 108ページ5

❶（2、6、8）

最小公倍数（　　　）
公倍数（　　　）

❷（3、8、40）

最小公倍数（　　　）
公倍数（　　　）

## 基本2　約数と公約数がわかりますか。

☆ りんご18個とみかん12個を、それぞれ同じ数ずつ何皿かに分けます。
りんごもみかんもあまりがなく分けられるのは、何皿のときでしょうか。

とき方　りんごをあまりがなく分けられる皿の数は、18をわりきることのできる数、つまり□の約数です。同じように、みかんをあまりがなく分けられる皿の数は12の約数で、どちらもあまりがなく分けられる皿の数は□と12の公約数です。

18の約数 ― ①、②、□、□、9、18
12の約数 ― ①、②、□、4、□、12

答え　1皿、2皿、□皿、□皿

たいせつ
ある整数をわりきることのできる整数を、もとの整数の約数といいます。
また、いくつかの整数に共通な約数を、それらの整数の公約数といいます。

**2** 14と20の約数を、それぞれすべて書きましょう。また、14と20の公約数をすべて書きましょう。　教科書 111ページ7

14の約数（　　　）
20の約数（　　　）
14と20の公約数（　　　）

さんすうはかせ
最大公約数を求める方法などが書かれたいちばん古い本は「ユークリッド原論」とよばれるもので、いまから2300年ほど前、エジプトで書かれたものだよ。

## 基本3 最大公約数がわかりますか。

☆ 27と36の最大公約数は何でしょうか。また、27と36の公約数をすべて書きましょう。

**とき方** まず27の約数を調べて、その中から36の約数にもなっている数を見つけます。

27の約数 ―――― 1、3、□、27

↑ 最大公約数

36の約数になっているか ―○、□、○、×

**答え** 最大公約数 □　公約数 □

**たいせつ** 公約数のうち、いちばん大きい公約数を最大公約数といいます。

**3** (　)の中の数の最大公約数は何でしょうか。また、(　)の中の数の公約数をすべて書きましょう。 教科書 113ページ 8

❶ (25、50)

最大公約数(　　)
公約数(　　)

❷ (24、36)

最大公約数(　　)
公約数(　　)

## 基本4 倍数や約数を使った問題がわかりますか。

☆ たて8cm、横10cmの長方形の紙を右のようにすき間なくならべて、できるだけ小さい正方形を作ります。正方形の1辺の長さは何cmになるでしょうか。

10cm
8cm

**とき方** 紙をならべてできる図形のたての長さは□の倍数、横の長さは□の倍数になります。たてと横の長さが等しくなるとき、この図形は正方形になります。たてと横の長さが等しくなるのは、8と10の公倍数のときです。できるだけ小さい正方形を作るとき、1辺の長さは、8と10の□になります。

**答え** □cm

**4** たて15cm、横9cmの長方形の紙をすき間なくならべて、できるだけ小さい正方形を作ります。正方形の1辺の長さは何cmになるでしょうか。 教科書 109ページ 6

(　　)

**5** 右のような、たて24cm、横32cmの長方形の紙があります。これを、線にそって、すべて同じ大きさの正方形に切り分けます。あまりがないように切り分けるとき、正方形をできるだけ大きくするには、1辺の長さを何cmにすればよいでしょうか。 教科書 114ページ 9

32cm
24cm

(　　)

**ポイント** 公約数を求めるとき、基本3のように、小さいほうの数の約数の中から大きいほうの数の約数にもなっている数を見つける方法がかんたんです。

勉強した日 月 日

# 練習のワーク

教科書 101～116ページ　答え 13ページ

できた数 /15問中

**1 偶数と奇数** □にあてはまる数を書いて、偶数（ぐうすう）か奇数（きすう）かを答えましょう。

❶ 22＝2×□だから、22は（　　）です。

❷ 17＝2×□＋1だから、17は（　　）です。

**2 倍数** 次の数の倍数を、小さい順に3つ書きましょう。

❶ 9　（　　）

❷ 21　（　　）

**3 公倍数と最小公倍数** （　）の中の数の最小公倍数は何でしょうか。また、（　）の中の数の公倍数を、小さい順に3つ書きましょう。

❶ （5、6）　最小公倍数（　　）　公倍数（　　）

❷ （8、12）　最小公倍数（　　）　公倍数（　　）

**4 約数** 次の数の約数を、すべて書きましょう。

❶ 10　（　　）

❷ 49　（　　）

**5 公約数と最大公約数** （　）の中の数の最大公約数は何でしょうか。また、（　）の中の数の公約数をすべて書きましょう。

❶ （8、16）　最大公約数（　　）　公約数（　　）

❷ （36、42）　最大公約数（　　）　公約数（　　）

**6 文章題** 6分ごとに発車する電車と、10分ごとに発車するバスがあります。今、電車とバスが同時に発車したとき、次に同時に発車するのは何分後でしょうか。

（　　）

## てびき

**1 偶数と奇数**
2でわりきれるかどうかをみましょう。

**2 4 倍数・約数**

たいせつ
整数△が整数○の倍数のとき、○は△の約数です。

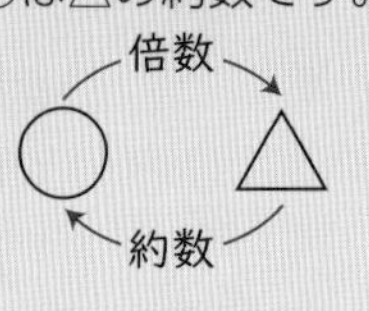


**3 公倍数**

さんこう
公倍数は、最小公倍数の倍数です。最小公倍数を整数倍して公倍数を求めることができます。

**5 公約数**

さんこう
公約数は、最大公約数の約数です。

**6 文章題**
最小公倍数を利用しましょう。

できるナビ
最小公倍数を求めるとき → 大きいほうの数の倍数を、小さい順に調べる。
最大公約数を求めるとき → 小さいほうの数の約数を、大きい順に調べる。

勉強した日　月　日

# まとめのテスト

時間 20分

得点 /100点

教科書 101～116ページ　答え 13ページ

**1** よく出る 次の整数を、偶数と奇数に分けましょう。 1つ8〔16点〕

0　1　7　12　36　85　391　5404

偶数（　　　）　奇数（　　　）

**2** よく出る （　）の中の数の最小公倍数と最大公約数を求めましょう。 1つ9〔36点〕

❶ （15、40）

最小公倍数（　　　）
最大公約数（　　　）

❷ （72、18）

最小公倍数（　　　）
最大公約数（　　　）

**3** 1以上100以下の整数の中に、次の数は何個（なんこ）あるでしょうか。 1つ8〔16点〕

❶ 3の倍数（　　　）

❷ 3と13の公倍数（　　　）

**4** 下のあからえのうち、必ず偶数になるものを選びましょう。 〔8点〕

| | | | |
|---|---|---|---|
| あ | 7の倍数 | い | 8の倍数 |
| う | 20の約数 | え | 奇数と偶数の和 |

（　　　）

**5** 赤い折り紙48まいと青い折り紙30まいを、それぞれ同じ数ずつ分けて、折り紙セットを作ります。あまりがないようにセットを作り、できるだけ多くの人に配るとしたら、何セットできるでしょうか。 〔8点〕

（　　　）

**6** 整数がそれぞれ黒い字と白い字で書かれたカードが、下のようなきまりでならんでいます。66と88はそれぞれ黒い字と白い字のどちらで書かれているでしょうか。 1つ8〔16点〕

1 2 3 4 5 6 7 8 9 10 11 12 13 14 ……

66（　　　）　88（　　　）

ふろくの「計算練習ノート」11ページをやろう！

□ 偶数と奇数がわかったかな？
□ 最小公倍数、最大公約数を求めることができたかな？

勉強した日 月 日

# 分数の大きさとたし算、ひき算 [その1]

## 基本のワーク

学習の目標
分数の約分と通分の意味や、そのしかたがわかるようになろう。

教科書 117～122ページ　答え 14ページ

### 基本 1 大きさの等しい分数がわかりますか。

☆ $\frac{2}{6}$ と大きさの等しい分数を3つ書きましょう。

とき方 分数の分母と分子に同じ数をかけても、分母と分子を同じ数でわっても、分数の大きさは変わりません。

$\frac{2}{6}=\frac{2\times\square}{6\times2}=\square$　　$\frac{2}{6}=\frac{2\times3}{6\times\square}=\square$　　$\frac{2}{6}=\frac{2\div2}{6\div\square}=\square$

たいせつ

$\frac{○}{△}=\frac{○\times□}{△\times□}$　　$\frac{○}{△}=\frac{○\div□}{△\div□}$

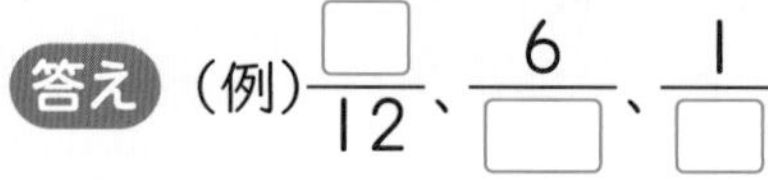

答え (例)$\frac{\square}{12}$、$\frac{6}{\square}$、$\frac{1}{\square}$

1 $\frac{6}{14}$ と大きさの等しい分数を、すべて選びましょう。　教科書 118ページ1

㋐ $\frac{18}{42}$　㋑ $\frac{2}{5}$　㋒ $\frac{3}{7}$　㋓ $\frac{24}{70}$　㋔ $\frac{12}{28}$

(　　　　)

### 基本 2 約分ができますか。

☆ $\frac{18}{24}$ を約分しましょう。

とき方 分母と分子を公約数でわります。

ふつうは、分母と分子ができるだけ小さい整数になるようにします。

《1》 公約数で順にわる。

$\frac{\overset{9}{\cancel{18}}}{\underset{12}{\cancel{24}}}$ ÷2 $=\frac{9}{12}$　まだわれる

↓

$\frac{\overset{3}{\cancel{\overset{9}{\cancel{18}}}}}{\underset{4}{\cancel{\underset{12}{\cancel{24}}}}}$ ÷3 $=\square$

《2》 分母と分子の最大公約数でわる。

$\frac{\overset{3}{\cancel{18}}}{\underset{4}{\cancel{24}}}$ ÷□ $=\square$

たいせつ

分数の分母と分子をそれらの公約数でわって、分母の小さい分数にすることを、約分するといいます。

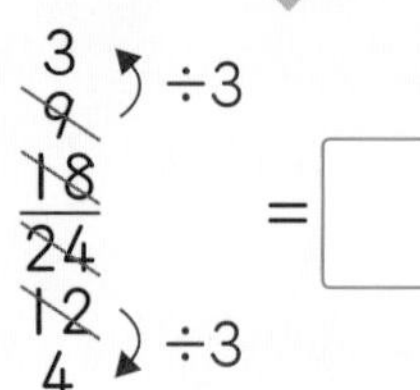

答え □



さんすうはかせ 英語では、分数のことをfraction(フラクション)というよ。「くだく」という意味のラテン語がもとになっているんだって。

**2** 約分しましょう。 教科書 120ページ2

❶ $\dfrac{2}{8}$　❷ $\dfrac{14}{35}$　❸ $\dfrac{24}{42}$

(　　)　(　　)　(　　)

❹ $\dfrac{48}{40}$　❺ $3\dfrac{6}{16}$

(　　)　(　　)

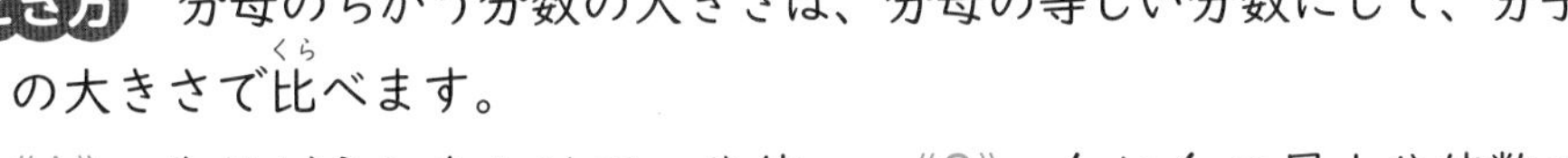


☆ $\dfrac{3}{4}$ と $\dfrac{5}{6}$ は、どちらが大きいでしょうか。

**とき方** 分母のちがう分数の大きさは、分母の等しい分数にして、分子の大きさで比べます。

《1》 分母どうしをかけて、公倍数の24を共通な分母にする。

$\dfrac{3}{4}=\dfrac{3\times6}{4\times6}=\dfrac{18}{24}$

$\dfrac{5}{6}=\dfrac{5\times\square}{6\times4}=\dfrac{\square}{24}$

《2》 4と6の最小公倍数の□を共通な分母にする。

$\dfrac{3}{4}=\dfrac{3\times3}{4\times3}=\square$

$\dfrac{5}{6}=\dfrac{5\times\square}{6\times\square}=\square$

**答え** □のほうが大きい。

**たいせつ**
分母のちがう分数を、大きさを変えないで共通な分母の分数にすることを、通分するといいます。

**3** $\dfrac{1}{3}$ と $\dfrac{2}{7}$ は、どちらが大きいでしょうか。 教科書 121ページ3

(　　)

**4** (　　)の中の分数を通分しましょう。 教科書 122ページ4

❶ $\left(\dfrac{5}{7}、\dfrac{7}{10}\right)$　❷ $\left(\dfrac{7}{8}、\dfrac{11}{12}\right)$　❸ $\left(\dfrac{3}{5}、\dfrac{11}{20}\right)$

(　　)　(　　)　(　　)

❹ $\left(\dfrac{1}{2}、\dfrac{1}{3}、\dfrac{7}{18}\right)$　❺ $\left(\dfrac{3}{4}、\dfrac{4}{5}、\dfrac{12}{25}\right)$　❻ $\left(1\dfrac{4}{9}、1\dfrac{8}{21}\right)$

(　　)　(　　)　(　　)

**ポイント** 約分や通分では、最大公約数や最小公倍数をうまく使うことがたいせつです。もう一度復習しておきましょう。

勉強した日 月 日

# 分数の大きさとたし算、ひき算 [その2]

# 基本のワーク

学習の目標
分母のちがう分数のたし算ができるようになろう。

教科書 123~125ページ　答え 14ページ

ふくしゅう　できるかな？

例 $\frac{1}{5}+\frac{3}{5}$ の計算をしましょう。

考え方 1+3=4 だから、$\frac{1}{5}$ の 4 個(こ)分で、$\frac{4}{5}$

問題 次の計算をしましょう。

① $\frac{1}{7}+\frac{4}{7}$　② $\frac{5}{8}+\frac{3}{8}$

## 基本 1 分母のちがう分数のたし算ができますか。

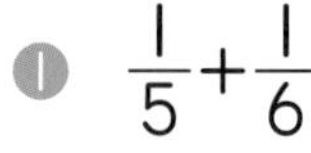

☆ ジュースを、昨日は $\frac{1}{5}$L、今日は $\frac{1}{3}$L 飲みました。あわせて何 L 飲んだでしょうか。

とき方 分母のちがう分数のたし算は、通分してから計算します。

$\frac{1}{5}+\frac{1}{3}=\frac{\square}{15}+\frac{\square}{15}=\square$　答え $\square$ L

1 計算をしましょう。 教科書 123ページ5

① $\frac{1}{5}+\frac{1}{6}$　② $\frac{1}{3}+\frac{1}{7}$　③ $\frac{1}{6}+\frac{3}{4}$

④ $\frac{4}{9}+\frac{1}{6}$　⑤ $\frac{7}{5}+\frac{7}{10}$　⑥ $\frac{5}{8}+\frac{7}{12}$

通分したら、分母はそのままで、分子をたせばいいね。

## 基本 2 答えが約分できる分数のたし算ができますか。

☆ $\frac{1}{2}+\frac{5}{6}$ の計算をしましょう。

とき方 答えが約分できるときは、約分します。

$\frac{1}{2}+\frac{5}{6}=\frac{\square}{6}+\frac{5}{6}=\frac{\square}{6}=\square$　答え $\square$

さんすうはかせ　日本語では $\frac{2}{3}$ を「3 分の 2」と分母から読むけど、英語では、分子を先に読むよ。

**2** 計算をしましょう。

❶ $\frac{1}{3}+\frac{1}{6}$　❷ $\frac{7}{20}+\frac{2}{5}$　❸ $\frac{4}{15}+\frac{3}{20}$

❹ $\frac{3}{4}+\frac{11}{28}$　❺ $\frac{23}{30}+\frac{13}{45}$　❻ $\frac{14}{9}+\frac{31}{36}$

## 基本 3 分母のちがう帯分数のたし算ができますか。

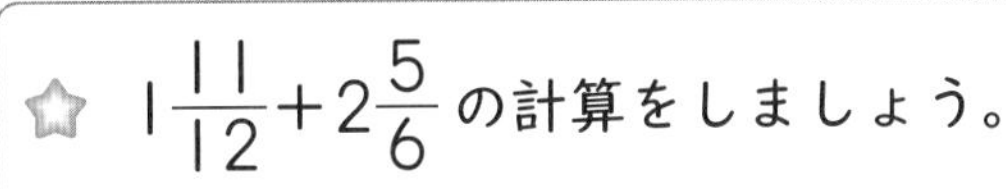


**とき方** 通分してから、整数どうし、分数どうしをそれぞれたします。

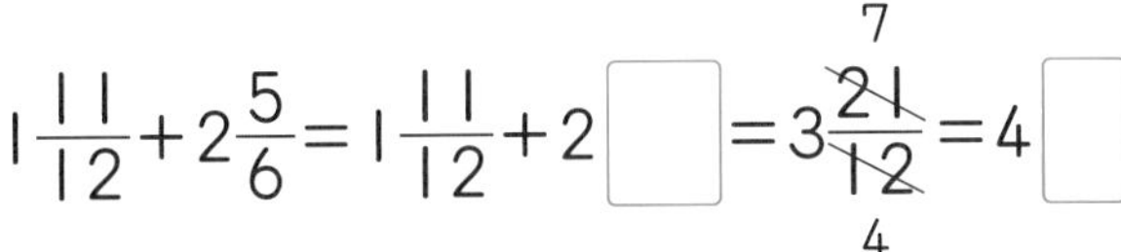


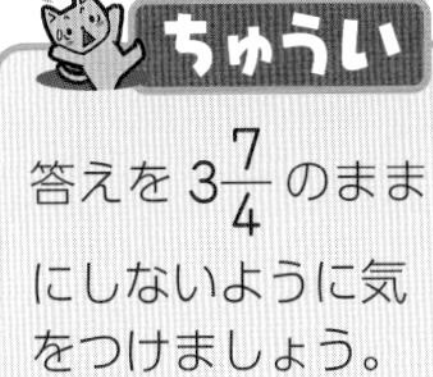


**答え** □

**3** 計算をしましょう。

教科書 125ページ7

❶ $\frac{7}{9}+1\frac{1}{6}$　❷ $1\frac{5}{7}+\frac{2}{3}$　❸ $2\frac{2}{5}+\frac{13}{30}$

❹ $1\frac{9}{14}+2\frac{5}{42}$　❺ $2\frac{3}{4}+3\frac{11}{12}$　❻ $3\frac{5}{6}+1\frac{7}{15}$

**ポイント** 計算の答えを帯分数で表すときは、分数部分の分子が分母より小さくなるように答えましょう。

勉強した日　月　日

学習の目標
分母のちがう分数のひき算ができるようになろう。

# 分数の大きさとたし算、ひき算 [その3]

# 基本のワーク

教科書 126～127ページ　答え 15ページ

ふくしゅう

例 $\frac{6}{7}-\frac{2}{7}$ の計算をしましょう。

考え方 6－2＝4 だから、$\frac{1}{7}$ の 4 個(こ)分で、$\frac{4}{7}$

問題 次の計算をしましょう。

❶ $\frac{3}{5}-\frac{1}{5}$　❷ $\frac{8}{3}-\frac{2}{3}$

## 基本 1 分母のちがう分数のひき算ができますか。

☆ りんごジュースが $\frac{3}{4}$L、みかんジュースが $\frac{2}{3}$L あります。ちがいは何 L でしょうか。

とき方 まず、どちらが多いか、通分して比(くら)べてから、ひき算の計算をします。

$\frac{3}{4}=\frac{\square}{12}$、$\frac{2}{3}=\frac{\square}{12}$ だから、りんごジュースのほうが多いことがわかります。

$\frac{3}{4}-\frac{2}{3}=\frac{\square}{12}-\frac{\square}{12}=\square$

答え   L

**1** 計算をしましょう。

教科書 126ページ8

❶ $\frac{1}{2}-\frac{1}{5}$　❷ $\frac{4}{7}-\frac{1}{3}$　❸ $\frac{5}{6}-\frac{4}{9}$

❹ $\frac{8}{5}-\frac{2}{3}$　❺ $\frac{9}{8}-\frac{3}{4}$　❻ $\frac{16}{7}-\frac{3}{2}$

❼ $\frac{9}{20}-\frac{1}{4}$　❽ $\frac{7}{6}-\frac{5}{12}$　❾ $\frac{37}{30}-\frac{23}{20}$



さんすうはかせ 帯分数の表し方は、古代インドで考え出されたといわれているよ。

## 基本 2 分母のちがう帯分数のひき算ができますか。

☆ $3\frac{1}{4}-1\frac{5}{8}$ の計算をしましょう。

**とき方** 通分してから、整数どうし、分数どうしをそれぞれ計算します。分数部分でひけないときは、整数部分から１くり下げます。

ひけない

$$3\frac{1}{4}-1\frac{5}{8}=3\frac{2}{8}-1\frac{5}{8}=2\frac{\square}{8}-1\frac{5}{8}=\square$$

整数部分から１くり下げる

答え $\square$

**2** 計算をしましょう。 教科書 127ページ 9

❶ $2\frac{1}{3}-\frac{3}{5}$　❷ $5\frac{4}{9}-2\frac{1}{2}$　❸ $4\frac{3}{10}-3\frac{7}{15}$

## 基本 3 分母のちがう３つの分数のたし算、ひき算ができますか。

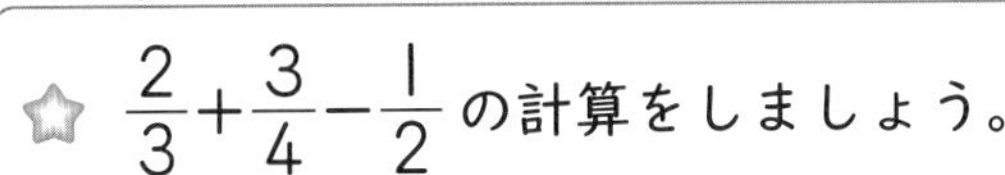

☆ $\frac{2}{3}+\frac{3}{4}-\frac{1}{2}$ の計算をしましょう。

**とき方** ３つの分数を通分してから計算します。

$$\frac{2}{3}+\frac{3}{4}-\frac{1}{2}=\frac{\square}{12}+\frac{\square}{12}-\frac{\square}{12}=\square$$

答え $\square$

**3** 計算をしましょう。 教科書 127ページ 10

❶ $\frac{1}{2}+\frac{1}{4}+\frac{4}{5}$　❷ $\frac{7}{6}-\frac{9}{10}+\frac{1}{2}$

❸ $\frac{1}{24}+\frac{10}{9}-\frac{9}{8}$　❹ $\frac{11}{6}-\frac{1}{3}-\frac{1}{4}$

３つの数の最小公倍数が分母になるように通分しよう。

**ポイント** 計算の答えが約分できるときは、わすれずに約分しましょう。

勉強した日 月 日

# 練習のワーク

教科書 117～129ページ　答え 15ページ

1 約分 約分しましょう。

❶ $\frac{18}{30}$　（　　　）

❷ $2\frac{36}{54}$　（　　　）

2 通分 （　）の中の分数を通分しましょう。

❶ $(\frac{3}{4}、\frac{3}{5})$　（　　　）

❷ $(\frac{3}{10}、\frac{2}{15}、\frac{1}{20})$　（　　　）

3 分数のたし算 計算をしましょう。

❶ $\frac{2}{5}+\frac{3}{7}$

❷ $\frac{1}{2}+\frac{7}{9}$

❸ $\frac{5}{8}+\frac{7}{40}$

❹ $2\frac{3}{16}+1\frac{1}{4}$

4 分数のひき算 計算をしましょう。

❶ $\frac{2}{3}-\frac{1}{4}$

❷ $\frac{7}{6}-\frac{5}{12}$

❸ $2\frac{3}{4}-\frac{11}{20}$

❹ $3\frac{1}{9}-2\frac{3}{10}$

5 3つの分数のたし算、ひき算 計算をしましょう。

❶ $\frac{5}{6}+\frac{1}{2}-\frac{4}{9}$

❷ $\frac{6}{7}-\frac{9}{14}-\frac{1}{6}$

6 文章題 面積が $\frac{8}{5}m^2$ の花だんと、$\frac{5}{3}m^2$ の花だんがあります。あわせて何 $m^2$ でしょうか。

式

答え（　　　）

## てびき

1 約分
分母と分子を公約数でわります。

2 通分
❷ 10、15、20の最小公倍数を共通な分母にします。

3 分数のたし算
通分してから分子どうしをたします。
❶

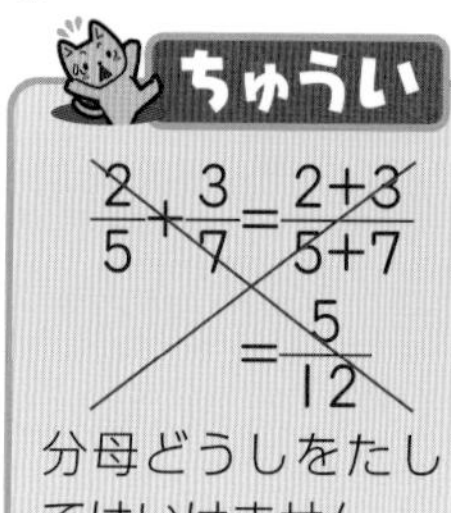


$\frac{2}{5}+\frac{3}{7}=\frac{2+3}{5+7}=\frac{5}{12}$（×）

分母どうしをたしてはいけません。

4 分数のひき算
通分してから分子どうしをひきます。

5 3つの分数のたし算、ひき算
通分してから計算します。

6 文章題
分数のたし算の問題です。

できるナビ　約分するときは、分母と分子を、それらの最大公約数でわる。
通分するときは、分母の最小公倍数を共通な分母にする。

# まとめのテスト

時間 20分

得点 /100点

教科書 117～129ページ　答え 16ページ

**1** 約分しましょう。　1つ6〔18点〕

❶ $\frac{12}{16}$　❷ $\frac{54}{30}$　❸ $3\frac{22}{33}$

(　　)　(　　)　(　　)

**2** (　　)の中の分数を通分しましょう。　1つ6〔18点〕

❶ $\left(\frac{5}{8}、\frac{4}{7}\right)$　❷ $\left(\frac{1}{12}、\frac{1}{18}\right)$　❸ $\left(1\frac{3}{4}、2\frac{5}{6}\right)$

(　　)　(　　)　(　　)

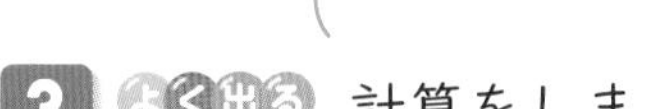

**3** よく出る 計算をしましょう。　1つ6〔54点〕

❶ $\frac{8}{15}+\frac{1}{3}$　❷ $\frac{3}{10}+\frac{7}{6}$　❸ $1\frac{11}{12}+\frac{11}{30}$

❹ $\frac{6}{7}-\frac{5}{9}$　❺ $\frac{17}{20}-\frac{3}{4}$　❻ $3\frac{3}{8}-1\frac{9}{10}$

❼ $\frac{5}{8}+\frac{5}{9}+\frac{5}{6}$　❽ $\frac{11}{12}-\frac{1}{4}-\frac{3}{8}$　❾ $3\frac{5}{18}-1\frac{7}{9}+\frac{3}{4}$

**4** 下の□の中に、3、4、5、7の数を1つずつあてはめて、答えがいちばん大きくなるように、分数のたし算の式をつくりましょう。また、そのときの計算の答えを求めましょう。　1つ5〔10点〕

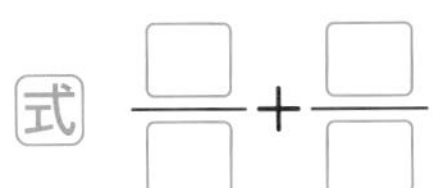

式 $\frac{\square}{\square}+\frac{\square}{\square}$

答え (　　)

ふろくの「計算練習ノート」13～17ページをやろう！

チェック

□ 約分、通分ができたかな？

□ 分数のたし算、ひき算ができたかな？

勉強した日 月 日

# 平均 [その1]

## 基本のワーク

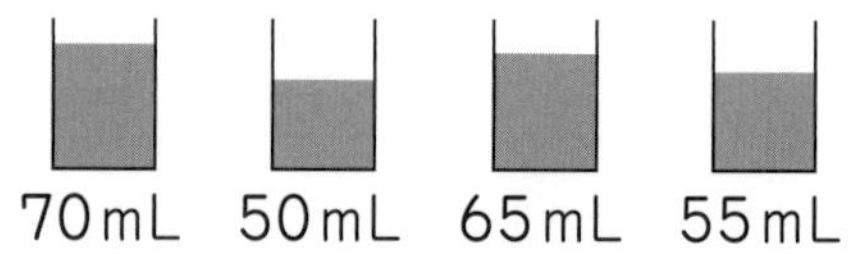


教科書 130～135ページ 答え 16ページ

### 基本1 平均の求め方がわかりますか。

☆ みかんを4個しぼったら、それぞれ右のような量のジュースがとれました。みかん1個からとれたジュースの量は、平均何mLでしょうか。

70mL　50mL　65mL　55mL

とき方 いくつかの数や量をならしたものを、もとの数や量の □ といいます。

4個のみかんからとれたジュースの量を合計して、それを4等分すれば、平均が求められます。

(70＋50＋65＋□)÷4＝□　 □mL

**1** 5個のさといもの重さをはかったら、次のとおりでした。さといも1個の重さは、平均何gでしょうか。

教科書 131ページ1

59g　69g　88g　75g　64g

式

答え (　　　　)

**2** たまごが20個あります。そのうちの何個かの重さをはかって平均を調べたら、68gでした。たまご全部では、何gになると考えられるでしょうか。

教科書 131ページ1

合計は、平均×個数で求められるよ。

式

答え (　　　　)

**3** 下の表は、つばささんが7日間にジョギングで走った道のりをまとめたものです。

教科書 131ページ1

ジョギングで走った道のり

| 曜日 | 月 | 火 | 水 | 木 | 金 | 土 | 日 |
|---|---|---|---|---|---|---|---|
| 道のり(km) | 1.3 | 1.8 | 2.4 | 1.3 | 2.4 | 2.4 | 3.5 |

❶ 1日に走った道のりは、平均約何kmでしょうか。四捨五入して、$\frac{1}{10}$の位までのがい数で求めましょう。

式

答え (　　　　)

❷ 30日間では約何km走ると考えられるでしょうか。

式

答え (　　　　)

令和3年度の小学5年生の身長の平均は、男子が約139.3cm、女子が約140.9cmで、女子のほうが少し高いんだって。

## 基本 2 平均を正しく求めることができますか。

☆ さおりさんは５月から８月の４か月の間、１か月に平均８さつの本を読みました。９月には、13さつの本を読んだそうです。５月から９月の間では、１か月に読んだ本の数は平均何さつになるでしょうか。

**とき方** まず、読んだ本の数の合計を求め、月の数でわります。

(8×□＋□)÷5＝□

5月から8月までに読んだ数　9月に読んだ数　5月から9月まで5か月

平均＝合計÷個数だよ。

**答え** □さつ

**4** そうたさんは、５回の漢字テストで、１回の点数の平均は77点でした。６回めの点数は65点でした。１回の点数の平均は何点になったでしょうか。 教科書 134ページ2

式

答え（　　　　）

## 基本 3 とびぬけた数がある場合の平均を求めることができますか。

☆ 下の表は、まことさんのソフトボール投げの記録を表しています。ソフトボールを投げられるのは、平均何mといえるでしょうか。

ソフトボール投げの記録

| 回数 | １回め | ２回め | ３回め | ４回め |
|---|---|---|---|---|
| 記録(m) | 18 | 6 | 23 | 19 |

**とき方** とびぬけて小さい□回めの記録をふくめないで考えます。

(18＋□＋19)÷3＝□

**さんこう** とびぬけて大きかったり小さかったりする数をふくめないで平均を求める場合があります。

**答え** □m

**5** 下の表は、まゆみさんの50m走の記録を表しています。50mを走るのにかかる時間は、平均何秒といえるでしょうか。 教科書 135ページ3

50m走の記録

| 回数 | １回め | ２回め | ３回め | ４回め | ５回め |
|---|---|---|---|---|---|
| 記録(秒) | 9.49 | 9.47 | 9.53 | 16.78 | 9.43 |

式

答え（　　　　）

平均＝合計÷個数 ですが、個数にあたるのは、問題によって、人数であったり、日数であったりすることに注意しましょう。3では日数、基本2では月数、4では回数ですね。

勉強した日 月 日

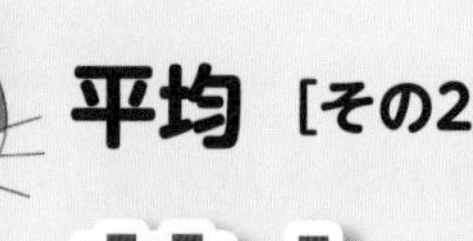

# 平均 [その2]

# 基本のワーク

学習の目標

平均の考え方を使ったいろいろな問題を練習しよう。

教科書 136~138ページ　答え 16ページ

## 基本 1 0がある場合の平均の求め方がわかりますか。

☆ 右の表は、せいやさんのクラスで、先週5日間に欠席した人数を表しています。
1日に欠席した人数は、平均何人でしょうか。

| 曜日 | 月 | 火 | 水 | 木 | 金 |
|---|---|---|---|---|---|
| 欠席した人数(人) | 3 | 0 | 2 | 1 | 1 |

とき方 欠席した人数が0人の火曜日もふくめて、5日間の平均を求めます。

(3+0+2+1+1)÷□=□　答え □人

ちゅうい
~~(3+2+1+1)÷4=1.75~~
は、まちがいです。

人数のようにふつうは小数で表せないものも、平均では小数で表すことがあるよ。

**1** あきさんはバスケットボールチームに入っています。あきさんの今月の6試合での得点は、下の表のとおりでした。1試合での得点は、平均何点でしょうか。 教科書 136ページ4

今月のあきさんの得点

| 試合 | 1試合め | 2試合め | 3試合め | 4試合め | 5試合め | 6試合め |
|---|---|---|---|---|---|---|
| 得点(点) | 6 | 0 | 8 | 0 | 4 | 9 |

式

答え（　　　　）

## 基本 2 きりのよい数を基準にした平均の求め方がわかりますか。

☆ 4個のりんごの重さをはかったら、次のとおりでした。

305g　323g　316g　304g

300gを基準にして、重さの平均をくふうして求めましょう。

とき方 きりのよい数を基準にすると、平均の計算がかんたんになることがあります。

それぞれの重さから、基準の300gをひくと右の表のようになります。この平均を求めると、

| 重さ(g) | 305 | 323 | 316 | 304 |
|---|---|---|---|---|
| 重さ−300(g) | 5 | 23 | 16 | 4 |

(5+23+16+□)÷4=□

基準の300gにこの平均をたすと、りんごの重さの平均になります。

300+□=□　答え □g

300gより重い部分だけならして、それを300gにたすんだね。

1日の平均気温は、1時間ごとにはかった24回分の気温の平均だよ。

**2** 5個のメロンの重さをはかったら、下のようになりました。 教科書 137ページ

923g　919g　913g　934g　916g

❶ 900g を基準として、900g より上の部分だけの平均を求めましょう。

式

メロンの重さで計算するより、小さい数ですむね。

答え（　　　　）

❷ メロン1個の重さは、平均何gでしょうか。❶の答えを使って求めましょう。

式

答え（　　　　）

## 基本 3 平均を使った問題がわかりますか。

☆ まみさんが10歩歩いた長さを調べたら、5.2mでした。

❶ まみさんの歩はばは、平均何mでしょうか。

❷ まみさんが校舎のはしからはしまで歩いたら、120歩ありました。校舎の長さは何mと考えられるでしょうか。

**とき方** 歩くときに1歩で進む長さを、歩はばといいます。歩はばは、いつも同じではないので、平均を使います。

歩はば

❶ 10歩分の合計が5.2mだから、1歩の平均は、

5.2÷10=□

**答え** □m

❷ 校舎の長さは、まみさんの歩はば120歩分だから、

□×120=□

**答え** □m

**3** しょうたさんが10歩歩いた長さを調べたら、6.2mでした。 教科書 138ページ

❶ しょうたさんの歩はばは、平均何mでしょうか。

式

答え（　　　　）

❷ しょうたさんが家から学校まで歩いたら、850歩ありました。家から学校までの道のりは約何mと考えられるでしょうか。四捨五入して、上から2けたのがい数で求めましょう。

式

答え（　　　　）

**ポイント** 平均の学習でたいせつなのは、「合計」と「個数」を正しくとらえることです。とくに、基本1のような問題には気をつけましょう。

勉強した日　月　日

# 練習のワーク

教科書 130～140ページ　答え 17ページ

できた数　/5問中

**1** 平均　5個のたまごの重さをはかったら、右のとおりでした。たまご1個の重さは、平均何gでしょうか。

62g　65g　58g　67g　68g

式

答え（　　　）

**2** 平均を使った合計の予想　りんごの重さをいくつかはかって平均を調べたら、302gでした。りんご15個では、全部で何gになると考えられるでしょうか。

式

答え（　　　）

**3** とびぬけた数があるときの平均　下の表は、こういちさんの5日間の体温を表しています。金曜日は、病気で発熱してしまったそうです。こういちさんのふだんの体温は、平均何度といえばよいでしょうか。

こういちさんの体温

| 曜日 | 月 | 火 | 水 | 木 | 金 |
|---|---|---|---|---|---|
| 体温(度) | 36.6 | 36.3 | 36.6 | 36.5 | 38.6 |

式

答え（　　　）

**4** いろいろな平均　右の表は、図書館で、ある本が1月から4月までに貸し出された回数を表しています。

貸し出された回数

| 月 | 1月 | 2月 | 3月 | 4月 |
|---|---|---|---|---|
| 回数(回) | 2 | 0 | 3 | 5 |

❶ ひと月に貸し出された回数は、平均何回でしょうか。

式

答え（　　　）

❷ 1年間では、何回貸し出されると考えられるでしょうか。

式

答え（　　　）

## てびき

**1** 平均

平均＝合計÷個数

**2** 合計

たいせつ

合計＝平均×個数

**3** とびぬけた数

目的によっては、とびぬけて大きい数や小さい数をふくめずに平均を求める場合があります。

ふだんの体温を調べるには、発熱したときの体温はのぞいたほうがいいね。

**4** 0がある場合

❶ 全体の平均を求めるとき、0の場合もふくめて考えます。

できるナビ　きりのよい数を基準にして平均を求める方法もよく練習しておこう。計算がかんたんになるから、ミスが少なくなるよ。

# まとめのテスト

教科書 130〜140ページ　答え 17ページ

時間 20分　得点 /100点

**1** みかさんは、近所の人からさつまいもを６本もらいました。その重さをはかったら、合計で1440gでした。さつまいも１本の重さは、平均何gでしょうか。　1つ8〔16点〕

式

答え（　　　）

**2** よく出る 下の表は、たけるさんのグループが公園で１週間ごみ拾いをしたとき、拾ったペットボトルの本数を表しています。　1つ9〔36点〕

拾ったペットボトルの数

| 曜日 | 月 | 火 | 水 | 木 | 金 | 土 | 日 |
|---|---|---|---|---|---|---|---|
| ペットボトルの数(本) | 7 | 6 | 0 | 3 | 5 | 3 | 4 |

❶ １日に拾ったペットボトルの数は、平均何本でしょうか。

式

答え（　　　）

❷ 30日間では、何本のペットボトルを拾うと考えられるでしょうか。

式

答え（　　　）

**3** まりさんは、本を１日に平均32ページ読むそうです。　1つ8〔32点〕

❶ まりさんは、５日間で何ページ読むと考えられるでしょうか。

式

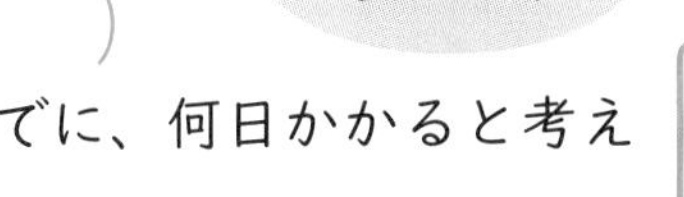

答え（　　　）

❷ まりさんは、288ページある本を読み始めてから読み終えるまでに、何日かかると考えられるでしょうか。

式

答え（　　　）

**4** 右の表は、だいちさんのテストの３回分の点数をまとめたものです。４回分の平均点を70点以上にするには、４回めのテストで何点以上をとればよいでしょうか。　1つ8〔16点〕

テストの結果

| 回数 | １回め | ２回め | ３回め | ４回め |
|---|---|---|---|---|
| 点数(点) | 68 | 73 | 74 | |

式

答え（　　　）

ふろくの「計算練習ノート」19ページをやろう！

□平均を求めることができたかな？
□平均を使った問題を解くことができたかな？

勉強した日　月　日

# 単位量あたりの大きさ ［その1］

## 基本のワーク

学習の目標
単位量あたりの大きさを使って、こみぐあいを比べてみよう。

教科書 142〜148ページ　答え 17ページ

### 基本1 こみぐあいを比べることができますか。

☆ 右の表は、あ、いの小屋の面積と、そこにいるにわとりの数を表しています。どちらのほうがこんでいるでしょうか。

小屋の面積とにわとりの数

| | 面積（$m^2$） | にわとりの数（羽） |
|---|---|---|
| あ | 8 | 16 |
| い | 5 | 11 |

とき方

《1》 8と5の公倍数の40に広さをそろえて、にわとりの数で比べます。

あ　16×5＝80
い　11×8＝□

にわとりの数が多いほうがこんでいる。

《2》 1 $m^2$ あたりのにわとりの数で比べます。

あ　16÷8＝2
い　11÷5＝□

にわとりの数が多いほうがこんでいる。

《3》 1羽あたりの面積で比べます。

あ　8÷16＝□
い　5÷11＝0.45…

1羽あたりの面積がせまいほうがこんでいる。

広さかにわとりの数か、どちらか一方の量をそろえるんだよ。

比べるものが多くなると、公倍数を使うのはたいへんになるね。

答え □の小屋

たいせつ
こみぐあいは、1 $m^2$ あたりのにわとりの数や、1羽あたりの面積など、単位量あたりの大きさで比べます。

**1** 北広場には、45 $m^2$ に18人の子どもがいます。南広場には、60 $m^2$ に25人の子どもがいます。どちらのほうがこんでいるでしょうか。

教科書 143ページ1

❶ 1 $m^2$ あたりの人数で比べましょう。

式

南広場の計算は、どちらが多いかわかる位までずればいいんだよ。

答え（　　　　）

❷ 1人あたりの面積で比べましょう。

式

答え（　　　　）

人口密度が世界一高い国はモナコで、1 $km^2$ あたり約19000人の人が住んでいるよ。一方、人口密度が世界一低い国はモンゴルで、1 $km^2$ あたりの人口は約2人だって！

## 基本2 人口密度を求めることができますか。

☆ 下の表は、北海道の小樽市と釧路市の人口と面積を表しています。

小樽市と釧路市の人口と面積

| | 人口(人) | 面積($km^2$) |
|---|---|---|
| 小樽市 | 111299 | 244 |
| 釧路市 | 165077 | 1363 |

（2020年国勢調査）

❶ それぞれの人口密度を、四捨五入して、一の位までのがい数で求めましょう。

❷ 小樽市と釧路市では、どちらのほうがこんでいるでしょうか。

**とき方** 1$km^2$あたりの人口を人口密度といいます。人口密度は、国や都道府県、市町村などに住んでいる人のこみぐあいを表すときに使います。

❶ 小樽市　111299÷244＝456.1…　⟶ □ 人

釧路市　165077÷1363＝121.1…　⟶ □ 人

人口密度は、
人口÷面積($km^2$)
で求められるね。

**答え** 小樽市　約 □ 人

釧路市　約 □ 人

❷ 人口密度で比べます。1$km^2$あたりの人口が多い □ 市のほうがこんでいるといえます。

**答え** □ 市

**2** 右の表は、秋田県、埼玉県、愛知県の人口と面積を表しています。 教科書 148ページ2

❶ それぞれの人口密度を、四捨五入して、一の位までのがい数で求めましょう。

秋田県、埼玉県、愛知県の人口と面積

| | 人口(人) | 面積($km^2$) |
|---|---|---|
| 秋田県 | 959502 | 11638 |
| 埼玉県 | 7344765 | 3798 |
| 愛知県 | 7542415 | 5173 |

（2020年国勢調査）

秋田県（　　　　）　埼玉県（　　　　）　愛知県（　　　　）

❷ どの県がいちばんこんでいるでしょうか。

（　　　　）

**ポイント** 面積÷人口でも、こみぐあいを比べることはできますが、人口密度は1$km^2$あたりの人口のことだから、この式で求めることはできません。

勉強した日　月　日

## 単位量あたりの大きさ [その2]

# 基本のワーク

学習の目標
単位量あたりの大きさを使って、いろいろな問題を解こう。

教科書 149〜151ページ　答え 17ページ

## 基本 1 単位量あたりの大きさで比べることができますか。

☆ 右の表は、東地区と西地区の畑でとれたとうもろこしの重さと畑の面積を表しています。どちらの畑のほうが、よくとれたといえるでしょうか。

とれたとうもろこしの重さと畑の面積

| | とれた重さ(kg) | 畑の面積(m²) |
|---|---|---|
| 東地区 | 55 | 11 |
| 西地区 | 44 | 8 |

とき方　1m² あたりのとれた重さで比べます。

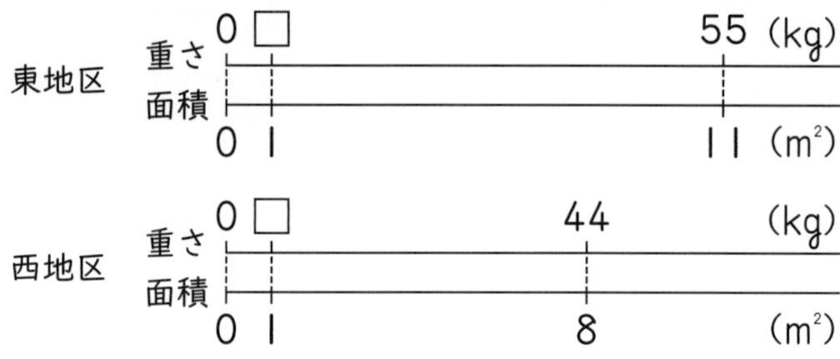


55÷11＝□

□÷□＝□

1m² あたりのとれた重さが多い□地区の畑のほうが、よくとれたといえます。

さんこう
1kg あたりの畑の面積で比べることもできます。
東地区　11÷55＝0.2
西地区　8÷44＝0.18…
面積の小さいほうがよくとれた。

答え □地区

**1** 350mL で 126 円のジュースあと、500mL で 170 円のジュースいがあります。1mL あたりのねだんは、どちらのほうが安いでしょうか。　教科書 149ページ3

（　　　　）

**2** 25L のガソリンで 345km 走る自動車あと、40L のガソリンで 500km 走る自動車いがあります。どちらの車のほうがよく走るといえるでしょうか。　教科書 149ページ3

（　　　　）

さんすうはかせ　自動車がガソリン 1L で走るきょりのことを、その自動車の「燃費(ねんぴ)」というよ。

## 基本 2 単位量あたりの大きさを使った問題がわかりますか。

☆ 4mの重さが920gのホースがあります。
❶ このホース1mあたりの重さを求めましょう。
❷ このホース6.5mの重さを求めましょう。

とき方 ❶

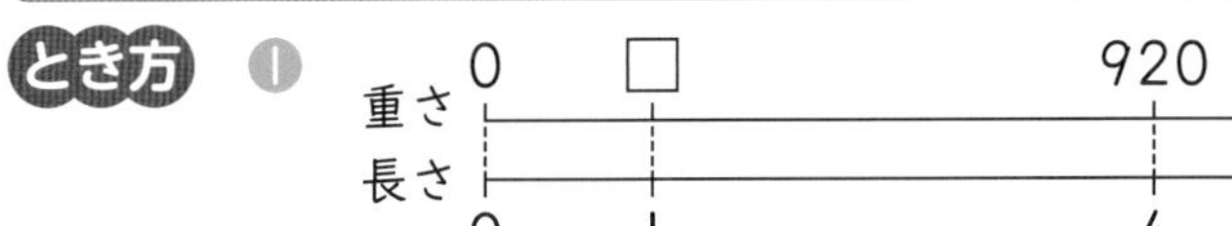


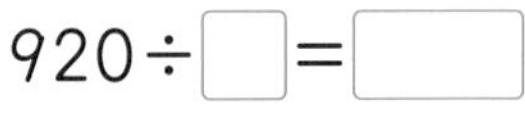


答え □g

❷ 1mあたりの重さ×長さ で求められます。

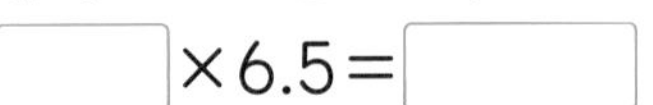

答え □g

**3** 3mのねだんが450円のリボンがあります。このリボン4.2mのねだんを求めましょう。

教科書 151ページ4

(　　　　　)

**4** 5Lで19m²の板をぬれるペンキがあります。このペンキ1.5Lでは、何m²の板をぬれるでしょうか。

教科書 151ページ4

(　　　　　)

**5** 5Lで27m²の板をぬれるペンキがあります。このペンキで62.1m²の板をぬるには、何Lのペンキが必要でしょうか。

教科書 151ページ4

(　　　　　)

ポイント **5** 必要なペンキの量を□Lとすると、(1Lあたりのぬれる面積)×□＝62.1と表すことができます。

勉強した日 月 日

# 単位量あたりの大きさ [その3]

# 基本のワーク

学習の目標
速さの比べ方を考え、時速・分速・秒速を求められるようになろう。

教科書 152~157ページ　答え 18ページ

## 基本1 速さを比べることができますか。

☆ 右の表は、たつやさんとけんじさんが、家から駅まで自転車で走ったときの、道のりとかかった時間を表しています。どちらのほうが速く走ったでしょうか。

駅までの道のりと時間

| | 道のり(km) | 時間(分) |
|---|---|---|
| たつや | 3 | 12 |
| けんじ | 4 | 20 |

とき方 道のりか時間のどちらかをそろえて比べます。

《1》 1分間あたりに走った道のりで比べます。

たつや 3÷12=0.25　　けんじ 4÷20=□

同じ時間に走った道のりが□ほど速いといえます。速いのは□さんです。

《2》 1km 走るのにかかった時間で比べます。

たつや 12÷3=□　　けんじ 20÷4=5

同じ道のりを走るのにかかった時間が□ほど速いといえます。速いのは□さんです。

答え □さん

**1** 3.6km の道のりを 4 分間で走る電車と、5km の道のりを 6 分間で走る自動車では、どちらのほうが速いでしょうか。

教科書 153ページ5

(　　　　)

## 基本2 速さの表し方がわかりますか。

☆ ある自動車が、162km を 3 時間で走りました。

❶ この自動車の時速は何kmでしょうか。

❷ この自動車の分速は何kmでしょうか。

とき方 速さは、単位時間あたりに進む道のりで表します。

・時速…1時間に進む道のりで表した速さ

・分速…□に進む道のりで表した速さ

・秒速…□に進む道のりで表した速さ

❶ 162÷□=□　　答え 時速□km

❷ ❶より、この自動車は 1 時間に 54km 進むことがわかります。したがって、1 分間に進む道のりは、

54÷□=□　　答え 分速□km

さんすうはかせ
陸上の動物で走るのがいちばん速いのはチーターで、100m を約 3 秒で走るんだって。でもすぐつかれるので長い時間は走れないんだよ。

**2** 新幹線(しんかんせん)はやぶさ号は、528km を 2 時間で走りました。 教科書 155ページ6

❶ はやぶさ号の時速は何kmでしょうか。

式

答え（　　　　）

❷ はやぶさ号の分速は何kmでしょうか。

式

❶の答えを使って計算しよう。

答え（　　　　）

**3** カンガルーは、240m を 12 秒間で走りました。カンガルーの秒速は何mでしょうか。

教科書 155ページ6

式

答え（　　　　）

## 基本3 時速、分速、秒速の関係がわかりますか。

☆ 5 分間で 4500m 飛ぶツバメと 100 秒間で 1400m 飛ぶカモメがいます。どちらが速く飛ぶでしょうか。

**とき方** 分速、または秒速にそろえて比べます。

《1》 分速にそろえて比べます。

ツバメの分速　4500÷5＝900　→分速 900m

カモメの秒速　1400÷100＝14

カモメの分速　14×□＝□　→分速 □m

《2》 秒速にそろえて比べます。

ツバメの分速　4500÷5＝900

ツバメの秒速　900÷□＝□　→秒速 □m

カモメの秒速　1400÷100＝14　→秒速 14m

÷60　÷60

時速　分速　秒速

×60　×60

5 分を 300 秒になおして、ツバメの秒速を求めてもいいよ。

**答え** □

**4** 下のあからうの中から、分速 800m と等しい速さを選びましょう。 教科書 157ページ7

あ 秒速 13m　い 時速 4.8km　う 時速 48000m

（　　　　）

**ポイント** 速さ＝道のり÷時間

時速÷60 → 分速　分速÷60 → 秒速　秒速×60 → 分速　分速×60 → 時速

勉強した日　月　日

# 単位量あたりの大きさ ［その4］

## 基本のワーク

学習の目標
速さ・道のり・時間の関係から、道のりと時間の求め方を考えよう。

教科書 158～160ページ　答え 18ページ

### 基本 1 速さと時間から道のりを求めることができますか。

☆ 自動車が、時速 45km で走っています。この自動車は、2 時間で何km 進むでしょうか。

とき方 進む道のりは、速さとかかる時間から、次の式で求められます。

道のり＝□×□

この式に時速 45km と 2 時間をあてはめて計算すると、

□×□＝□

答え □km

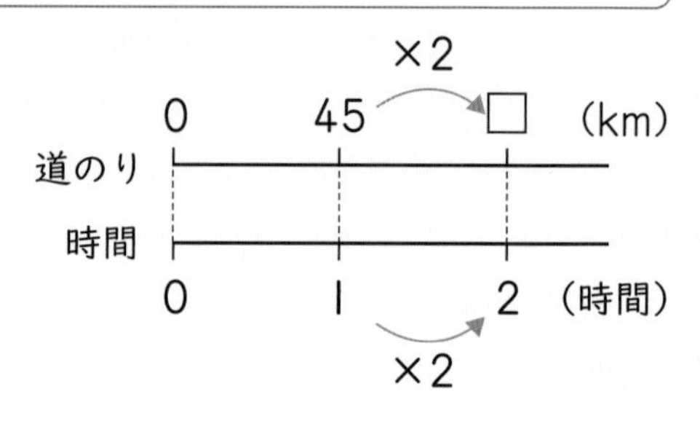


たいせつ
道のり＝速さ×時間

**1** 時速 4km で歩く人は、4 時間で何km 進むでしょうか。　教科書 158ページ8

式

答え（　　　　　）

速さ＝道のり÷時間の式に道のりと時間をあてはめて、答えを確かめよう！

**2** 1 秒間に 11cm 進むかめは、20 秒間で何cm 進むでしょうか。　教科書 158ページ8

式

答え（　　　　　）

### 基本 2 速さと道のりから時間を求めることができますか。

☆ 自動車が、時速 90km で高速道路を走っています。この自動車は、270km の道のりを進むのに何時間かかるでしょうか。

とき方 □時間で 270km 進むとします。

道のりを求める式にあてはめると、

□×□＝□

□＝□÷□

＝□

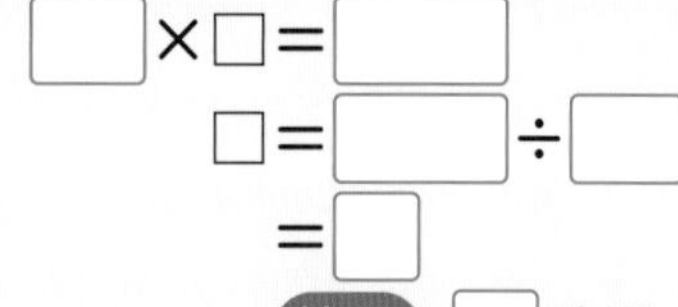

答え □時間

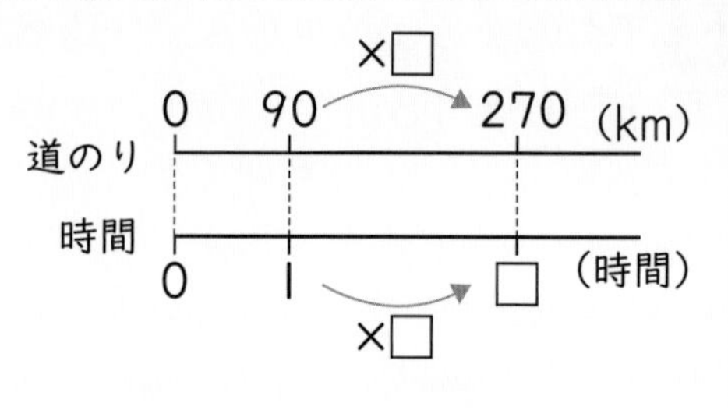


たいせつ
時間＝道のり÷速さ



さんすうはかせ 光の速さはおよそ秒速 30 万km で、これは 1 秒間に地球を 7 周半する速さだよ。

**3** 分速 70 m で歩く人は、2800 m 進むのに何分かかるでしょうか。 教科書 159ページ9

式

答え (　　　　)

**4** 秒速 18 m で走る馬は、270 m 進むのに何秒かかるでしょうか。 教科書 159ページ9

式

答え (　　　　)

## 基本 3 速さを利用した問題がわかりますか。

☆ けんじさんは、友だちと 3 時に公園で待ち合わせをしました。家から公園までの道のりは 1900 m です。けんじさんは、2 時 30 分に家を出発しました。20 分間歩いたところで、家から 1200 m のところにあるポストの前を通りすぎました。

❶ □にあてはまる数を書いて、場面を図に表しましょう。



❷ けんじさんが家からポストまで歩いた速さは分速何 m でしょうか。

❸ けんじさんがこのままの速さで歩き続けると、待ち合わせの時刻(じこく)にはポストから何 m 進んだところにいるでしょうか。

**とき方** ❶ 最初に、問題文から読み取れる数を書きましょう。

答え 問題の図に記入

❷ 1200 m を 20 分間で歩いたから、速さは、

□ ÷ □ = □

答え 分速 □ m

❸ 残り時間の 10 分間歩いたとして計算します。

□ × 10 = □

答え □ m

**5** 上の 基本 3 で、けんじさんが待ち合わせの時刻ちょうどに公園に着くためには、残りの道のりを分速何 m で進めばよいでしょうか。 教科書 160ページ

式

答え (　　　　)

**ポイント** 速さ、時間、道のりの関係は、速さ＝道のり÷時間、道のり＝速さ×時間
時間＝道のり÷速さ

勉強した日　月　日

# 練習のワーク①

教科書 142～162ページ　答え 18ページ

できた数　/6問中

**1** こみぐあい　右の表は、あ、いのエレベーターの面積と乗っている人数を表しています。どちらのほうがこんでいるでしょうか。

エレベーターの面積と人数

| | 面積($m^2$) | 人数(人) |
|---|---|---|
| あ | 6 | 13 |
| い | 4 | 9 |

(　　　)

**2** 人口密度　2020年の沖縄県の人口は1467480人で、面積は2283$km^2$です。沖縄県の人口密度を、四捨五入して、一の位までのがい数で求めましょう。

(　　　)

**3** 単位量あたりの大きさ　12本で360円のえんぴつと、8本で224円のえんぴつがあります。1本あたりのねだんは、どちらのえんぴつのほうが安いでしょうか。

(　　　)

**4** 速さ　520kmの道のりを8時間で走る自動車の時速は何kmでしょうか。

式

答え(　　　)

**5** 道のり　自転車が、分速230mで走っています。

❶ 3分間で何m進むでしょうか。

式

答え(　　　)

❷ 20分間で何km進むでしょうか。

式

答え(　　　)

**1** こみぐあい

1$m^2$あたりの人数、または、1人あたりの面積で比べます。

**2** 人口密度

人口密度
＝人口(人)
÷面積($km^2$)

**3** 単位量あたりの大きさ

1本を単位量として、単位量あたりのねだんを比べます。

**4** 速さの求め方

速さ
＝道のり÷時間

**5** 道のりの求め方

道のり
＝速さ×時間

できるナビ　人口密度の問題では、面積の単位が$km^2$になっているかを確かめてから計算するようにしよう。

勉強した日　月　日

# 練習のワーク②

教科書 142～162ページ　答え 19ページ

できた数　/5問中

**1** 単位量あたりの大きさ　下の表は、ある町の3つの小学校の子どもの数と運動場の面積を表しています。子どもの数に対して運動場の面積がいちばん広いのは、どの小学校でしょうか。

小学校の子どもの数と運動場の面積

| | 子どもの数(人) | 面積($m^2$) |
|---|---|---|
| 東小学校 | 710 | 9230 |
| 西小学校 | 560 | 8120 |
| 北小学校 | 480 | 6700 |

(　　　　)

**2** 速さ、時間、道のり　時速78kmで進む自動車があります。

① 分速は何kmでしょうか。

式

答え(　　　　)

② 1時間30分で何km進むでしょうか。

式

答え(　　　　)

③ 195km進むのに何時間何分かかるでしょうか。

式

答え(　　　　)

**3** 速さと道のりの利用　ゆみさんは散歩のとちゅう、公園まで600mと書いてある標識(ひょうしき)のところから公園までの時間をはかったら、12分かかりました。同じ速さで歩いたら、公園からゆみさんの家に着くまで16分かかりました。公園からゆみさんの家までは何mあるでしょうか。

式

答え(　　　　)

てびき

**1** 単位量あたりの大きさ
それぞれの小学校について、子ども1人あたりの運動場の面積を求めて比べましょう。

**2** 速さ、時間、道のり
② 1時間30分
＝1.5時間
＝90分
時速、分速のどちらを使って計算してもかまいません。

③ たいせつ
時間
＝道のり÷速さ

**3** 速さと道のりの利用
まず、ゆみさんの歩く速さを求めましょう。

できるナビ　速さ、時間、道のりがそれぞれどのような単位で表されているか、また、どのような単位で答えるのか、問題をよく読んで注意しよう。

勉強した日 月 日

# まとめのテスト①

時間 20分

得点 /100点

教科書 142～162ページ　答え 19ページ

**1** ある公民館の1号室はたたみ8まい分の広さで、2号室はたたみ10まい分の広さです。今日は、1号室を折り紙クラブの6人が使い、2号室を英語クラブの7人が使っています。どちらのほうがこんでいるでしょうか。〔10点〕

（　　　　）

**2** ある市の人口は64821人で、面積は73km² です。この市の人口密度（じんこうみつど）を、四捨五入（ししゃごにゅう）して一の位までのがい数で求めましょう。〔10点〕

（　　　　）

**3** よく出る 390kmの道のりを3時間で走る特急電車の時速は何kmでしょうか。1つ8〔16点〕

式

答え（　　　　）

**4** 下のあからえの中から、分速1.8kmと等しい速さを2つ選びましょう。1つ8〔16点〕

あ 秒速30m　い 時速10.8km　う 時速180km　え 時速108km

（　　）と（　　）

**5** よく出る オートバイが秒速14mで走っています。1つ8〔48点〕

❶ 25秒間で何m進むでしょうか。

式

答え（　　　　）

❷ 5分間で何km進むでしょうか。

式

答え（　　　　）

❸ 770m進むのに何秒かかるでしょうか。

式

答え（　　　　）

チェック
□人口密度を求めることができたかな？
□速さを求めることができたかな？

# まとめのテスト②

教科書 142～162ページ　答え 19ページ

時間 20分　得点 /100点

**1** よく出る 400まい入りで180円のティッシュペーパーⓐと360まい入りで171円のティッシュペーパーⓘがあります。1まいあたりのねだんは、どちらのほうが安いでしょうか。〔10点〕

（　　　　）

**2** 5Lのガソリンで85km走る自動車があります。この自動車で246.5kmの道のりを走るには、何Lのガソリンが必要でしょうか。〔10点〕

（　　　　）

**3** あやさんは、840mの道のりを15分間で歩きました。りかさんは、756mの道のりを14分間で歩きました。あやさんとりかさんでは、どちらが速く歩いたでしょうか。〔10点〕

（　　　　）

**4** よく出る 秒速18mで走る犬は、15秒間で何m進むでしょうか。1つ8〔16点〕

式

答え（　　　　）

**5** 時速250kmで飛ぶヘリコプターは、1時間30分で何km飛ぶでしょうか。1つ8〔16点〕

式

答え（　　　　）

**6** 分速95mでジョギングする人は、3.8km進むのに何分かかるでしょうか。1つ8〔16点〕

式

答え（　　　　）

**7** まりこさんは、朝8時に家を出て、分速60mで歩くと、学校に8時20分に着きます。今朝は8時5分に家を出ました。学校に8時20分に着くには、分速何mで歩けばよいでしょうか。1つ11〔22点〕

式

答え（　　　　）

ふろくの「計算練習ノート」20～22ページをやろう！

□単位量あたりの大きさで考えることができたかな？
□道のりや時間を求めることができたかな？

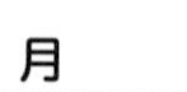

# わり算と分数 [その1]

# 基本のワーク

**学習の目標**
商を表す分数や、分数と小数の関係がわかるようになろう。

教科書 163〜166ページ　答え 20ページ

## 基本 1 商を分数で表すことができますか。

☆ 5L の水を 6 人で等分します。1 人分は何 L になるでしょうか。

**とき方** 5÷6=0.83…

小数では、商を正確(せいかく)に表すことができないね。商を分数で表してみよう。

右の図のように、5L を 6 等分した 1 個(こ)分は、$\frac{1}{6}$L の 5 個分です。

5÷6 の商を分数で表すと、

$5 \div 6 = \frac{\square}{\square}$

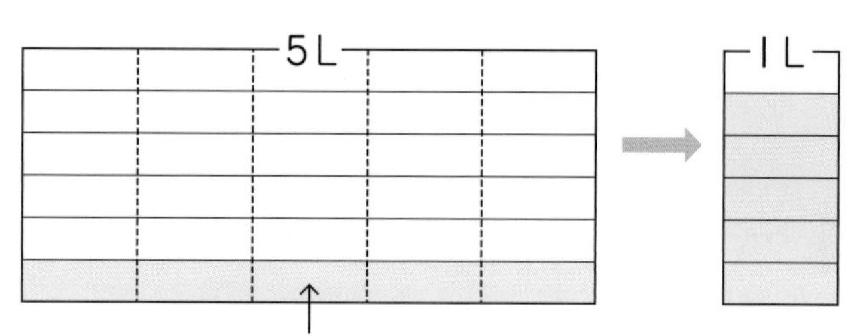

**たいせつ**
整数どうしのわり算の商は、分数で表すことができます。

$○ \div △ = \frac{○}{△}$ …わられる数 …わる数

**答え** □ L

**1** 商を分数で表しましょう。 教科書 163ページ 1

❶ 1÷6　(　　　)

❷ 7÷8　(　　　)

❸ 5÷15　(　　　)

❹ 12÷9　(　　　)

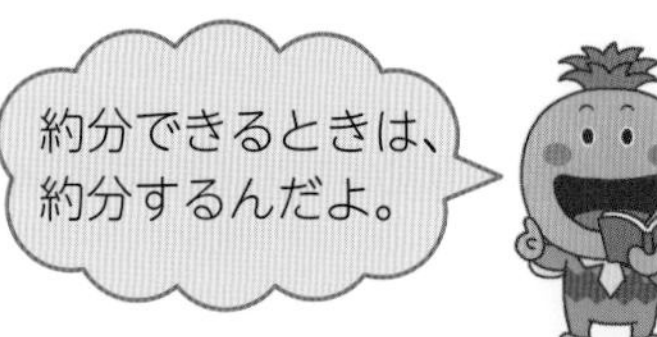


**2** □にあてはまる数を書いて、分数をわり算の式で表しましょう。 教科書 163ページ 1

❶ $\frac{1}{5} = \square \div 5$

❷ $\frac{7}{9} = 7 \div \square$

❸ $\frac{10}{3} = \square \div \square$

**さんすうはかせ** $\frac{1}{3}$=0.333…や、$\frac{2}{11}$=0.181818…のように、小数になおすと同じ数や同じ数の組がくり返し現(あらわ)れるものを「循環(じゅんかん)小数」というよ。

## 基本2 大きさの等しい分数と小数がわかりますか。

☆ 4mのテープを5等分した1本分の長さを、分数と小数で表しましょう。

**とき方** 分数で表すと、$4\div5=\frac{\square}{\square}$　小数で表すと、$4\div5=\square$

$\frac{4}{5}$ と 0.8 は大きさの等しい数です。

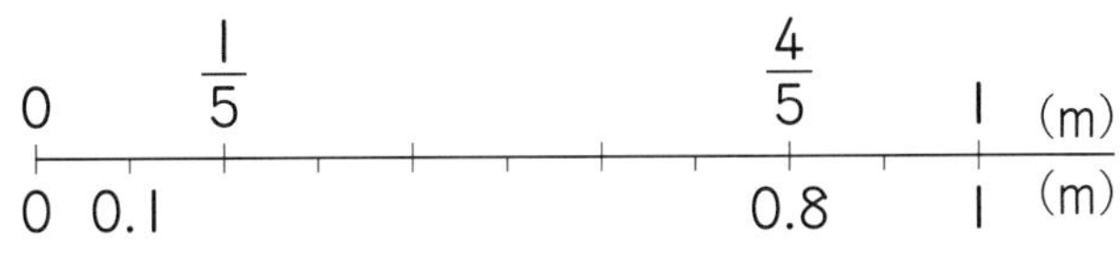


**答え** 分数 □ m　小数 □ m

**3** 商を分数と小数で表しましょう。 教科書 166ページ2

❶ $7\div4$　❷ $10\div25$

分数（　　）小数（　　）　分数（　　）小数（　　）

## 基本3 分数を小数で表すことができますか。

☆ $\frac{6}{5}$ と 1.3 はどちらが大きいでしょうか。

**とき方** 分数を小数で表して比(くら)べます。

$\frac{6}{5}$ を小数で表すと、$\frac{6}{5}=6\div\square=\square$

**答え** □ のほうが大きい。

**たいせつ**
分数を小数で表すには、分子を分母でわります。
$\frac{○}{△}=○\div△$

**4** 数の大小を比べて、□に不等号を書きましょう。 教科書 166ページ3

❶ $\frac{7}{10}\square0.6$　❷ $\frac{9}{20}\square0.4$　❸ $2\frac{1}{2}\square2.6$

**5** 小数で表しましょう。 教科書 166ページ3

❶ $\frac{3}{4}$　❷ $\frac{1}{8}$　❸ $1\frac{3}{5}$

（　　）（　　）（　　）

**ポイント** 帯分数と小数の大きさを比べるとき、整数部分が等しければ、分数部分と小数部分だけを比べれば大小がわかります。

勉強した日　月　日

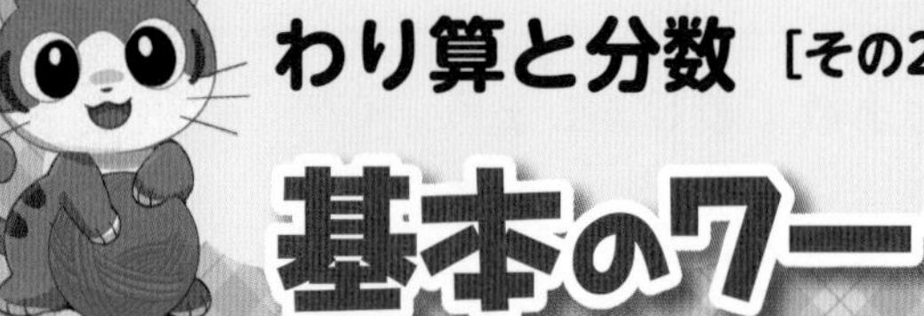

# わり算と分数 [その2]
# 基本のワーク

学習の目標
小数や整数を分数で表したり、数量の分数倍を求めたりしよう。

教科書 167〜168ページ　答え 20ページ

## 基本1 小数を分数で表すことができますか。

☆ 次の小数を分数で表しましょう。

❶ 0.7　　❷ 3.51

とき方 $\frac{1}{10}$ の位までの小数は 10 を分母とする分数で、$\frac{1}{100}$ の位までの小数は 100 を分母とする分数で表すことができます。

❶ $0.1=\frac{1}{\square}$ だから、$0.7=\frac{\square}{\square}$　　答え □

❷ $0.01=\frac{1}{\square}$ だから、$3.51=\frac{\square}{\square}$　　答え □

**1** 次の小数を分数で表しましょう。 教科書 167ページ4

❶ 0.9　( )　❷ 1.1　( )　❸ 0.03　( )

❹ 0.81　( )　❺ 2.57　( )　❻ 0.409　( )

**2** 数の大小を比べて、□に不等号を書きましょう。 教科書 167ページ4

❶ $0.09\ \square\ \frac{3}{10}$　❷ $\frac{13}{10}\ \square\ 1.2$　❸ $\frac{4}{5}\ \square\ 0.9$

**3** 計算をしましょう。 教科書 167ページ4

❶ $0.6+\frac{1}{10}$　❷ $1.6-\frac{7}{10}$　❸ $0.52+\frac{9}{100}$

さんすうはかせ　わり算の「÷」の記号は、わり算を分数に表したときの横線と、分子(上の・)、分母(下の・)を表しているよ。

## 基本2 整数を分数で表すことができますか。

☆ 8を分数で表しましょう。

とき方 整数は１を分母とする分数で表すことができます。

$8=8\div\square=\dfrac{8}{\square}$

答え □

さんこう
整数は分母がいろいろな整数の分数で表すことができます。 (例) $3=\dfrac{3}{1}=\dfrac{6}{2}=\dfrac{15}{5}=\dfrac{30}{10}=\cdots\cdots$

**4** 次の整数を分数で表しましょう。 教科書 167ページ5

❶ 2 （　　） ❷ 14 （　　） ❸ 105 （　　）

## 基本3 分数倍で表すことができますか。

☆ 右の表のような長さのえんぴつがあります。

❶ 赤えんぴつの長さは、黒えんぴつの長さの何倍でしょうか。

❷ 青えんぴつの長さは、黒えんぴつの長さの何倍でしょうか。

| えんぴつの色 | 赤 | 青 | 黒 |
|---|---|---|---|
| 長さ(cm) | 13 | 5 | 7 |

とき方 何倍かを表す数が分数になることもあります。

❶ $13\div\square=\dfrac{\square}{\square}$ 答え □倍

❷ $5\div\square=\dfrac{\square}{\square}$ 答え □倍

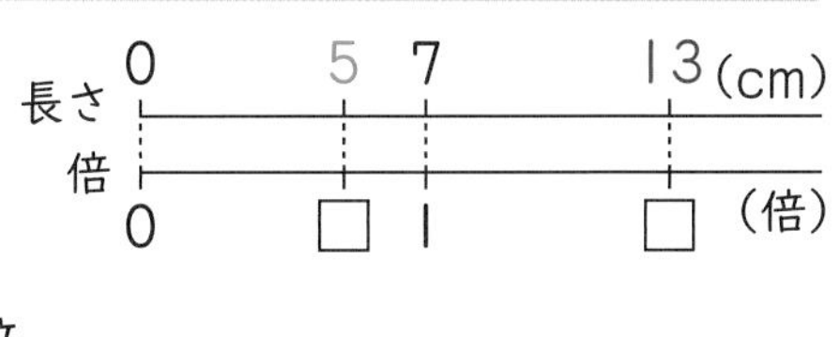


**5** 米びつに8kg、ふくろに3kgの米が入っています。 教科書 168ページ6

❶ 米びつには、ふくろの何倍の米が入っているでしょうか。 （　　）

❷ ふくろには、米びつの何倍の米が入っているでしょうか。 （　　）

**6** たかしさんの家の子ども部屋の面積は$8\text{m}^2$で、居間(いま)の面積は$18\text{m}^2$だそうです。 教科書 168ページ6

❶ 子ども部屋の面積は、居間の面積の何倍でしょうか。 （　　）

❷ 居間の面積は、子ども部屋の面積の何倍でしょうか。 （　　）

ポイント たとえば、$\dfrac{5}{2}$倍というのは、もとにする大きさを１とみたときに$\dfrac{5}{2}$にあたるということです。

勉強した日　月　日

# 練習のワーク

できた数　/16問中

教科書 163〜171ページ　答え 21ページ

**1** 商を分数で表す　商を分数で表しましょう。

❶ 5÷9　（　　）
❷ 15÷8　（　　）
❸ 3÷6　（　　）
❹ 18÷4　（　　）

**2** 分数をわり算の式で表す　分数をわり算の式で表しましょう。

❶ $\frac{2}{13}$　（　　）
❷ $\frac{9}{8}$　（　　）

**3** 分数と小数の大小　数の大小を比べて、□に不等号を書きましょう。

❶ $\frac{2}{7}$ □ 0.29
❷ 1.36 □ $1\frac{4}{11}$

**4** 分数、小数、整数の関係　分数は小数で、小数や整数は分数で表しましょう。

❶ $\frac{7}{5}$　（　　）
❷ $2\frac{1}{4}$　（　　）
❸ 12.3　（　　）
❹ 0.67　（　　）
❺ 5　（　　）
❻ 384　（　　）

**5** 分数倍　東町の面積は $6km^2$ で、西町の面積は $14km^2$ です。

❶ 東町の面積は、西町の面積の何倍でしょうか。

（　　）

❷ 西町の面積は、東町の面積の何倍でしょうか。

（　　）

### てびき

**1 2** 商と分数

たいせつ
○÷△＝$\frac{○}{△}$

**3** 分数と小数の大小
分数か小数にそろえて比べます。

**4** 分数、小数、整数の関係
・分数→小数
$\frac{○}{△}$＝○÷△
・小数→分数
10、100、1000 などを分母とする分数で表します。
・整数→分数
1 を分母とします。

**5** 分数倍
何倍かを求めるときは、1 とみる量でわります。

できるナビ　分数と小数の大小を比べるときは、小数にそろえるのがかんたんだよ。大きさが比べられる位まで計算すればいいから、わりきれなくてもだいじょうぶ！

勉強した日　月　日

# まとめのテスト

教科書 163～171ページ　答え 21ページ

時間 20分　得点 /100点

**1** 商を分数で表しましょう。 1つ5〔15点〕

❶ 3÷8　❷ 10÷45　❸ 49÷21

(　　)　(　　)　(　　)

**2** 分数をわり算の式で表しましょう。 1つ5〔15点〕

❶ $\frac{2}{7}$　❷ $\frac{5}{12}$　❸ $\frac{20}{11}$

(　　)　(　　)　(　　)

**3** 数の大小を比べて□に不等号を書きましょう。 1つ6〔18点〕

❶ $\frac{3}{4}$ □ 0.74　❷ $\frac{7}{15}$ □ 0.46　❸ $\frac{8}{3}$ □ 2.67

**4** よく出る 分数は小数で、小数や整数は分数で表しましょう。 1つ6〔36点〕

❶ $\frac{3}{2}$　❷ $\frac{28}{25}$　❸ 1.9

(　　)　(　　)　(　　)

❹ 0.53　❺ 0.601　❻ 13

(　　)　(　　)　(　　)

**5** ポリタンクに 76 L、水そうに 32 L の水が入っています。 1つ8〔16点〕

❶ ポリタンクには、水そうの何倍の水が入っているでしょうか。

(　　)

❷ 水そうには、ポリタンクの何倍の水が入っているでしょうか。

(　　)

ふろくの「計算練習ノート」18ページをやろう！

チェック
□ 商を分数で表すことができたかな？
□ 分数を小数で表したり、小数や整数を分数で表したりすることができたかな？

勉強した日　月　日

## 割合 [その1]

# 基本のワーク

学習の目標
割合を求めることや、百分率で表すことができるようになろう。

教科書 174〜180ページ　答え 21ページ

## 基本 1 割合を求めることができますか。

☆ まなみさんとゆいさんがバスケットボールのシュート練習をしたところ、右の表のような結果になりました。どちらがシュートがよく入ったといえるでしょうか。

| | 入った数(回) | 投げた数(回) |
|---|---|---|
| まなみ | 7 | 10 |
| ゆ　い | 6 | 8 |

とき方 投げた数がちがうので、投げた数を 1 にそろえて、入った数の割合(わりあい)で比(くら)べます。

投げた数をもとにしたときの入った数の割合は、

まなみさん 式 7÷□＝□

ゆいさん 式 □÷□＝□

答え □ さん

もとにする量が基準量だよ。

1 基本1 で、りささんが投げた数は 20 回で、入った数の割合は 0.6 でした。入った数は何回だったでしょうか。 教科書 175ページ1

式

答え (　　　)

## 基本 2 いろいろな見方で割合を求めることができますか。

☆ 右の表は、図書館にいる大人と子どもの人数を調べたものです。

❶ 図書館にいる人全員に対する大人の割合を求めましょう。

❷ 図書館にいる人全員に対する子どもの割合を求めましょう。

| | 人数(人) |
|---|---|
| 大　人 | 45 |
| 子ども | 30 |
| 合　計 | 75 |

とき方 ❶ 45÷□＝□

人数 0　45　75 (人)
割合 0　□　1 (割合)

答え □

❷ 1−□＝□

全体 1
大　人 | 子ども
0.6 | □

答え □

30÷75 でも求められるけど、ひき算のほうがかんたんだね。

2 基本2 で、子どもをもとにしたときの、大人の割合を求めましょう。 教科書 178ページ2

式

答え (　　　)

パーセントを使った割合の表し方は、消費税(しょうひぜい)の税率(ぜいりつ)でおなじみだね。1989 年に、はじめて導入(どうにゅう)されたときの税率は 3%だったんだよ。

## 基本 3 割合を百分率で表すことができますか。

☆ ある小学校の5年生125人にアンケートをとったところ、105人が「まんがが好き」と答えました。まんがが好きな人の割合を百分率(ひゃくぶんりつ)で表しましょう。

**とき方** 百分率は、基準量を100とみた割合の表し方です。割合を表す1は、百分率で表すと100%です。

(割合を表す小数) 0　0.5　1

0　50%　100%(百分率)

まんがが好きな人の割合を百分率で求めると、

□÷□×100=□

比かく量　基準量

**答え** □%

**たいせつ**
割合を表す0.01を1パーセントといい、1%と書きます。

**3** かずきさんは、定価(ていか)が1800円のゲームソフトを1080円で買いました。定価の何%で買ったことになるでしょうか。 教科書 179ページ3

式

答え (　　　　)

**4** 小数で表された割合を百分率で、百分率で表された割合を小数で表しましょう。 教科書 179ページ3

❶ 0.03　❷ 0.9　❸ 18%　❹ 42.7%

(　　　)　(　　　)　(　　　)　(　　　)

## 基本 4 割合を歩合で表すことができますか。

☆ かおるさんのサッカーチームは、15試合して12試合勝ちました。試合数に対する勝った試合の割合は何割でしょうか。

**とき方** 割合の0.1を1割とする表し方を歩合(ぶあい)といいます。

割合を表す小数と、歩合、百分率の関係は、右の表のようになります。

| 割合を表す小数 | 1 | 0.1 | 0.01 | 0.001 |
|---|---|---|---|---|
| 歩合 | 10割 | 1割 | 1分(ぶ) | 1厘(りん) |
| 百分率 | 100% | 10% | 1% | 0.1% |

かおるさんのサッカーチームが勝った試合の割合は、

□÷□=0.8

これを歩合で表すと、□割です。

**答え** □割

**5** 30問のテストで、正答数は21問でした。問題数に対する正答数の割合は何割でしょうか。 教科書 180ページ

式

答え (　　　　)

**ポイント** 小数で表された割合を100倍すると、百分率になります。

勉強した日　月　日

学習の目標
100をこえる百分率や比かく量、基準量を求められるようになろう。

# 割合［その2］

## 基本のワーク

教科書 181〜183ページ　答え 22ページ

### 基本 1 100をこえる百分率がわかりますか。

☆ みかさんの学校の料理クラブの定員は15人で、希望者は18人でした。定員に対する希望者の割合を、百分率で求めましょう。

とき方 比かく量÷基準量×100で求めます。

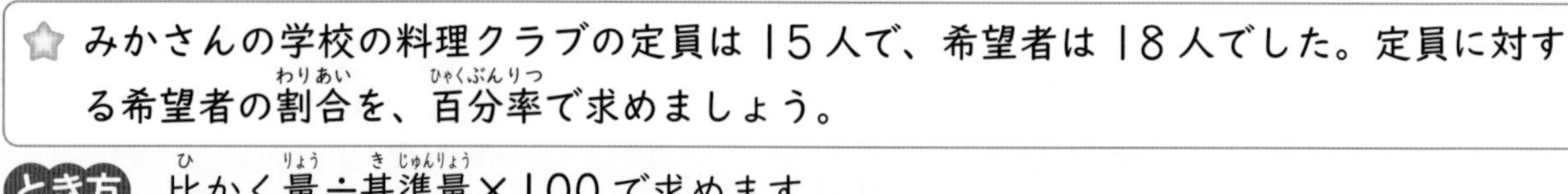


1より大きいから、100%をこえる。

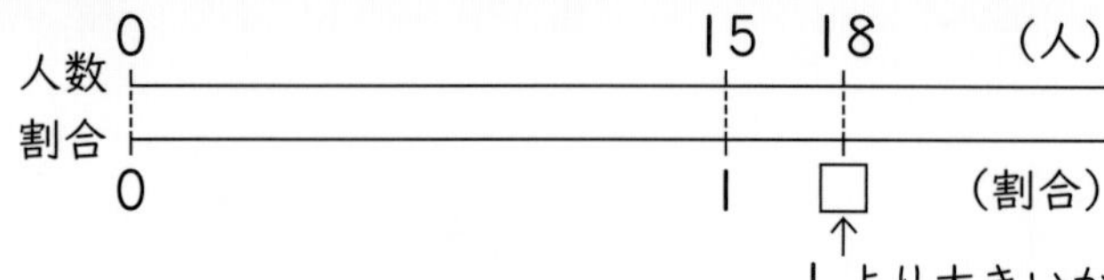


答え □%

**1** バスの定員が52人で、乗っている人数が91人のとき、定員に対する乗車人数の割合を、百分率で求めましょう。

教科書 181ページ4

式

答え（　　　　）

**2** ある市で行われたむかしのおもちゃ作り体験の定員は60人で、応ぼ者は96人でした。定員に対する応ぼ者の割合を、百分率で求めましょう。

教科書 181ページ4

式

答え（　　　　）

### 基本 2 比かく量を求めることができますか。

☆ ある学校の児童数は420人で、そのうちの15%は5年生です。この学校の5年生の人数を求めましょう。

とき方 □量を求める問題です。

420人の15%は、420人の□倍だから、

420×□=□

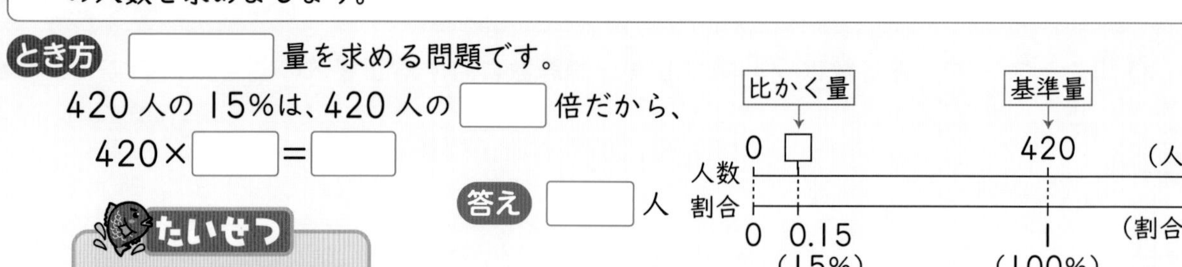


答え □人

たいせつ
比かく量=基準量×割合



さんすうはかせ 乗り物の定員に対して、実際に乗っている人数の割合を乗車率というよ。

**3** ある小学校の今年の児童数は 480 人です。 教科書 182ページ5

❶ 来年の児童数は、今年の 95%になる予定だそうです。来年の児童数は何人になる予定でしょうか。

式

答え（　　　　　）

❷ 昨年の児童数は、今年の 110%だったそうです。昨年の児童数は何人だったでしょうか。

式

答え（　　　　　）

## 基本 3 基準量を求めることができますか。

☆ ある電車の車両には 144 人が乗っています。これは車両の定員の 120%にあたります。この車両の定員は何人でしょうか。

**とき方** 割合の 1 にあたる量、つまり、[　　]量を求める問題です。

定員の[　　]倍が 144 人だから、

定員を□人とすると、

□×[　　]＝144

□＝144÷[　　]

＝[　　]

基準量　比かく量

0　□　144　（人）

人数

割合

0　1　1.2　（割合）

（100%）（120%）

**答え** [　　]人

**たいせつ**

基準量＝比かく量÷割合

**4** あるイベントに参加した 5 年生は 24 人で、これは参加した小学生全体の人数の 30%にあたります。参加した小学生全体の人数は何人でしょうか。 教科書 183ページ6

式

答え（　　　　　）

**5** 北町公園の球技場（きゅうぎじょう）の面積は 6300 $m^2$ で、これは北町公園全体の面積の 7%にあたります。北町公園全体の面積は何 $m^2$ でしょうか。 教科書 183ページ6

式

答え（　　　　　）

**ポイント** 割合の問題は、割合を小数で表して計算します。%で表された割合は、100 でわって小数になおしましょう。

勉強した日　月　日

学習の目標
増えた割合、減った割合について、いろいろな問題を練習しよう。

# 割合 [その3]
# 基本のワーク

教科書 184～187ページ　答え 22ページ

## 基本 1 「1＋割合」「1－割合」を使って比かく量を求めることができますか。

☆ 定価3000円のカステラが、20%引きのねだんで売られています。このカステラは何円で買えるでしょうか。

とき方 《1》 3000円の20%を求めて、3000円からひきます。

3000×0.2＝□

3000－□＝□

ねだん 0　3000×0.2　3000（円）
割合 0　0.2　1（割合）

《2》「定価の20%引き」を式に表します。20%を小数で表すと0.2だから、定価を1とみると、定価の20%引きは1－0.2と表されます。

ねだん 0　□　3000（円）
割合 0　0.8　0.2　1（割合）

3000×(1－□)＝□

答え □円

1 けんじさんは4800円のゲームを25%引きで買いました。何円で買ったでしょうか。

教科書 184ページ7

式

答え（　　）

2 ある会社の今年の社員数は、昨年よりも4%増加したそうです。昨年の社員数は3200人でした。今年の社員数は何人でしょうか。

教科書 184ページ7

式

答え（　　）

## 基本 2 「1＋割合」「1－割合」を使って基準量を求めることができますか。

☆ Tシャツが1260円で売られています。これは、定価の30%引きのねだんだそうです。このTシャツの定価は何円でしょうか。

とき方 定価を□円として、その30%引きが1260円になると考えます。30%を小数で表すと0.3だから、定価を1とみたときの割引き後のねだんは、1－0.3で表されます。

ねだん 0　1260　□（円）
割合 0　0.7　0.3　1（割合）

□×(1－□)＝1260

□＝1260÷□

＝□

答え □円

さんすうはかせ 百分率で表すとき、%を使い、「パーセント」と読むけど、千分率というのもあって、‰と書いて「パーミル」と読むんだよ。

**3** 東町で、去年1人が1日あたりに出したごみの量は748gでした。これは2年前より、12%減っているそうです。2年前に1人が1日あたりに出したごみの量は何gだったでしょうか。

教科書 185ページ8

式

答え（　　　　　）

**4** たくやさんの今の身長は147cmです。これは、4年生のときの身長より5%のびているそうです。4年生のときの身長は何cmだったでしょうか。

教科書 185ページ9

式

答え（　　　　　）

## 基本3 割引き後のねだんを比べることができますか。

☆ あるパン屋では、金曜日はすべてのパンが10%引きになり、土曜日は150円より高いパンがすべて150円になります。右の表は、このパン屋で売っているクリームパン、カレーパン、コロッケパンの定価を表したものです。この3種類のパンをそれぞれ1個ずつ買うとしたら、金曜日と土曜日のどちらに買うほうが得でしょうか。

| 種　類 | 定価(円) |
|---|---|
| クリームパン | 140 |
| カレーパン | 160 |
| コロッケパン | 200 |

**とき方** 金曜日と土曜日の合計をそれぞれ求めて比べます。

金曜日　140×(1−0.1)+160×(1−0.1)+200×(1−0.1)

=140×0.9+160×0.9+200×0.9

=(140+160+200)×0.9

=□×0.9

=□(円)

計算のきまり
(○+△)×□=○×□+△×□
を利用すればいいね。

土曜日　クリームパンは定価で、ほかの2つのパンは150円だから、

140+150+150=□(円)

したがって、□曜日のほうが安く買えます。

**答え** □曜日に買うほうが得。

**5** 定価3600円の品物を、A店では25%引きで、B店では800円引きで売っています。どちらの店のほうが安く売っているでしょうか。

教科書 187ページ

式

答え（　　　　　）

**ポイント** 割合の文章題では、求める量を□として図をかいて考えると、量の関係がわかりやすくなります。基準量を正しくとらえて図に表しましょう。

勉強した日 月 日

# 練習のワーク

教科書 174～189ページ　答え 22ページ

できた数 /9問中

**1** 小数と百分率の関係　小数で表された割合（わりあい）を百分率（ひゃくぶんりつ）で、百分率で表された割合を小数で表しましょう。

❶ 0.6　（　　）
❷ 1.35　（　　）
❸ 98%　（　　）
❹ 81.7%　（　　）

**2** 割合　みきさんと妹は、2人でクッキーを焼きました。みきさんは18まい、妹は6まい焼いたそうです。

❶ 2人が焼いた合計まい数に対する、みきさんが焼いたまい数の割合を小数で求めましょう。

式

答え（　　）

❷ 妹が焼いたまい数に対する、みきさんが焼いたまい数の割合を求めましょう。

式

答え（　　）

**3** 比かく量　定員が140人の電車の車両に、定員の125%の人が乗っています。この車両に乗っている人は何人でしょうか。

式

答え（　　）

**4** 基準量　あるチーズは、たんぱく質を20%ふくんでいます。たんぱく質を23gとるには、このチーズを何g食べればよいでしょうか。

式

答え（　　）

**5** 「1＋割合」の問題　ある博物館の今月の入館者数は、先月より30%増加（ぞうか）して33800人でした。先月の入館者数は何人だったでしょうか。

式

答え（　　）

**1** 百分率

割合 1 ↔ 100%
割合 0.1 ↔ 10%
割合 0.01 ↔ 1%

**2** 割合

割合
＝比（ひ）かく量（りょう）
÷基準量（きじゅんりょう）

**3** 比かく量

比かく量
＝基準量×割合

**4** 基準量

基準量
＝比かく量÷割合

**5** 「1＋割合」

先月の入館者数を□人として、今月の入館者数を求める式をつくってみましょう。

できるナビ　割合を求める式、比かく量を求める式、基準量を求める式は、どれも同じ関係を表しているよ。1つだけ覚えて、あとは式を変形して使ってもいいね。

# まとめのテスト

時間 20分　得点 /100点

教科書 174～189ページ　答え 23ページ

**1** 小数で表された割合を百分率で、百分率で表された割合を小数で表しましょう。 1つ8〔24点〕

❶ 0.32　❷ 9%　❸ 70%

(　　)　(　　)　(　　)

**2** よく出る けんじさんの地区の子ども会の会員のうち、今日の集会に出席した人は 15 人、欠席した人は 9 人でした。次の割合を百分率で求めましょう。 1つ7〔28点〕

❶ 出席者の数に対する欠席者の数の割合

式

答え (　　)

❷ 会員数に対する出席者の数の割合

式

答え (　　)

**3** よく出る たかしさんの家のしき地の面積は 300 $m^2$ です。 1つ6〔24点〕

❶ 家が建っている部分は、しき地の面積の 35%です。家が建っている部分の面積は何 $m^2$ でしょうか。

式

答え (　　)

❷ たかしさんの家のしき地の面積は、たかしさんの小学校のしき地の面積の 4%にあたるそうです。たかしさんの小学校のしき地の面積は何 $m^2$ でしょうか。

式

答え (　　)

**4** 3000 円で仕入れた商品に、45%の利益(りえき)を上乗せして定価(ていか)をつけました。 1つ6〔24点〕

❶ この商品の定価は何円でしょうか。

式

答え (　　)

❷ 定価では売れなかったので、定価の 20%引きにしたところ、売れました。利益は何円になったでしょうか。

式

答え (　　)

ふろくの「計算練習ノート」25～26ページをやろう！

□ 割合を求めることができたかな？
□ 割合を表す小数、百分率の関係がわかったかな？

勉強した日　月　日

学習の目標
帯グラフや円グラフのよみ方、かき方を身につけよう。

# 割合とグラフ
# 基本のワーク

教科書 190〜197ページ　答え 23ページ

## 基本1 帯グラフや円グラフのよみ方がわかりますか。

☆ 右のあ、いのグラフは、しずかさんの家の１か月の支出の割合を表したものです。

❶ 小さい１めもりは、それぞれ何％を表しているでしょうか。
❷ 食費の割合は、全体の何分の一でしょうか。
❸ 食費の割合は、教育費の割合の何倍でしょうか。

あ しずかさんの家の１か月の支出の割合（合計 30 万円）

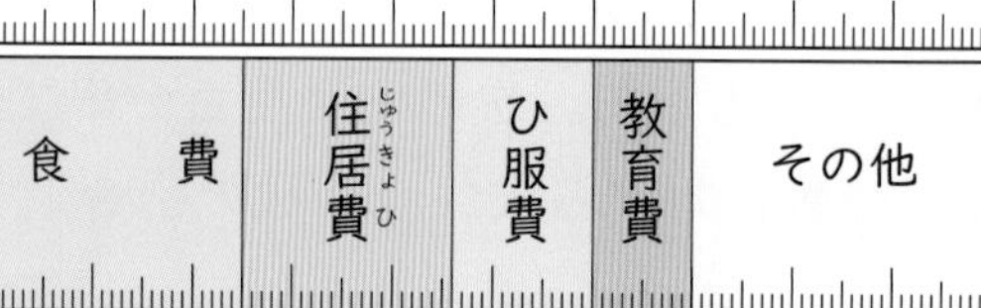


い しずかさんの家の１か月の支出の割合（合計 30 万円）

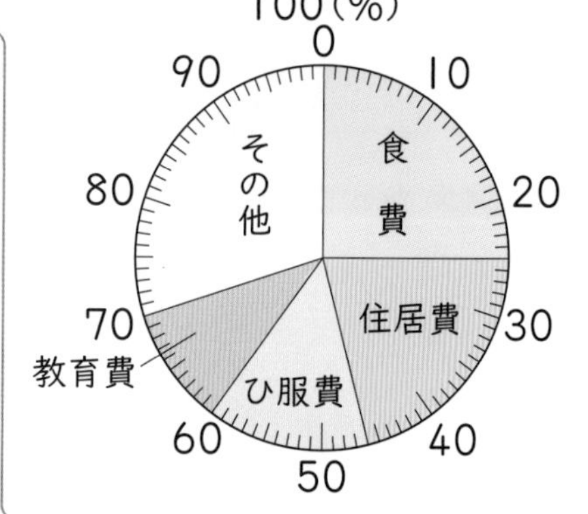


とき方 あのように、全体を長方形で表し、割合にしたがって区切ったグラフを□グラフといい、いのように、全体を円で表し、割合にしたがって半径で区切ったグラフを□グラフといいます。

❶ どちらのグラフも全体を100等分しているから、１めもりは□％

答え あ□％　い□％

❷ グラフをよむと、食費の割合は□％だから、

$$\frac{25}{100}=\frac{1}{\square}$$

答え □

❸ 教育費の割合は□％だから、

□÷□＝□

答え □倍

たいせつ
帯グラフや円グラフは、全体に対する部分の割合をみたり、部分どうしの割合を比べたりするのに便利です。

**1** 上の 基本1 を見て、次の問題に答えましょう。

教科書 191ページ1

❶ 住居費の割合は、全体の何％でしょうか。

（　　　　）

❷ 「その他」の割合は、食費の割合の何倍でしょうか。

式

答え（　　　　）

❸ 食費は何円でしょうか。

式

答え（　　　　）

円グラフは半径で円を区切って表すね。パイを切り分ける様子に似ていることから「パイチャート」ともよばれているんだよ。

## 基本 2 帯グラフや円グラフのかき方がわかりますか。

☆ 右の表は、ある町の小学校で、家族の職業（しょくぎょう）について調べたものです。

❶ 全体に対するそれぞれの割合を百分率（ひゃくぶんりつ）で求めて、表に書きましょう。

❷ 職業の件数の割合を、帯グラフに表しましょう。

❸ 職業の件数の割合を、円グラフに表しましょう。

職業の件数（けんすう）と割合

| 職業 | 会社員 | 商業 | 農業 | その他 | 合計 |
|---|---|---|---|---|---|
| 件数(件) | 487 | 195 | 126 | 92 | 900 |
| 割合(%) | | | | | |

職業の件数の割合（合計 900 件）

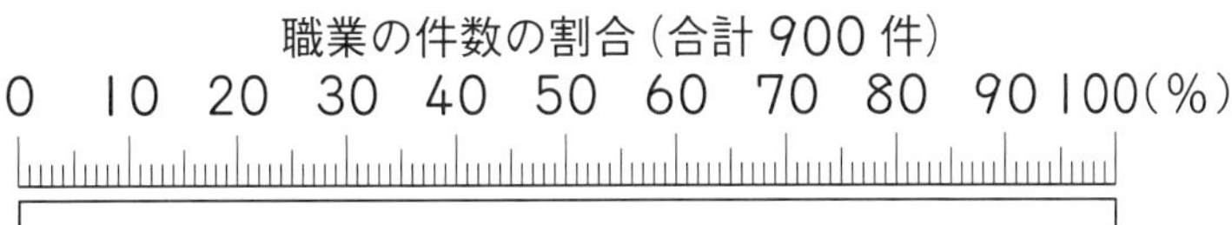


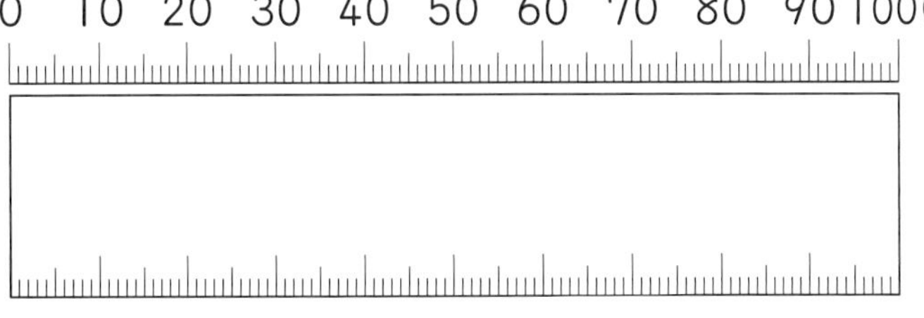

職業の件数の割合（合計 900 件）

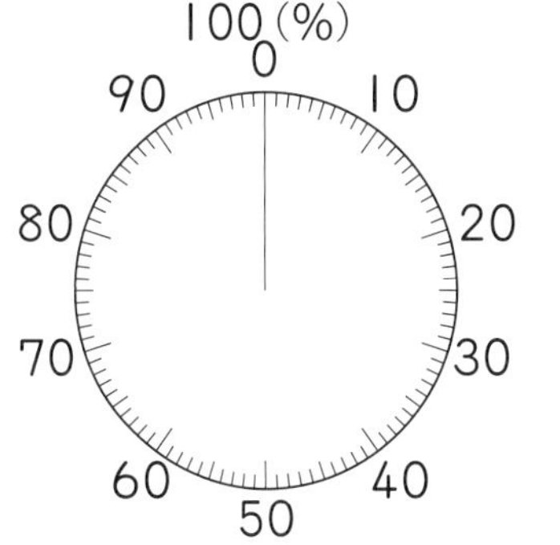


**とき方** ❶ 487÷□＝0.541……　195÷□＝0.216……

126÷900＝0.14　92÷900＝0.102……

百分率は四捨五入（ししゃごにゅう）して、整数で表します。　**答え** 問題の表に記入

❷ 割合の□順に、左から区切ってかきます。　**答え** 問題の図に記入

❸ 割合の大きい順に、□回りに区切ってかきます。

帯グラフ、円グラフとも、「その他」は最後にかきます。　**答え** 問題の図に記入

**2** 右の表は、ある日のりえさんの１日のすごし方を調べたものです。

教科書 194ページ2

❶ 全体に対するそれぞれの割合を百分率で求めて、右の表に書きましょう。

１日のすごし方の時間と割合

| | すいみん | 学校 | 家で学習 | 自由 | その他 | 合計 |
|---|---|---|---|---|---|---|
| 時間(時間) | 9 | 8 | 2 | 2 | 3 | 24 |
| 割合（%） | | | | | | |

❷ りえさんの１日のすごし方の時間の割合を、帯グラフに表しましょう。

１日のすごし方の時間の割合

0 10 20 30 40 50 60 70 80 90 100(%)

❸ りえさんの１日のすごし方の時間の割合を、円グラフに表しましょう。

１日のすごし方の時間の割合

100(%) 0 10 20 30 40 50 60 70 80 90

グラフは、割合の大きい順に区切ってかくけど、「その他」は割合の大きさに関係なく、最後にかくよ。

**ポイント** グラフに表す百分率は、四捨五入して整数で表します。割合の合計が 100 %にならない場合は、いちばん多い部分か、「その他」で調整します。

勉強した日　月　日

# 練習のワーク①

教科書 190～201ページ　答え 24ページ

できた数　/7問中

**1 帯グラフや円グラフのよみ方** 下の円グラフと帯グラフは、ある商店街の200店について、店の種類別の割合（わりあい）を表したものです。

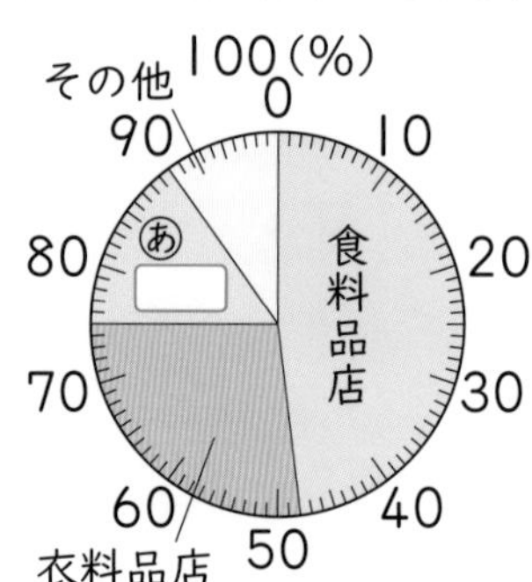


商店の割合（合計 200 店）

0　10　20　30　40　50　60　70　80　90　100(%)

| 食料品店 | い □ | 雑貨店（ざっか） | その他 |
|---|---|---|---|

❶ あ、いの□にあてはまる言葉を書きましょう。

あ(　　　　)

い(　　　　)

❷ 食料品店の割合は、全体の何％でしょうか。

(　　　　)

❸ 衣料品店の割合は、雑貨店の割合の何倍でしょうか。

式

答え(　　　　)

❹ 雑貨店の数は何店でしょうか。

式

答え(　　　　)

**2 帯グラフのかき方** 右の表は、ある市で、住民１人あたりの１日に出す可燃（かねん）ごみの種類別の重さを調べたものです。

❶ 全体に対するそれぞれの割合を百分率（ひゃくぶんりつ）で求めて、右の表に書きましょう。

可燃ごみの重さと割合

| 種類 | 重さ(g) | 割合(%) |
|---|---|---|
| 生ごみ | 125 | |
| 紙 | 60 | |
| プラスチック | 55 | |
| 布（ぬの） | 27 | |
| その他 | 83 | |
| 合計 | 350 | |

❷ 可燃ごみの重さの割合を、帯グラフに表しましょう。

可燃ごみの重さの割合（合計 350g）

0　10　20　30　40　50　60　70　80　90　100(%)

**てびき**

**1 グラフのよみ方**

❶ 円グラフと帯グラフを比（くら）べてみましょう。

❸ 割合どうしで計算します。

❹ 比（ひ）かく量（りょう）＝基準量（きじゅんりょう）×割合

**2 グラフのかき方**

❶

**ヒント** 「その他」の割合を調整して、合計が100％になるようにしましょう。

❷ 割合の大きい順に、左から区切ってかきましょう。ただし、「その他」はいちばん右にかきます。

**できるナビ** グラフをかくための割合を計算で求めたときは、合計が100％になっているかどうかを確（たし）かめて、100％になっていないときは、いちばん多い部分か「その他」で調整しよう。

勉強した日　月　日

# 練習のワーク②

教科書 190～201ページ　答え 24ページ

できた数　/7問中

**1 円グラフのよみ方**　右の円グラフは、じゅんさんの学校で１年間に起きたけがの種類別の件数の割合を表したものです。

けがの件数の割合（合計300件）

打ぼく、切りきず、すりきず、ねんざ、その他（目盛り 0〜100（%））

❶ すりきずの割合は、全体の何％でしょうか。

（　　　）

❷ 切りきずの件数は、全体の何分の一でしょうか。

（　　　）

❸ 打ぼくの件数は何件でしょうか。

式

答え（　　　）

**2 帯グラフを使った問題**　下の図は、ある市の土地の種類別の面積の割合の変化を表したものです。

種類別土地の面積の割合の変化

0　10　20　30　40　50　60　70　80　90　100（%）

2012年：森林、農地、住宅地、道路、その他
2017年：森林、農地、住宅地、道路、その他
2022年：森林、農地、住宅地、道路、その他

❶ 2012年、2022年の農地の割合は、それぞれ全体の何％でしょうか。

2012年（　　　）
2022年（　　　）

❷ 2012年から2022年にかけて、住宅地の割合は増えたでしょうか、減ったでしょうか。

（　　　）

❸ この市の全体の面積は280km²です。2022年の森林の面積は何km²でしょうか。

式

答え（　　　）

**てびき**

**1 円グラフのよみ方**

❷

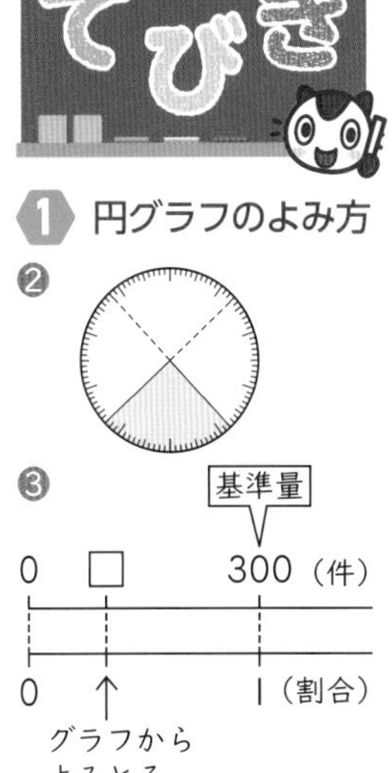

❸

基準量

0　□　300（件）
0　↑　1（割合）
グラフからよみとる。

**2 帯グラフを使った問題**

❷ 帯グラフの住宅地の部分が長くなっていれば増え、短くなっていれば減ったことがわかります。

❸

2022年の森林の面積の割合は何％かな。

**できるナビ**　2❷のような問題は、グラフとグラフの間の点線を見てもわかるよ。「住宅地」の両はしの点線が下に開いていれば増え、上に開いていれば減ったことになるよ。

勉強した日　月　日

# まとめのテスト①

時間20分　得点　/100点

教科書 190〜201ページ　答え 24ページ

**1** 下のグラフは、昨年ある町で収かくされた野菜について、種類別の割合を調べたものです。

1つ11〔55点〕

野菜の収かく量の割合（合計 250t）

0　10　20　30　40　50　60　70　80　90　100（%）

| だいこん | 白菜 | キャベツ | ほうれん草 | その他 |
|---|---|---|---|---|

❶ キャベツの収かく量の割合は、全体の何%でしょうか。

（　　　）

❷ だいこんの収かく量の割合は、ほうれん草の収かく量の割合の何倍でしょうか。

式

答え（　　　）

❸ 白菜の収かく量は何tでしょうか。

式

答え（　　　）

**2** よく出る 右の表は、けんじさんの学校の図書室で、1か月間に貸し出した本の数を、種類別に表したものです。

1つ15〔45点〕

❶ 全体に対するそれぞれの割合を百分率で求めて、右の表に書きましょう。

貸し出した本の数と割合

| 種類 | 物語 | 伝記 | 科学 | 図かん | その他 | 合計 |
|---|---|---|---|---|---|---|
| 数（さつ） | 140 | 85 | 40 | 15 | 20 | 300 |
| 割合（%） | | | | | | |

❷ 貸し出した本の数の割合を、帯グラフと円グラフに表しましょう。

貸し出した本の数の割合（合計 300 さつ）

0　10　20　30　40　50　60　70　80　90　100（%）

貸し出した本の数の割合（合計300さつ）

100（%）　0　10　20　30　40　50　60　70　80　90

□帯グラフや円グラフをよむことができたかな？
□帯グラフや円グラフをかくことができたかな？

# まとめのテスト②

時間20分

得点　/100点

教科書 190～201ページ　答え 25ページ

**1** 右のグラフは、まさきさんの学校の児童 200 人に、好きなこん立てを | つ答えてもらった結果を表しています。　1つ10〔40点〕

好きなこん立ての割合
（合計 200 人）

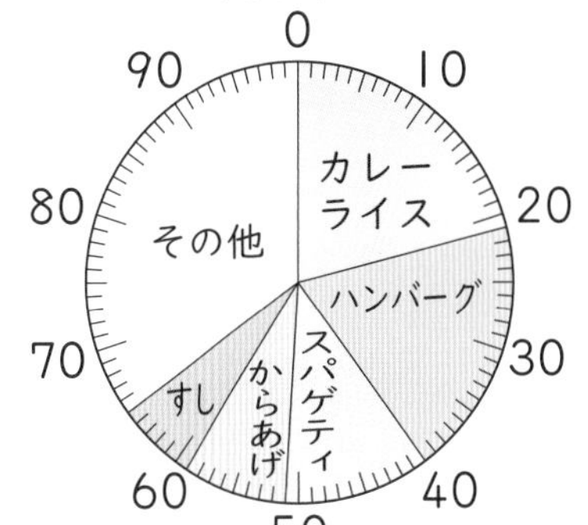


❶ からあげと答えた人の割合は、全体の何%でしょうか。

（　　　　　）

❷ カレーライスと答えた人の割合は、すしと答えた人の割合の何倍でしょうか。

（　　　　　）

❸ よく出る ハンバーグと答えた人は何人でしょうか。

式

答え（　　　　　）

**2** 下のグラフは、さらさんの町の年れい別人口の割合の変化を表したものです。　1つ10〔60点〕

年れい別人口の割合の変化

0　10　20　30　40　50　60　70　80　90　100（%）

1982 年（合計 42800 人）　0～19 才｜20～39 才｜40～59 才｜60～79 才｜80才～

2002 年（合計 39200 人）　0～19 才｜20～39 才｜40～59 才｜60～79 才｜80才～

2022 年（合計 36400 人）　0～19 才｜20～39 才｜40～59 才｜60～79 才｜80才～

❶ 1982 年、2002 年、2022 年の 20～39 才の割合は、それぞれ全体の何%でしょうか。

1982 年（　　　　　）
2002 年（　　　　　）
2022 年（　　　　　）

❷ 2002 年から 2022 年にかけて、60～79 才の人口の割合は増(ふ)えたでしょうか、減(へ)ったでしょうか。

（　　　　　）

❸ 2022 年の 0～19 才の人口は何人でしょうか。

式

答え（　　　　　）

□ グラフから割合をよみとり、比(ひ)かく量(りょう)を求めることができたかな？
□ 帯グラフをならべたグラフから、割合の変化をよみとることができたかな？

勉強した日　月　日

# 四角形や三角形の面積 [その1]

# 基本のワーク

学習の目標
平行四辺形の面積の求め方を考え、公式を使いこなそう。

教科書 204～211ページ　答え 25ページ

## 基本1 平行四辺形の面積の求め方がわかりますか。

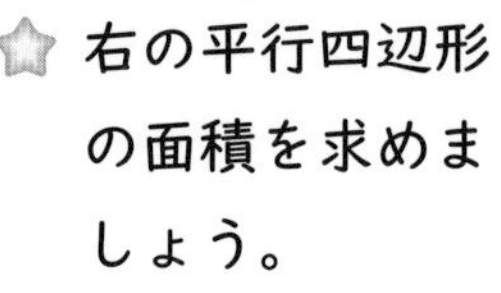
☆ 右の平行四辺形の面積を求めましょう。

❶
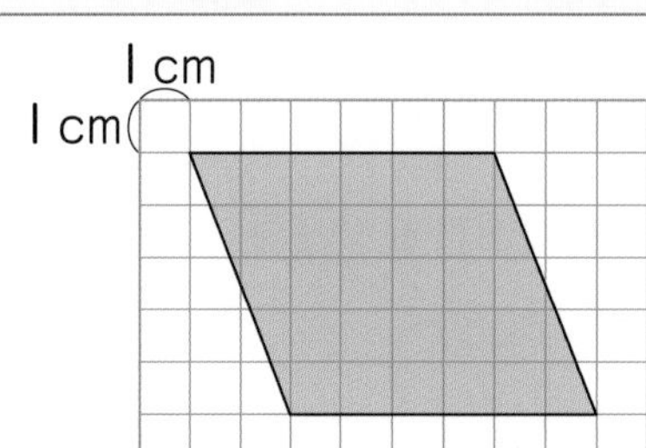


❷
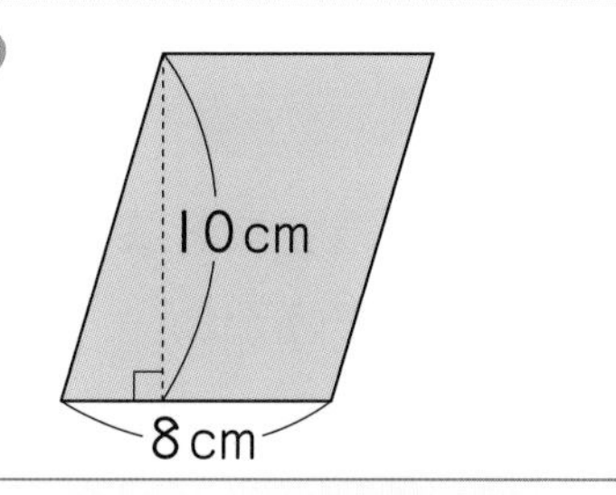


とき方 ❶ 右の図のように、平行四辺形を長方形に変えると、長方形の面積を求める公式が使えます。

たてが□cm、横が□cmの長方形の面積と同じなので、

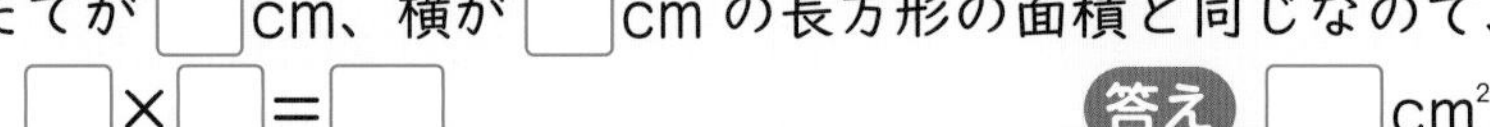
□×□=□　　答え □cm²

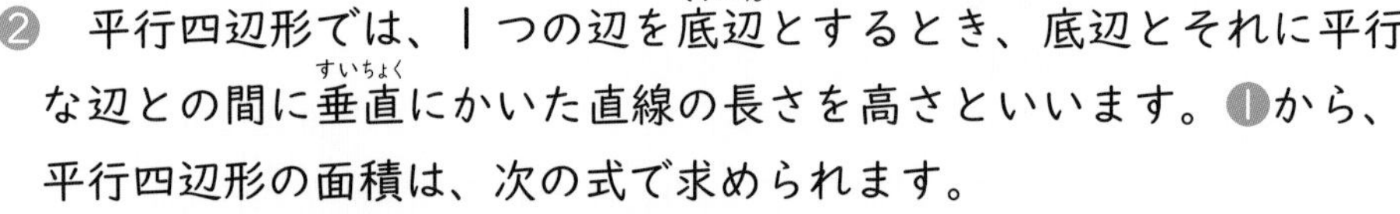
❷ 平行四辺形では、1つの辺を底辺（ていへん）とするとき、底辺とそれに平行な辺との間に垂直（すいちょく）にかいた直線の長さを高さといいます。❶から、平行四辺形の面積は、次の式で求められます。

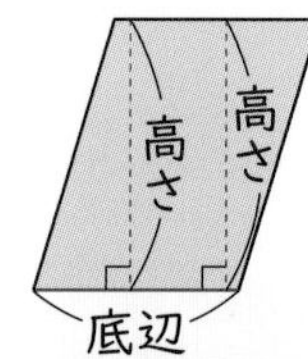


平行四辺形の面積＝底辺×□

この公式にあてはめて面積を求めると、

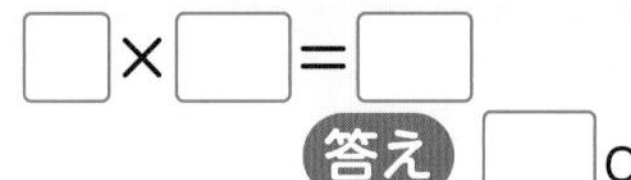
□×□=□
答え □cm²

たいせつ
平行四辺形の面積＝底辺×高さ

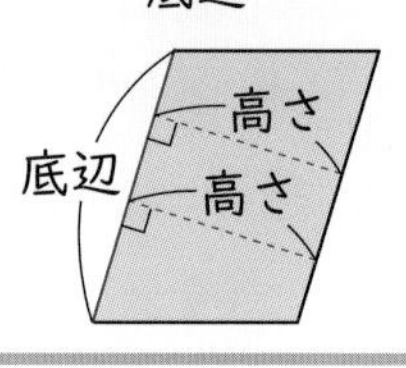


## 1 次のような平行四辺形の面積を求めましょう。

教科書 205ページ1 207ページ2

❶
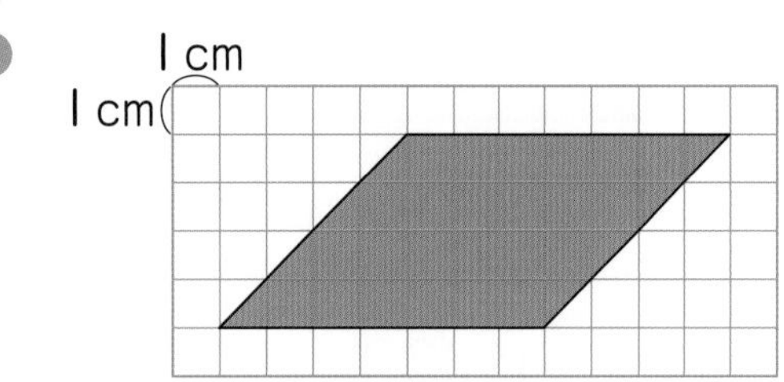


（　　　　　）

❷
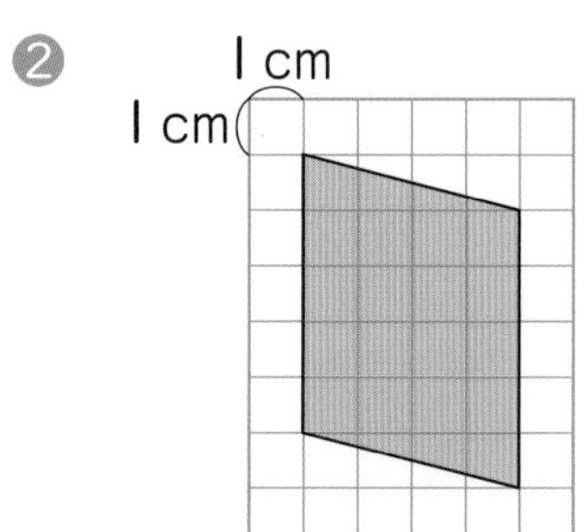


（　　　　　）

❸
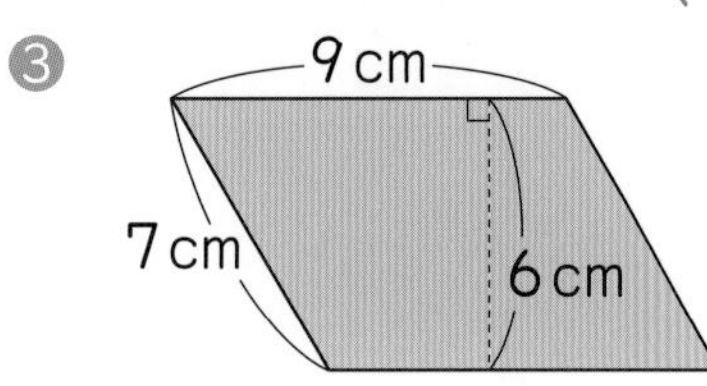


（　　　　　）

❹
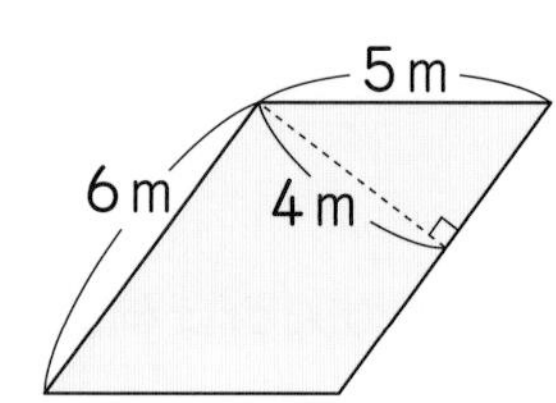


（　　　　　）

さんすうはかせ　基本1の❶のように、面積を変えないで形を変えることを、等積変形（とうせきへんけい）というよ。

**2** 右の平行四辺形の辺 CD を底辺とするとき、高さにあたる直線をかきましょう。また、高さをはかって面積を求めましょう。 教科書 207ページ2

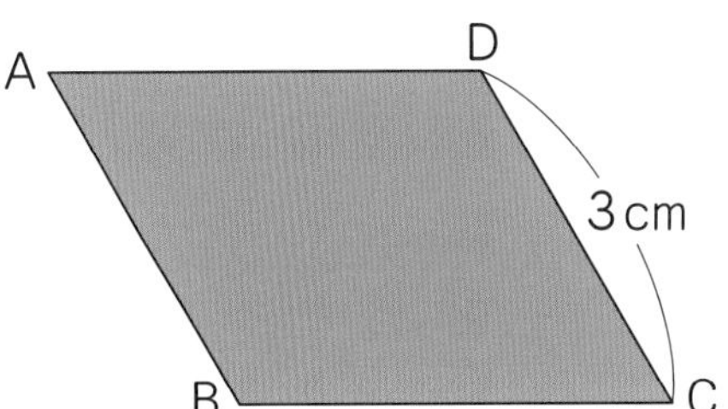


(　　　　　)

## 基本2 高さが図形の外側にある平行四辺形の面積の求め方がわかりますか。

☆ 右のような平行四辺形の面積を、辺 BC を底辺として求めましょう。

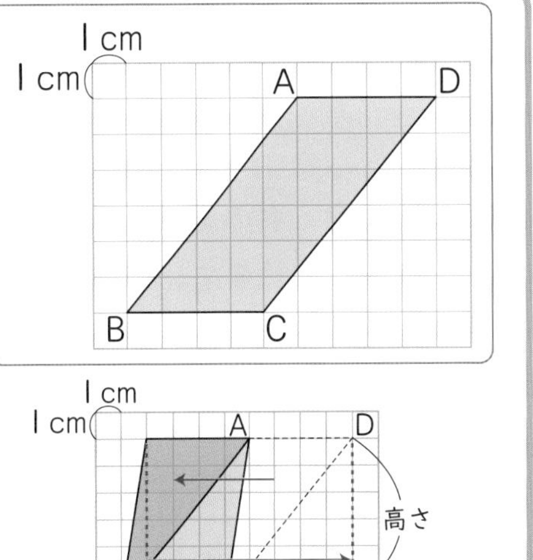


**とき方** 平行四辺形を対角線ACで分けて、三角形ACDを移動すると、右下の図のように、高さが図形の内側にある平行四辺形になります。
この平行四辺形の高さは、直線 DE の長さと同じです。

平行四辺形の高さは、図形の外側にもとれるよ。

平行四辺形 ABCD は、底辺が□cm、高さが□cm だから、面積は、□×□=□

**答え** □cm²

**3** 次のような平行四辺形の面積を求めましょう。 教科書 209ページ3

❶

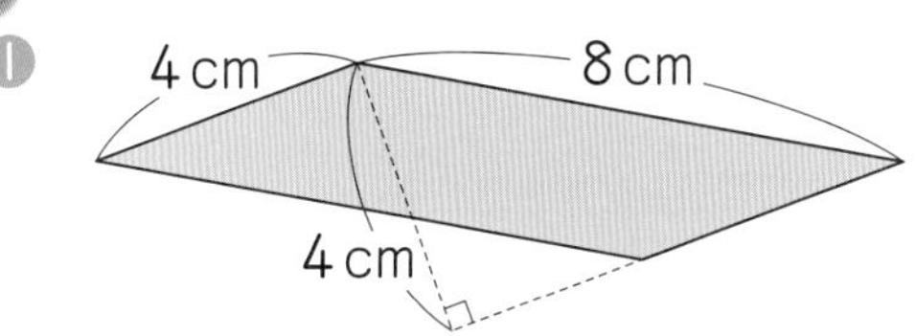


❷

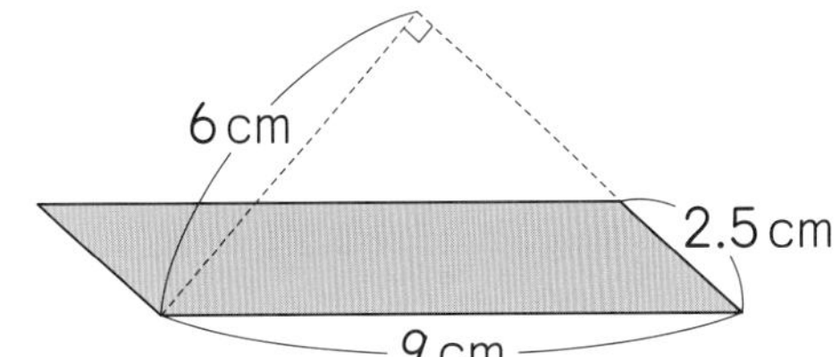


(　　　　　)　(　　　　　)

**4** 下の図で、アとイの直線は平行です。平行四辺形㋐と面積が等しい平行四辺形は、㋑から㋓のうち、どれでしょうか。 教科書 210ページ4

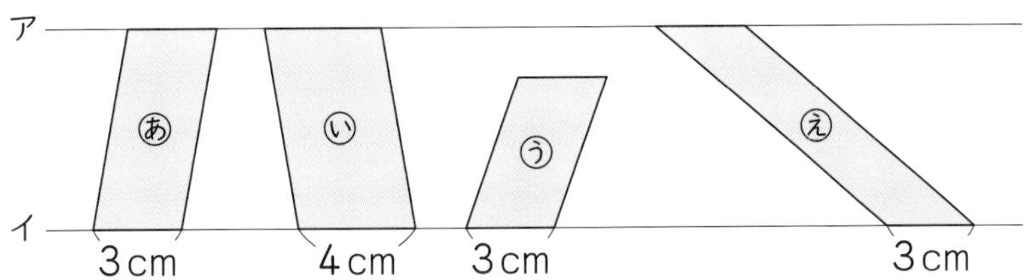


形がちがっても、底辺の長さと高さが等しければ、平行四辺形の面積は等しいよ。

(　　　　　)

**ポイント** 平行四辺形は、どの辺を底辺とみるかによって、高さが変わります。

勉強した日 月 日

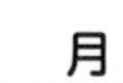

学習の目標
三角形の面積の求め方を考え、公式を使いこなそう。

# 四角形や三角形の面積 [その2]

## 基本のワーク

教科書 211〜218ページ 答え 25ページ

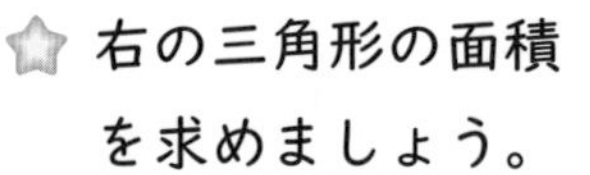

### 基本 1 三角形の面積の求め方がわかりますか。

☆ 右の三角形の面積を求めましょう。

❶
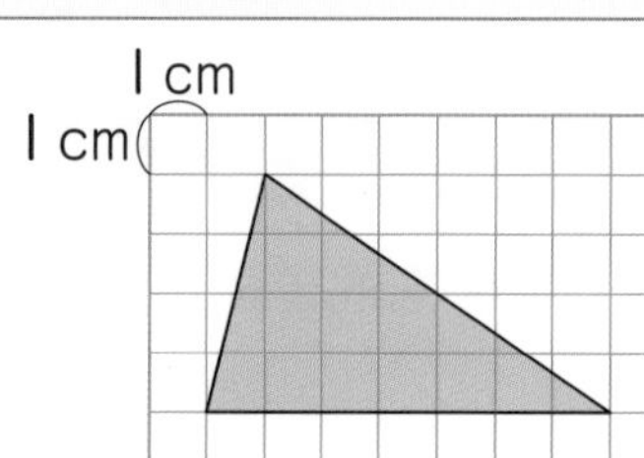


❷
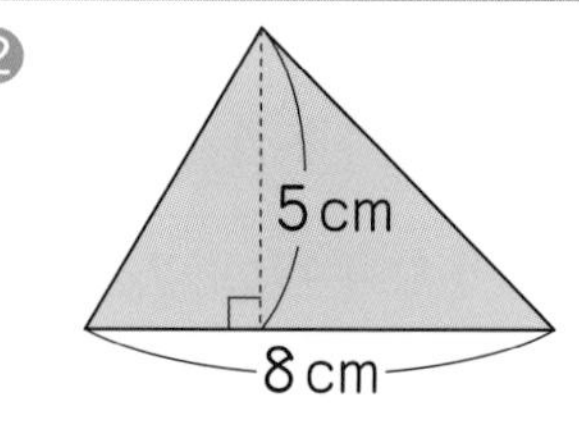


とき方 ❶ 右の図のように、合同な三角形を2つ合わせると平行四辺形になります。

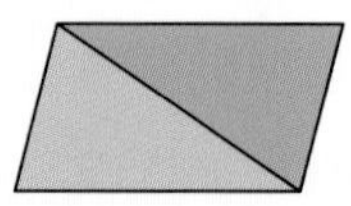

三角形の面積は、平行四辺形の面積の半分だから、

□×□÷2＝□ 答え □cm²

❷ 三角形では、1つの辺を底辺とするとき、それと向かい合った頂点(ちょうてん)から底辺に垂直(すいちょく)にかいた直線の長さを高さといいます。❶から、三角形の面積は、次の式で求められます。

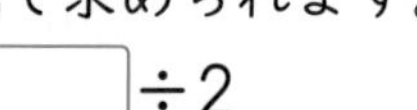

三角形の面積＝底辺×□÷2

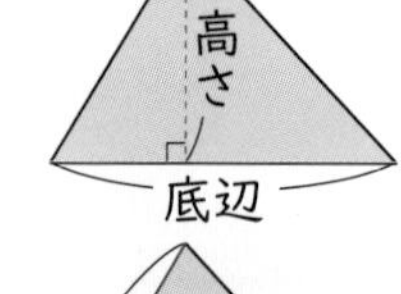

この公式にあてはめて面積を求めると、

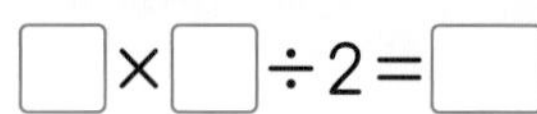

□×□÷2＝□

答え □cm²

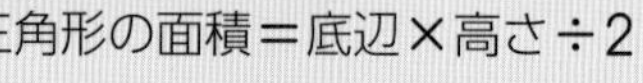

たいせつ
三角形の面積＝底辺×高さ÷2

**1** 次のような三角形の面積を求めましょう。 教科書 211ページ5 213ページ6

❶
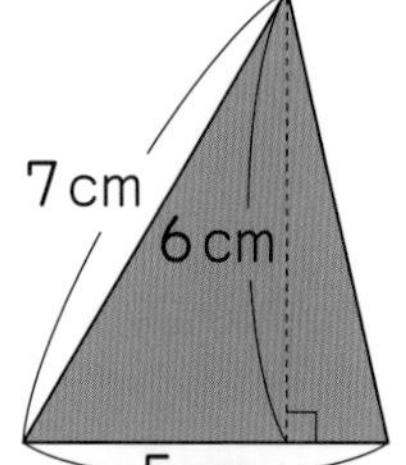


(　　　　)

❷
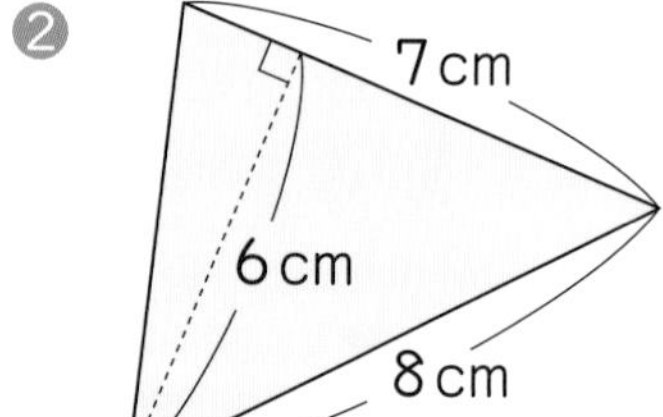


(　　　　)

❸
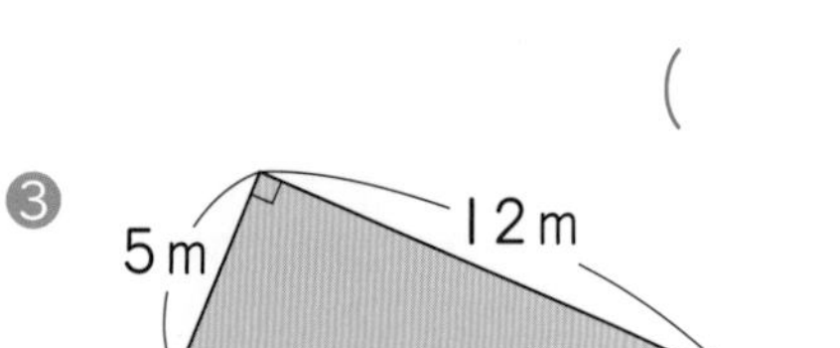


(　　　　)

三角形は、英語で triangle(トライアングル)というよ。そういえば、楽器のトライアングルの形も三角形だね。

## 基本2 高さが図形の外側にある三角形の面積の求め方がわかりますか。

☆ 右のような三角形の面積を、辺 BC を底辺として求めましょう。

I cm
I cm
A
B
C

**とき方** 三角形の高さは、図形の外側にとることもできます。右下の図で、直線 AD は、辺 BC を底辺としたときの高さになります。

三角形 ABC は、底辺が □cm、高さが □cm だから、面積は、□×□÷2＝□

I cm
I cm
A
B
C
D

**答え** □cm²

**2** 次のような三角形の面積を求めましょう。 教科書 215ページ7

❶

7cm
5cm
4cm

（　　　　　）

❷

3cm
5.6cm
8cm

（　　　　　）

## 基本3 高さと面積の関係がわかりますか。

☆ 底辺が 8cm の三角形があります。

❶ 高さを○cm、面積を△cm² として、○と△の関係を式に表しましょう。

❷ 高さと面積の関係を右の表に表しましょう。

❸ 面積は高さに比例(ひれい)しているでしょうか。

| 高さ○(cm) | I | 2 | 3 | 4 | 5 | 6 |
|---|---|---|---|---|---|---|
| 面積△(cm²) | | | | | | |

**とき方** ❶ 三角形の面積の公式にあてはめます。

□×○÷□＝△ **答え** □

❷ ❶の式にあてはめて計算します。 **答え** 問題の表に記入

❸ 高さが 2 倍、3 倍、……になると、面積も □ 倍、□ 倍、……になります。

**答え** □

**3** 上の 基本3 について、次の問題に答えましょう。 教科書 218ページ9

❶ 高さが 10cm のとき、面積は何 cm² になるでしょうか。

（　　　　　）

❷ 面積が 60cm² のとき、高さは何 cm になるでしょうか。

（　　　　　）

**ポイント** 三角形は、どの辺を底辺とみるかによって、高さが変わります。

勉強した日　月　日

# 四角形や三角形の面積 [その3]

# 基本のワーク

学習の目標：台形やひし形など、いろいろな四角形の面積の求め方を考えよう。

教科書 219〜224ページ　答え 26ページ

## 基本 1 台形の面積の求め方がわかりますか。

☆ 右の台形の面積を求めましょう。

**とき方** 台形では、平行な 2 つの辺を上底、下底といい、この 2 つの辺の間に垂直(すいちょく)にかいた直線の長さを □ といいます。

右下の図のように、合同な台形を 2 つ合わせると平行四辺形になるから、台形の面積は、次の式で求められます。

台形の面積＝(上底＋□)×□÷2

この公式にあてはめて面積を求めると、

(3＋□)×□÷2＝□

答え □ $cm^2$

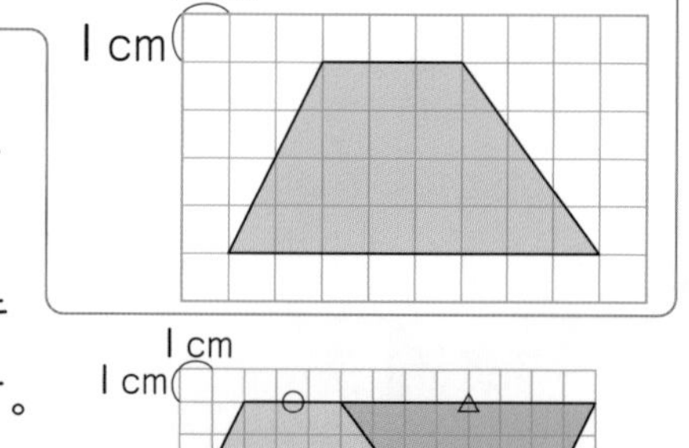


**たいせつ** 台形の面積＝(上底＋下底)×高さ÷2

**1** 次のような台形の面積を求めましょう。 教科書 219ページ10 221ページ11

❶

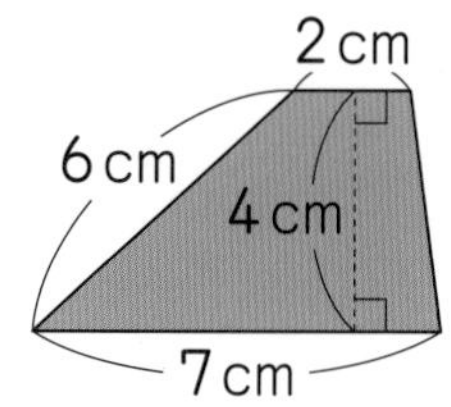


❷ 10.8 m, 10 m, 8.8 m, 10 m

(　　　　)　(　　　　)

## 基本 2 ひし形の面積の求め方がわかりますか。

☆ 右のひし形の面積を求めましょう。

**とき方** 右の図のような長方形の面積の半分になるから、ひし形の面積は、次の式で求められます。

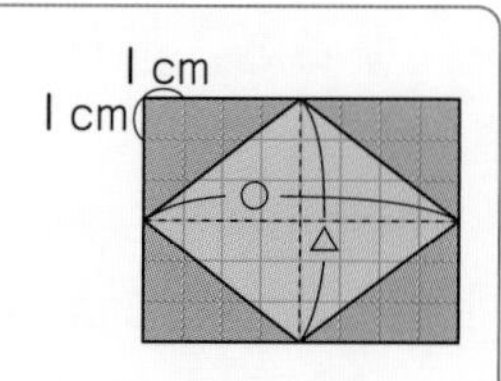


ひし形の面積

＝一方の対角線×もう一方の対角線÷□

この公式にあてはめて面積を求めると、

6×□÷2＝□

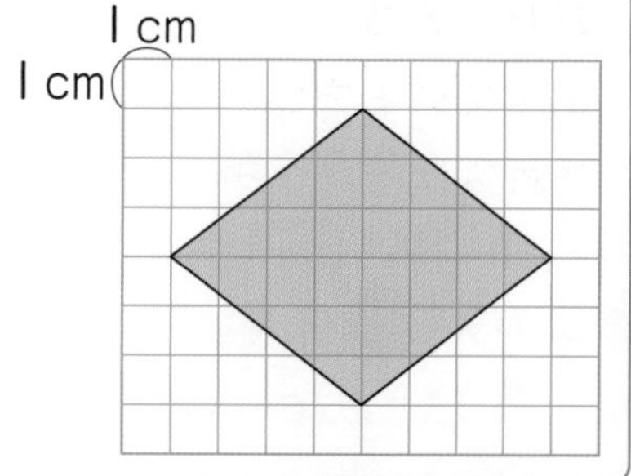

**たいせつ** ひし形の面積＝一方の対角線×もう一方の対角線÷2

答え □ $cm^2$

さんすうはかせ：日本で台形とよんでいる形は、アメリカでは trapezoid(トラペゾイド)、イギリスでは trapezium(トラペジウム)というよ。

**2** 次のようなひし形の面積を求めましょう。 教科書 222ページ12

❶

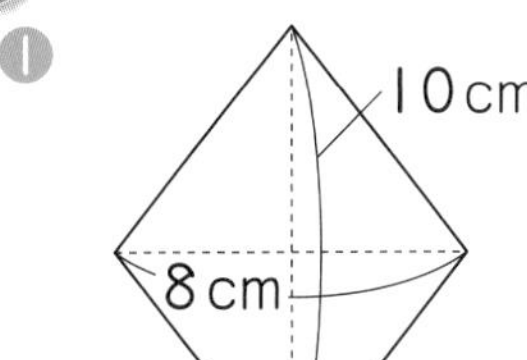


（　　　　　）

❷

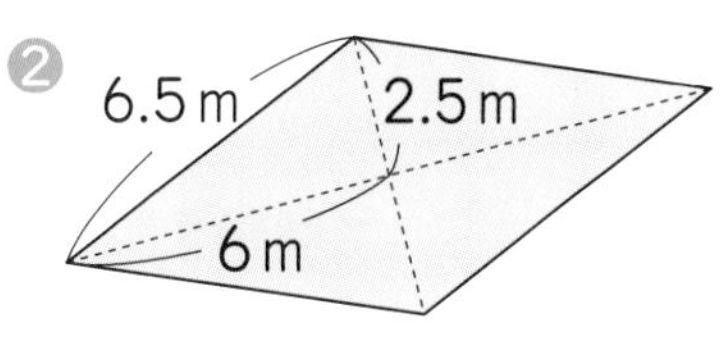


（　　　　　）

## 基本 3 四角形の面積をくふうして求めることができますか。

☆ 右の四角形の面積を求めましょう。

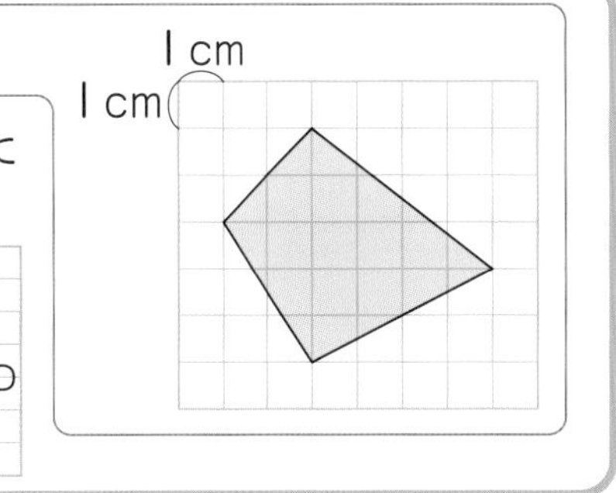


**とき方** 対角線ACを底辺とする三角形BACと三角形DACに分けて計算します。

5×□÷2＋5×□÷2＝□

**答え** □cm²

**3** 右の四角形の面積を求めましょう。 教科書 223ページ13

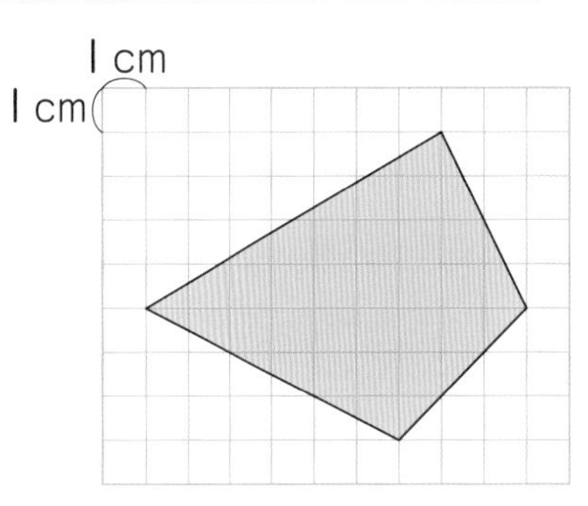


（　　　　　）

## 基本 4 およその面積を、方眼を使って求められますか。

☆ 右のような形のおよその面積を、方眼(ほうがん)を使って求めましょう。

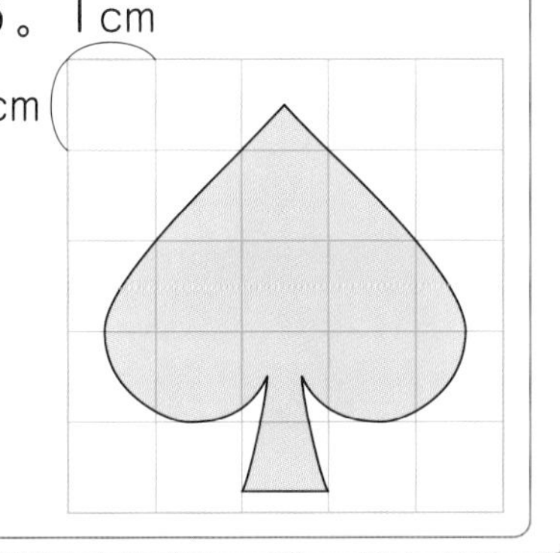


**とき方** 形の内側に完全に入っている方眼■の数は□個(こ)、一部が形にかかっている方眼◪の数は□個で、これらは面積を半分と考えます。

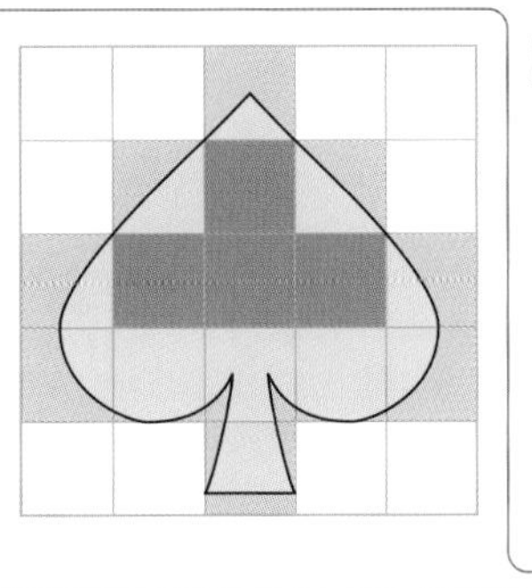

□＋□÷2＝□

**答え** 約□cm²

**4** 右のような形のおよその面積を、方眼を使って求めましょう。 教科書 224ページ14

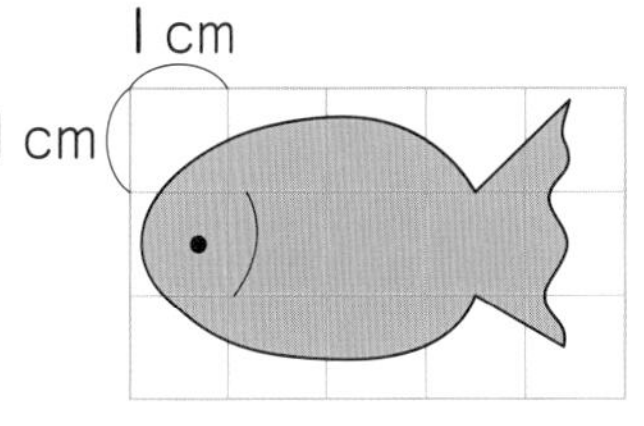


（　　　　　）

**ポイント** 面積の公式が使えない図形では、図形をいくつかに分けたり、面積が同じになるほかの形になおしたりして求めます。計算しやすい形になるよう、くふうしましょう。

# 練習のワーク

勉強した日　月　日

教科書 204～227ページ　答え 26ページ

できた数 /8問中

**1** 平行四辺形の面積　次の平行四辺形の面積を求めましょう。

❶

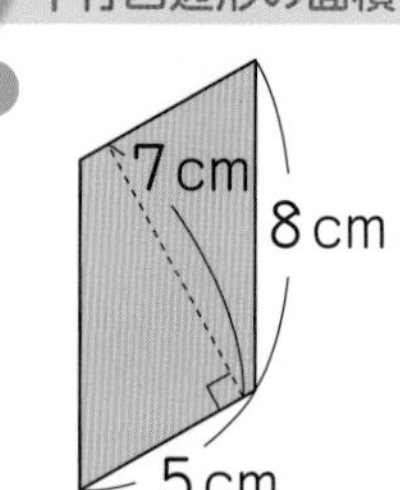


❷

3 cm
3.5 cm
2 cm

(　　　　)　(　　　　)

**2** 三角形の面積　次の三角形の面積を求めましょう。

❶

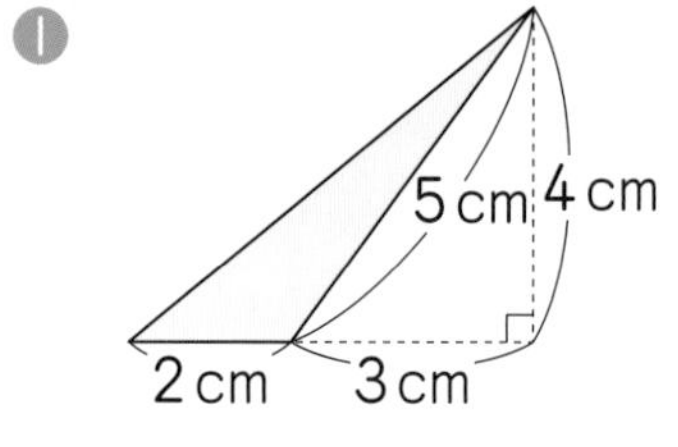


❷

5 m
5 m
8 m

(　　　　)　(　　　　)

**3** 三角形の底辺の長さと高さの関係　㋐から㋓の中から、三角形㋐と面積が等しい三角形をすべて選びましょう。

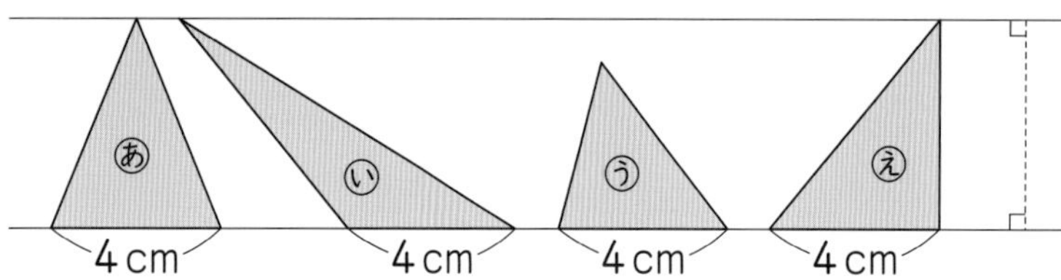


(　　　　)

**4** 台形やひし形の面積　次の台形やひし形の面積を求めましょう。

❶

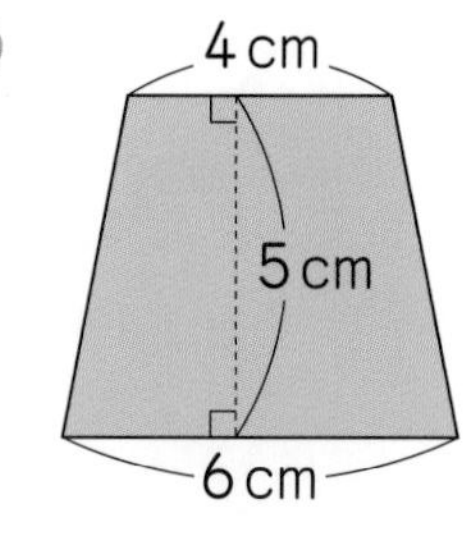


❷

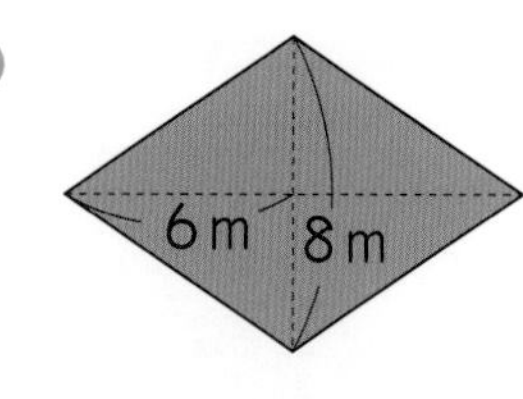


(　　　　)　(　　　　)

**5** 四角形の面積　右の四角形の面積を求めましょう。

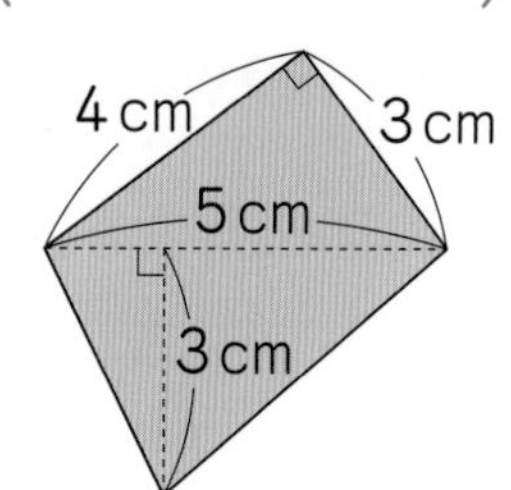


(　　　　)

## てびき

**1** 平行四辺形の面積

平行四辺形の面積
＝底辺×高さ

**2** 三角形の面積

三角形の面積
＝底辺×高さ÷2

**3** 三角形の底辺の長さと高さの関係

どんな形の三角形でも、底辺の長さと高さが等しければ、面積も等しくなります。

**4** 台形やひし形の面積

台形の面積
＝(上底＋下底)
×高さ÷2

ひし形の面積
＝一方の対角線×
もう一方の対角線
÷2

**5** 四角形の面積

2つの三角形に分けて計算します。

できるナビ　平行四辺形や三角形の面積は、底辺の長さと高さで決まるよ。

# まとめのテスト

教科書 204～227ページ　答え 26ページ

時間 20分

得点 　/100点

**1** よく出る　次のような図形の面積を求めましょう。　1つ10〔40点〕

❶ （平行四辺形）

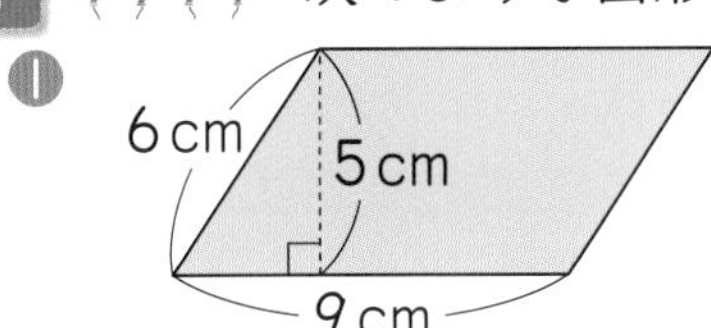


（　　　）

❷

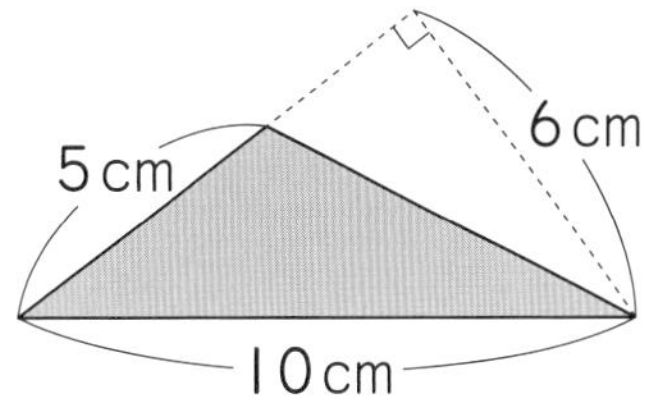


（　　　）

❸

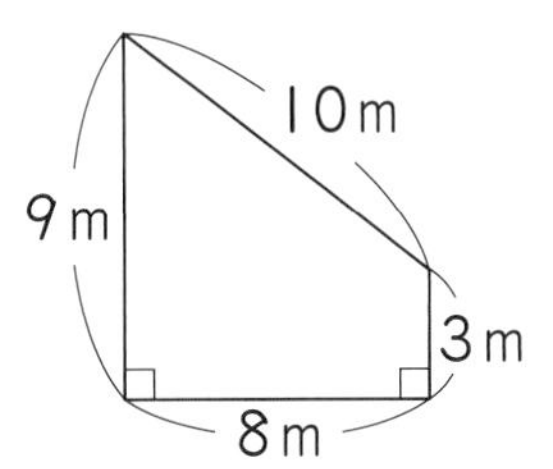


（　　　）

❹ （ひし形）

17cm
15cm
16cm

（　　　）

**2** 底辺が 12cm の三角形があります。　1つ10〔30点〕

❶ 高さを○cm、面積を△cm² として、○と△の関係を式に表しましょう。

（　　　）

❷ 高さと面積の関係を右の表に表しましょう。

| 高さ○(cm) | 1 | 2 | 3 | 4 | 5 | 6 |
|---|---|---|---|---|---|---|
| 面積△(cm²) | | | | | | |

❸ 面積が 72cm² のとき、高さは何cmになるでしょうか。

（　　　）

**3** 右の図で、アとイの直線は平行です。三角形ABCと三角形DBCの面積はどちらが大きいでしょうか。あからうの中から、正しいものを1つ選びましょう。　〔10点〕

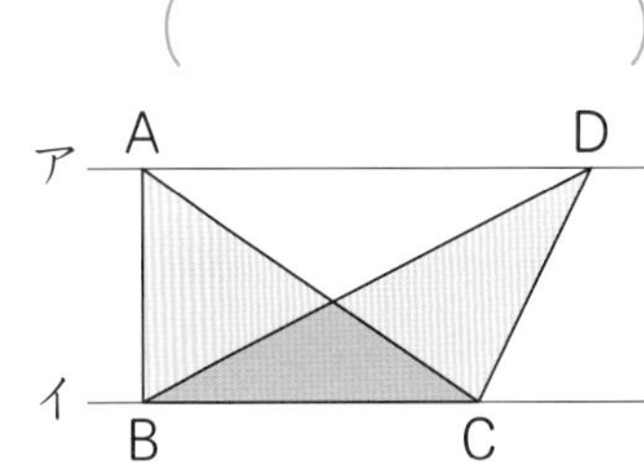


あ　三角形ABCのほうが大きい。
い　三角形DBCのほうが大きい。
う　三角形ABCと三角形DBCの面積は等しい。

（　　　）

**4** 次のような図形の、色がついた部分の面積を求めましょう。　1つ10〔20点〕

❶

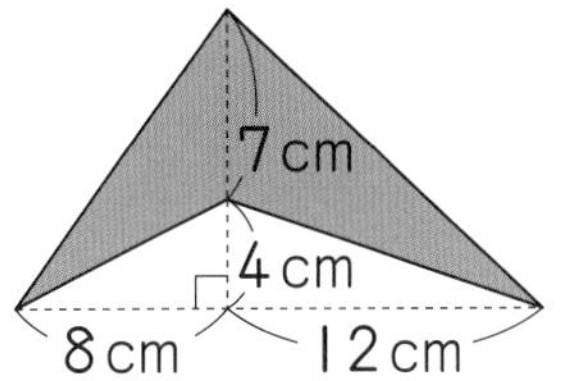


（　　　）

❷

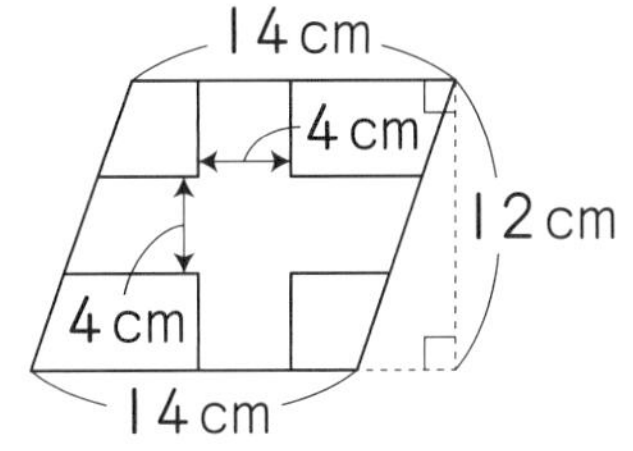


（　　　）

ふろくの「計算練習ノート」23～24ページをやろう！

□ 公式を使って四角形や三角形の面積を求めることができたかな？
□ 平行四辺形や三角形の底辺の長さと高さの関係がわかったかな？

勉強した日　月　日

学習の目標
正多角形について知り、円を使ってかけるようになろう。

# 正多角形と円 [その1]

# 基本のワーク

教科書 228~233ページ　答え 27ページ

## 基本1 正多角形の特ちょうがわかりますか。

☆ 右の多角形㋐から㋓のうち、正多角形はどれでしょうか。

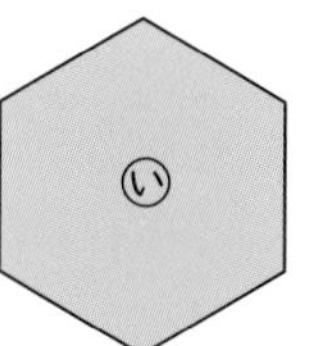

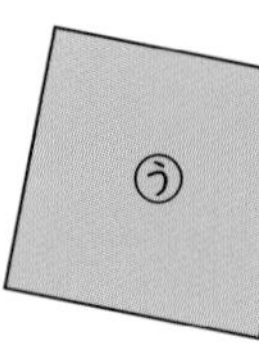

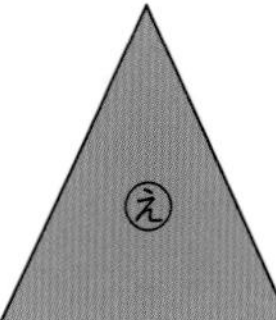

とき方 辺の長さがすべて等しく、角の大きさもすべて等しい多角形を□といいます。

これにあてはまるのは、㋑と㋒で、㋑は□角形、㋒は正方形(正四角形)です。

答え □と□

**1** 下の多角形㋐から㋔のうち、正多角形はどれでしょうか。また、それは何という図形でしょうか。

教科書 229ページ1

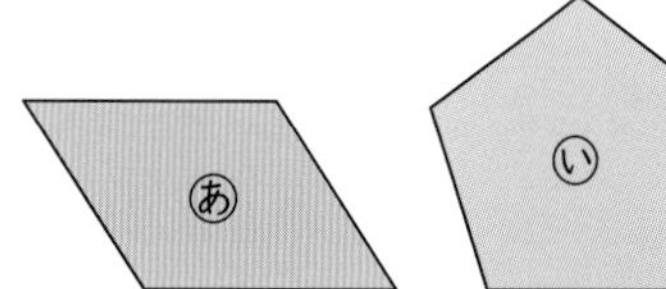

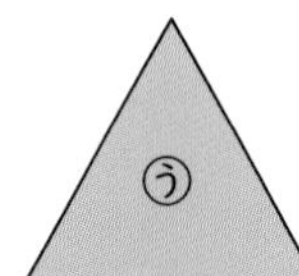

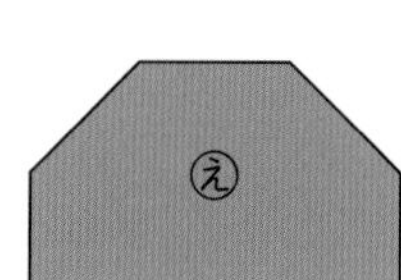

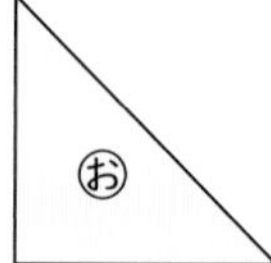

(　　　　　　　　)

## 基本2 円の中心の周りの角を等分して、正多角形をかくことができますか。

☆ 円の中心の周りの角を等分する方法で、正十角形をかきましょう。

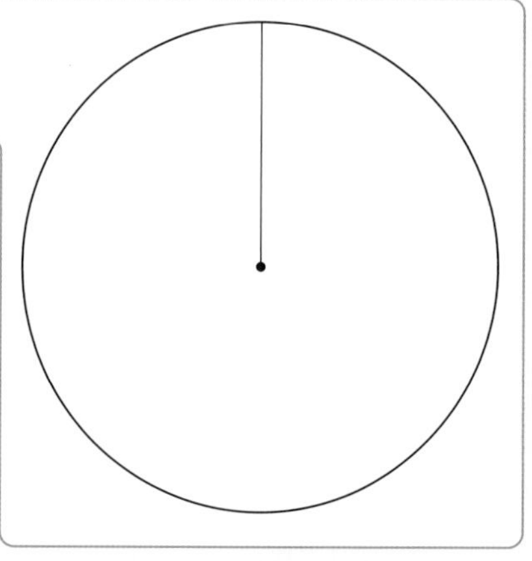

とき方 円の中心の周りの角を等分するように半径をかきます。半径と円が交わった点が正多角形の頂点になります。

正十角形をかくときは、中心の周りの角を□等分すればよいから、右の図の㋐の角度は、

360÷□=□(°)

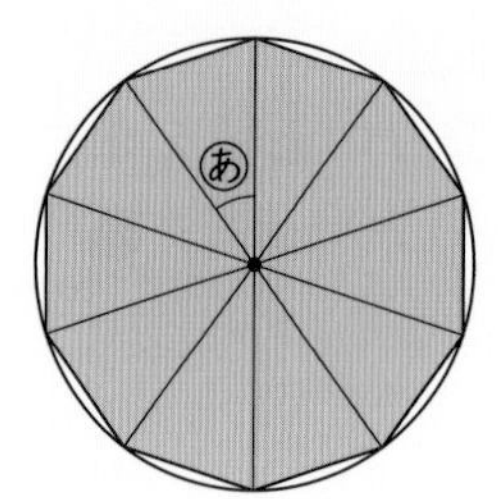

答え 問題の図に記入

正三角形、正方形、正六角形の3つの正多角形は、すきまなくならべることができるよ。ミツバチの巣は、正六角形をならべた形になっているんだ。

**2** 円の中心の周りの角を等分する方法で、正三角形をかきましょう。

教科書 231ページ2 232ページ3

何度ずつに等分するかは、360÷辺の数でわかるね。

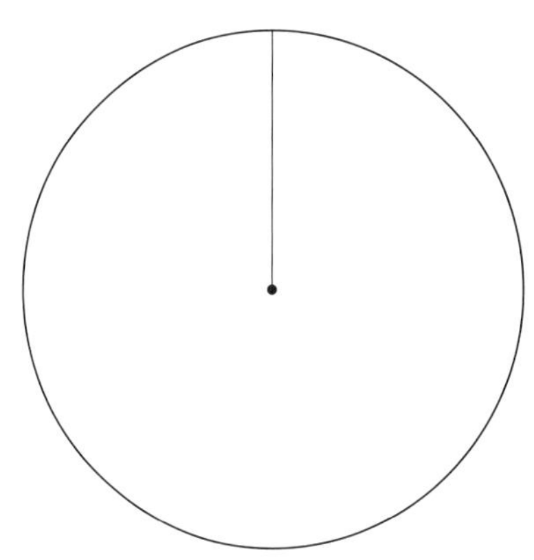

**3** 右の図は正九角形です。㋐から㋒の角度は何度でしょうか。

教科書 231ページ2 232ページ3

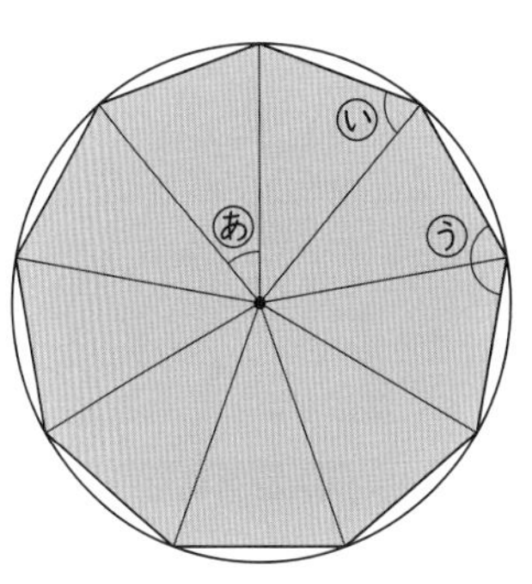


㋐（　　　　　）
㋑（　　　　　）
㋒（　　　　　）

## 基本3 円の周りを半径の長さで区切って、正六角形をかくことができますか。

☆ 右の半径2.5cmの円の周りを区切って、正六角形をかきましょう。

**とき方** 正六角形に3本の対角線をかくと、合同な□つの正三角形に分けられます。したがって、正六角形の辺の長さは、6つの頂点（ちょうてん）を通る円の□の長さと等しくなります。

コンパスで右の円の周りを半径の長さ2.5cmで区切ると、正六角形の6つの頂点が決まります。

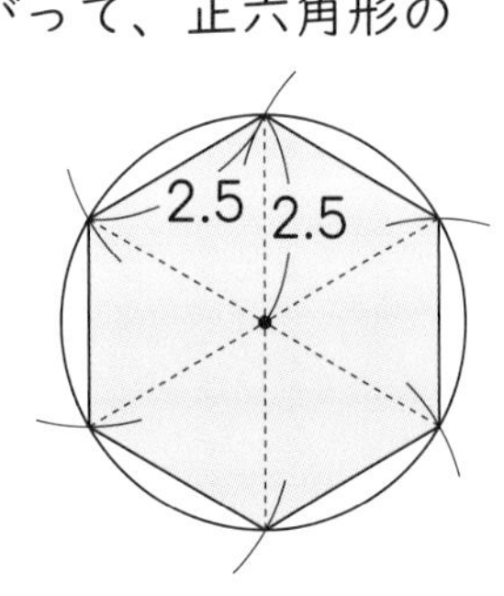


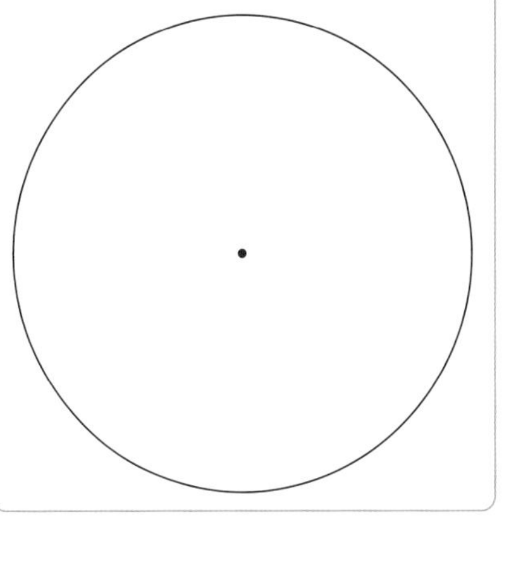

**答え** 問題の図に記入

**4** 直径が8cmの円を利用すると、1辺の長さが何cmの正六角形をかくことができるでしょうか。

教科書 233ページ4

（　　　　　）

**ポイント** 円の中心の周りの角を等分して正多角形をかいたとき、正多角形は、となりあった半径を2つの辺とする合同な二等辺三角形に分けられます。

勉強した日　月　日

# 正多角形と円 [その2]

# 基本のワーク

学習の目標・
直径と円周の関係から、円周の長さを求められるようになろう。

教科書 236～241ページ　答え 27ページ

## 基本 1 円周の長さの求め方がわかりますか。

☆ 直径が 20m の円の形の池があります。円周の長さを求めましょう。

とき方 円の周りを ＿＿ といいます。

どんな大きさの円でも、円周÷直径 は同じ数になります。この数を ＿＿ といい、ふつうは 3.14 を使います。

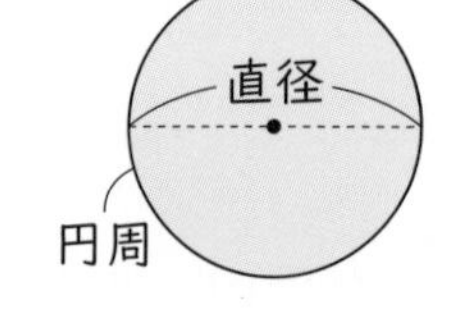


円周率（えんしゅうりつ）＝円周÷直径だから、円周は、直径×円周率で求められます。

20×＿＿＝＿＿

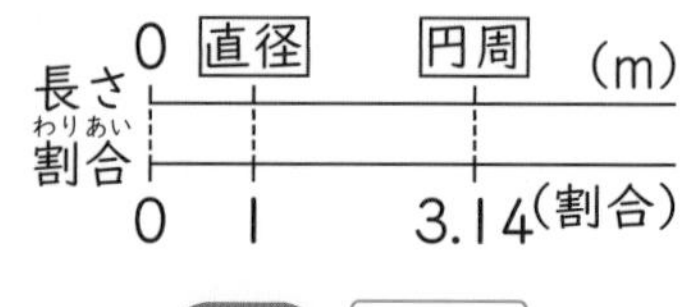


答え ＿＿ m

たいせつ
円周＝直径×円周率

**1** 直径が 90cm の円形のテーブルがあります。円周の長さを求めましょう。

教科書 236ページ5 238ページ6

式

答え（　　　　）

**2** 次のような円の円周の長さを求めましょう。

教科書 236ページ5 238ページ6

❶

21cm

❷

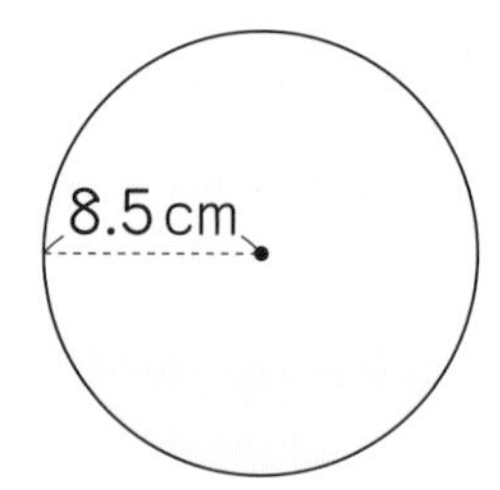


（　　　　）　（　　　　）

**3** 次のような図形の周りの長さを求めましょう。

教科書 236ページ5 238ページ6

❶

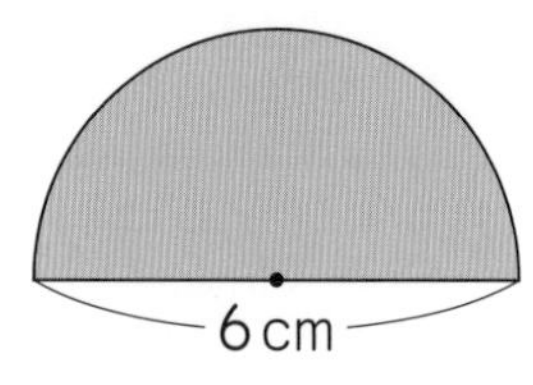


❷

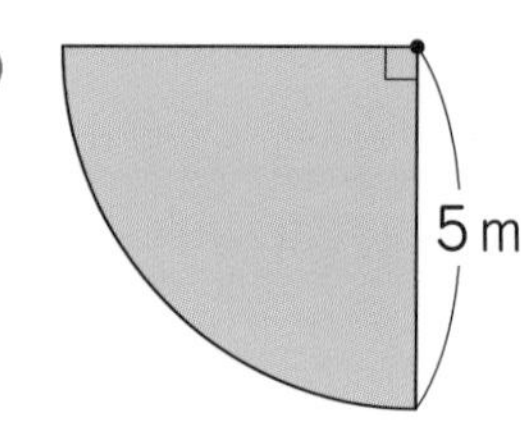


（　　　　）　（　　　　）

さんすうはかせ
円周率は、3.14159265358979323846264338327 9……というように、かぎりなくつづく数なんだ。

## 基本2 直径の長さと円周の長さの関係がわかりますか。

☆ 円の直径の長さを1m、2m、……と変えていきます。

❶ 直径の長さを○m、円周の長さを△mとして、○と△の関係を式に表しましょう。

❷ 直径の長さと円周の長さの関係を右の表に表しましょう。

❸ 円周の長さは直径の長さに比例(ひれい)しているでしょうか。

| 直径○(m) | 1 | 2 | 3 | 4 | 5 |
|---|---|---|---|---|---|
| 円周△(m) | | | | | |

**とき方** ❶ 円周＝直径×円周率 の公式にあてはめると、

○×□＝△ 答え □

❷ ❶の式にあてはめます。 答え 問題の表に記入

❸ 直径の長さが2倍、3倍、……になると、円周の長さも□倍、□倍、……になります。 答え □

**4** 直径の長さが2cmから98cmになると、円周の長さは何倍になるでしょうか。

教科書 239ページ7

（　　　　）

## 基本3 円周の長さから直径の長さを求めることができますか。

☆ 一輪車のタイヤの円周の長さは112cmありました。このタイヤの直径の長さは約何cmでしょうか。四捨五入(ししゃごにゅう)して、$\frac{1}{10}$の位までのがい数で求めましょう。

**とき方** 直径の長さを□cmとすると、

□×□＝112

□＝112÷□

＝35.66…　　答え 約□cm

直径＝円周÷円周率だね。

**5** 周りの長さが377cmある円形のビニールプールがあります。このビニールプールの直径の長さは約何cmでしょうか。四捨五入して、一の位までのがい数で求めましょう。

教科書 240ページ8

式

答え（　　　　）

**6** 周りの長さが20mになるような円形の花だんを作るには、円の直径を約何mにしたらよいでしょうか。四捨五入して、$\frac{1}{10}$の位までのがい数で求めましょう。

教科書 240ページ8

式

答え（　　　　）

**ポイント** 直径は半径の2倍だから、円周の長さを求める式は、円周＝半径×2×円周率 とかくこともできます。

勉強した日 月 日

# 練習のワーク

教科書 228〜244ページ　答え 27ページ

できた数 /10問中

**1** 正多角形と円　円の中心の周りの角を、次のような角度で等分して正多角形をかくと、何という図形になるでしょうか。

❶ 18°　　❷ 24°

(　　　)　(　　　)

**2** 正多角形の角　右の図は正十二角形です。あから㋒の角度は何度でしょうか。

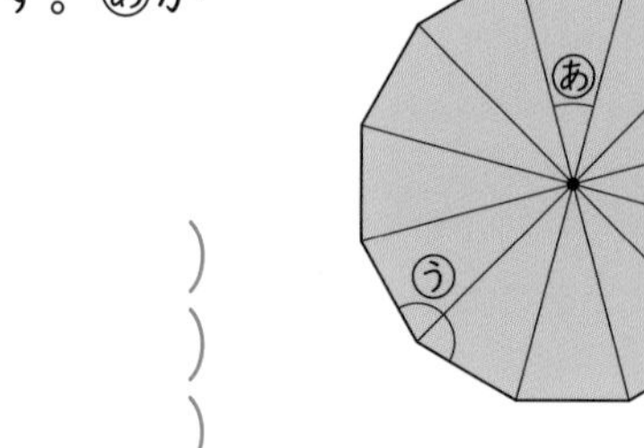


あ(　　　)
い(　　　)
う(　　　)

**3** 円周の長さ　次の円の円周の長さを求めましょう。

❶ 直径が 13cm の円　　❷ 半径が 9.5m の円

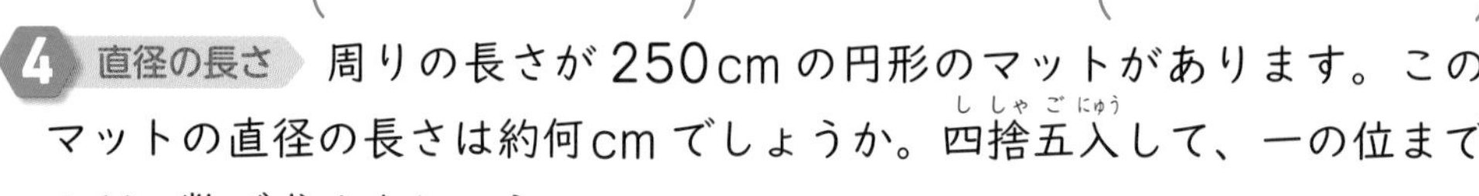

(　　　)　(　　　)

**4** 直径の長さ　周りの長さが 250cm の円形のマットがあります。このマットの直径の長さは約何cm でしょうか。四捨五入して、一の位までのがい数で求めましょう。

式

答え(　　　)

**5** 図形の周りの長さ　次のような図形の、色がついた部分の周りの長さを求めましょう。

❶

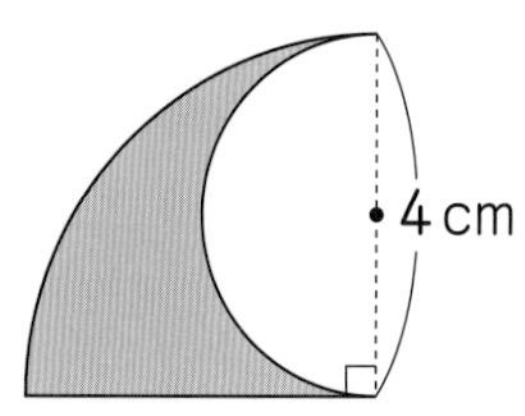


❷

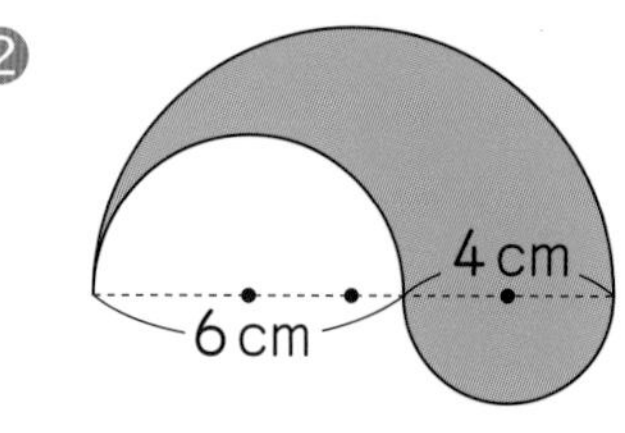


(　　　)　(　　　)

**1** 正多角形と円

円の中心の周りの角は 360°

**2** 正多角形の角

正十二角形は、円の中心の周りの角を 12 等分してかきます。

**3** 円周の長さ

円周
＝直径×円周率

**4** 直径の長さ

直径の長さを□cm として式に表します。

**5** 周りの長さ

直線部分があるとき、その長さをたすのをわすれないようにしましょう。

できるナビ　円周や直径の長さを求めるとき、円周率 3.14 の代わりに 3 を使って計算すると、およその長さが求められるから、大きな計算ミスをしていないか暗算で確かめるのに便利だよ。

勉強した日　月　日

# まとめのテスト

時間 20分

得点 /100点

教科書 228〜244ページ　答え 28ページ

**1** 円の中心の周りの角を等分する方法で正五角形をかきます。　1つ11〔22点〕

❶ 等分する１つの角度を何度にすればよいでしょうか。

（　　　　）

❷ 半径２cm の円を使って正五角形をかきましょう。

**2**  次のような図形の周りの長さを求めましょう。　1つ11〔22点〕

❶

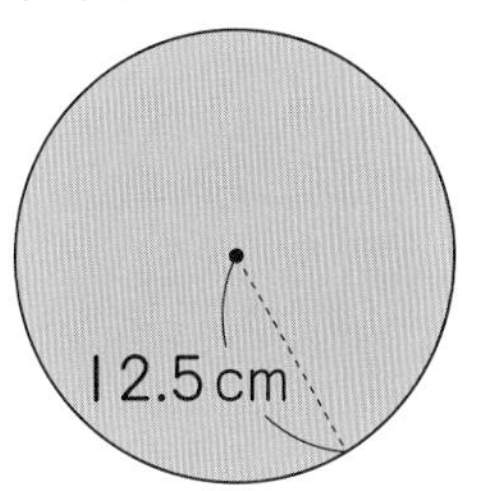



❷



（　　　　）　（　　　　）

**3** 周りの長さが15cmの円の直径は何cmでしょうか。四捨五入して、$\frac{1}{10}$の位までのがい数で求めましょう。　1つ11〔22点〕

式

答え（　　　　）

**4** 右の図で、赤い線Ⓐと青い線Ⓑの長さはどちらが長いでしょうか。
あからうの中から、正しいものを１つ選びましょう。　〔12点〕

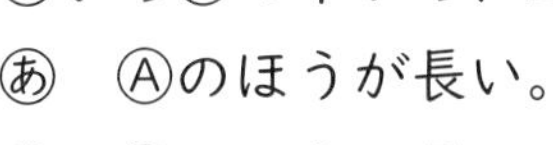

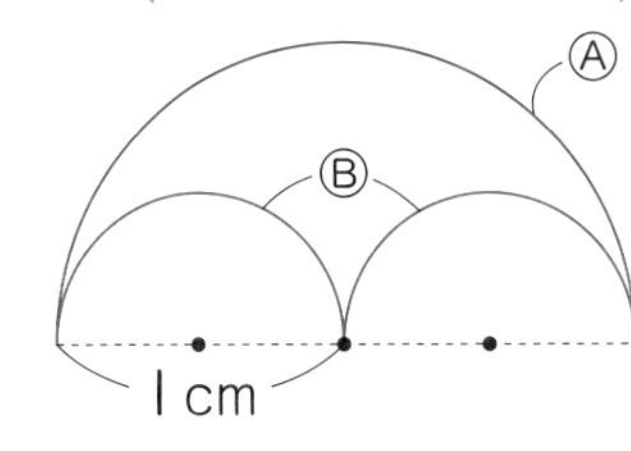



あ　Ⓐのほうが長い。
い　Ⓑのほうが長い。
う　ⒶとⒷの長さは等しい。

（　　　　）

**5** タイヤの直径が50cmの自転車があります。この自転車で100mの道のりを進むとき、１つのタイヤは約何回転すると考えられるでしょうか。四捨五入して、一の位までのがい数で求めましょう。　1つ11〔22点〕

式

答え（　　　　）

ふろくの「計算練習ノート」27ページをやろう！

□円を使って正多角形をかくことができたかな？
□円周の長さを求めることができたかな？

勉強した日　月　日

学習の目標

角柱や円柱について知り、見取図や展開図がかけるようになろう。

# 角柱と円柱

## 基本のワーク

教科書 246～252ページ　答え 28ページ

### 基本 1 角柱や円柱の特ちょうがわかりますか。

☆ 右の立体の名前を書きましょう。

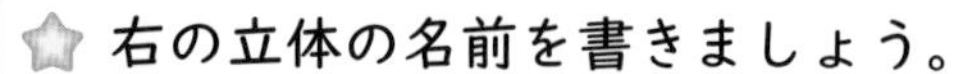

とき方 ㋐や㋑のような立体を角柱、㋒のような立体を［　］といいます。

底面が三角形、四角形、五角形、……の角柱を、それぞれ［　］、［　］、［　］、……といいます。

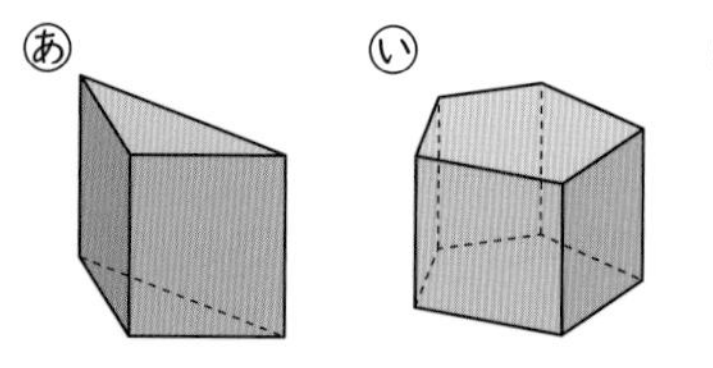

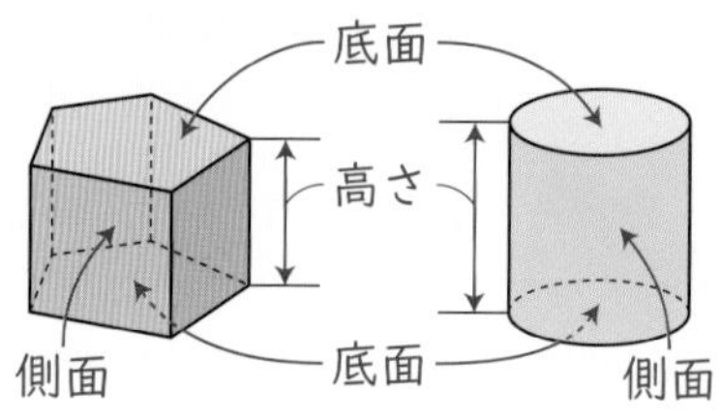

たいせつ

角柱の性質（せいしつ）

・2つの底面は合同な多角形
・2つの底面は平行
・側面は長方形か正方形

たいせつ

円柱の性質

・2つの底面は合同な円
・2つの底面は平行
・側面は曲面

答え ㋐［　］　㋑［　］　㋒［　］

**1** 右のような立体があります。　教科書 247ページ1 248ページ2

❶ 底面はどんな図形でしょうか。

㋐（　　　）　㋑（　　　）

❷ 立体の名前を書きましょう。

㋐（　　　）　㋑（　　　）

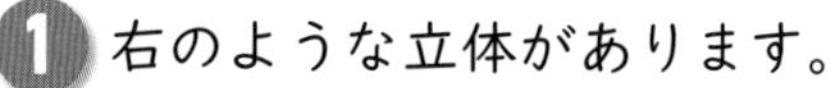

### 基本 2 角柱や円柱の見取図をかくことができますか。

☆ 下のような三角柱の見取図のつづきをかきましょう。

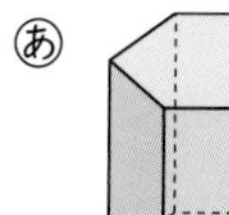

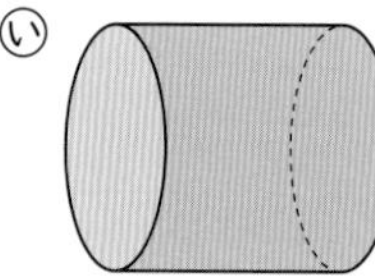

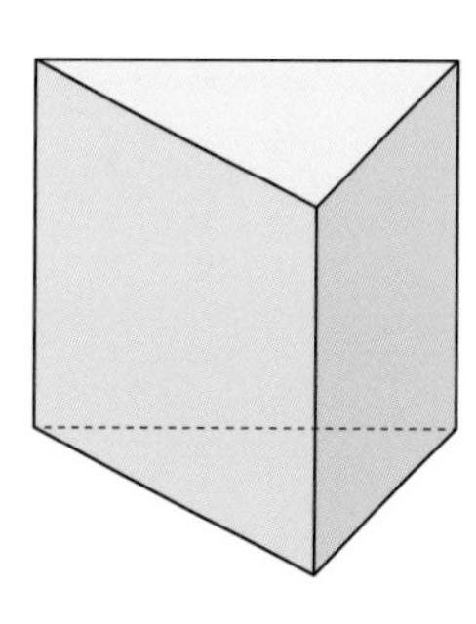

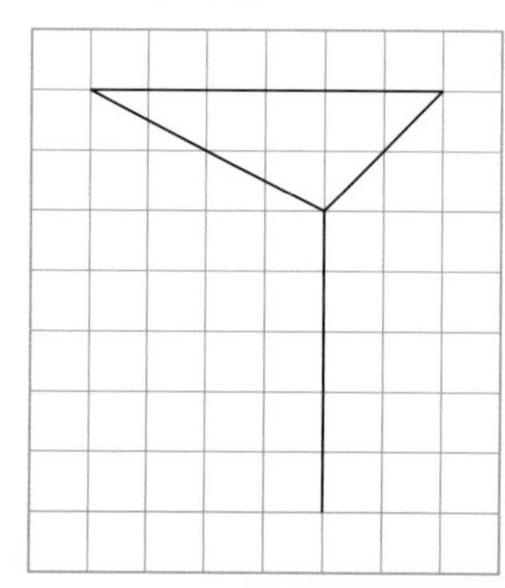

とき方 見取図では、平行な辺は平行にかきます。底面は、合同で平行に見えるようにかきます。

答え 問題の図に記入



さんすうはかせ　円柱の展開図では、ふつうは側面が長方形になるようにかくけれど、トイレットペーパーのしんのように、ななめの線で切り開いてかくと、側面は平行四辺形になるよ。

**2** 下のような三角柱や円柱の見取図のつづきをかきましょう。 教科書 251ページ4

❶

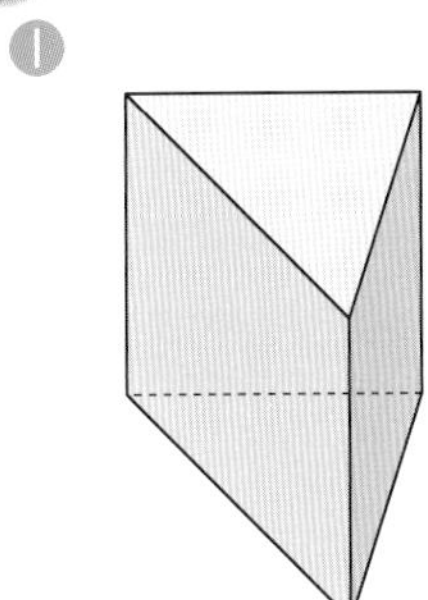

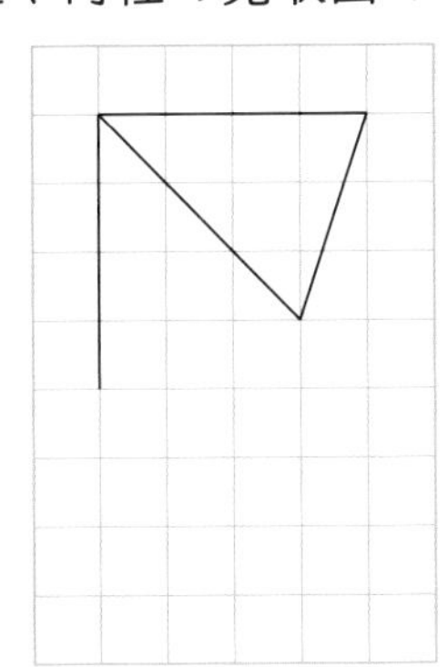

❷

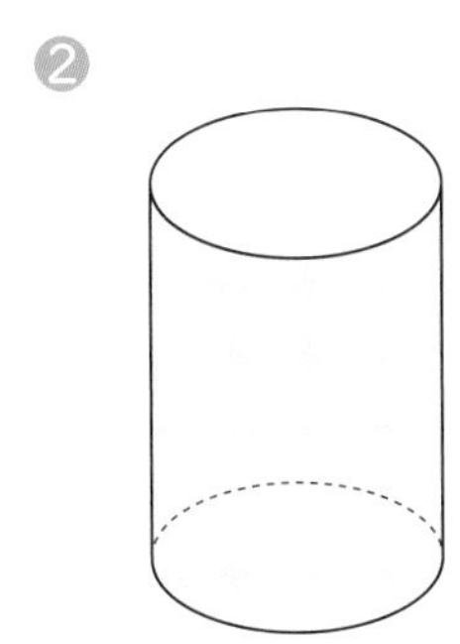

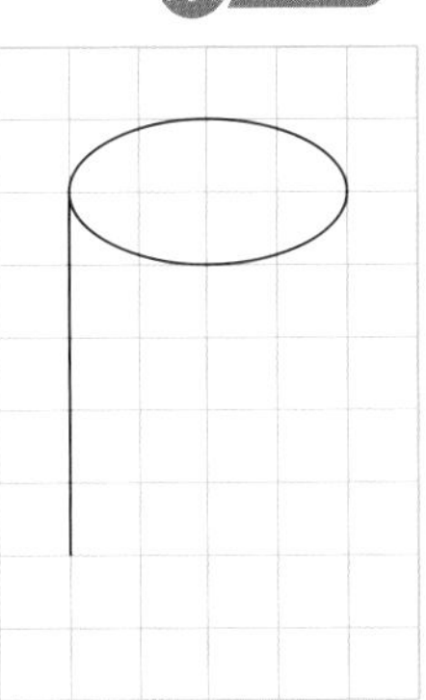

## 基本3 角柱や円柱の展開図をかくことができますか。

☆ 下のような円柱の展開図（てんかいず）のつづきをかきましょう。

**とき方** 円柱の側面の展開図は［　　］形で、2つの辺の長さは、それぞれ円柱の［　　］と、底面の［　　］の長さに等しくなります。

底面の円周の長さは、

2×［　　］＝［　　］(cm)

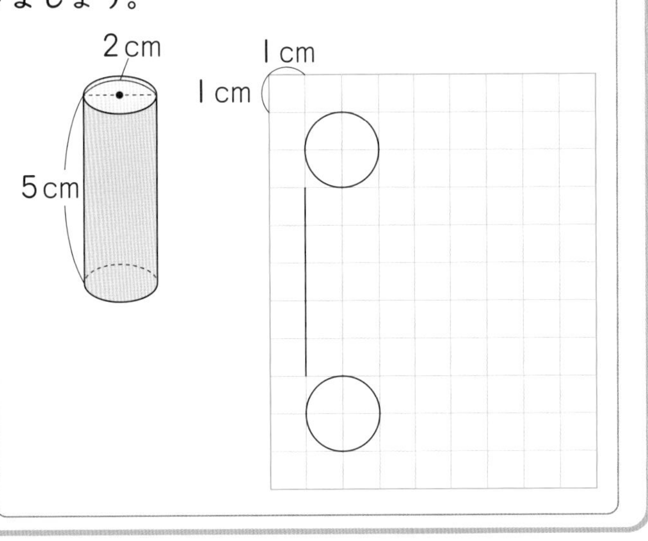

**3** 下のような四角柱の展開図のつづきをかきましょう。 教科書 252ページ5

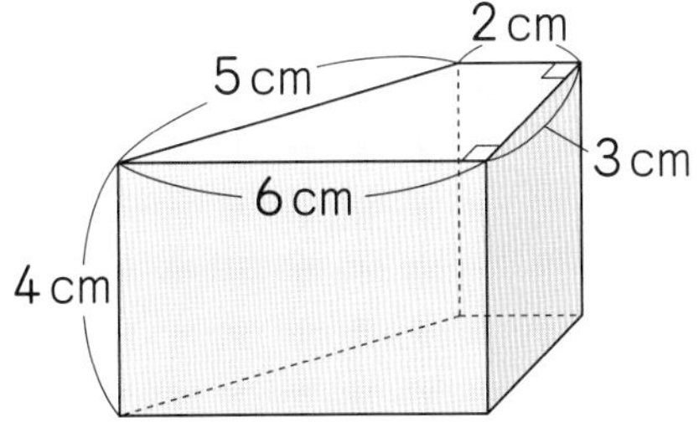


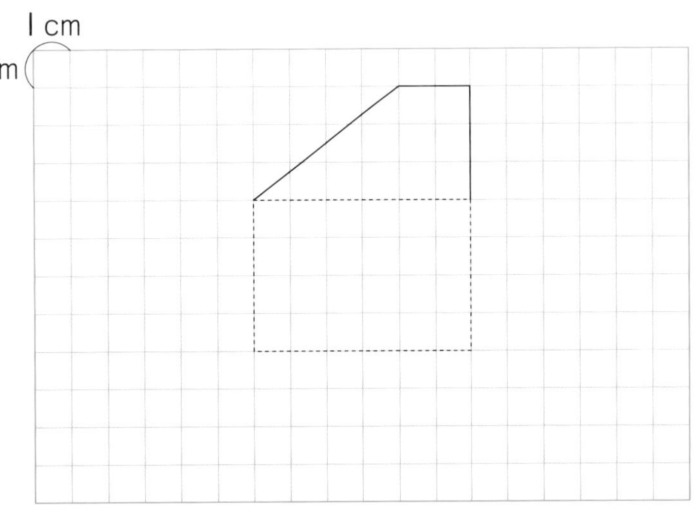


どの面とどの面をつなげてかけばよいかを考えよう。

**ポイント** 展開図にはいろいろなかき方があります。円柱では、底面の2つの円がそれぞれ側面と1点で重なるようにかきます。2つの円は上下にそろっていなくてもかまいません。

勉強した日 月 日

# 練習のワーク

教科書 246~254ページ　答え 28ページ

できた数 /5問中

**1** 角柱の頂点、辺、面　下の角柱について、あとの表にまとめましょう。

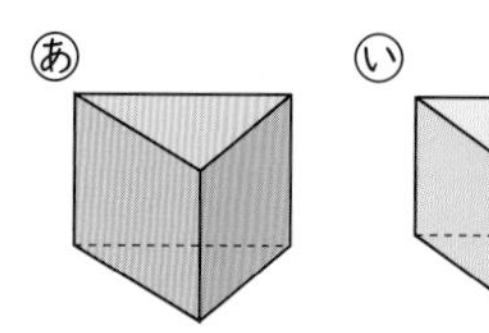


| | あ | い | う |
|---|---|---|---|
| 角柱の名前 | | | |
| 側面の数 | | | |
| 頂点の数 | | | |
| 辺の数 | | | |
| 面の数 | | | |

**2** 角柱の展開図　右の展開図を組み立ててできる角柱について答えましょう。

1cm
2cm
3cm
あ い う え お か

❶ 何という角柱ができるでしょうか。

( )

❷ 平行な面はどれとどれでしょうか。

( )

❸ 立体の高さは何cmでしょうか。

( )

**3** 円柱の展開図　底面が半径2cmの円で、高さが3cmの円柱の展開図をかきましょう。

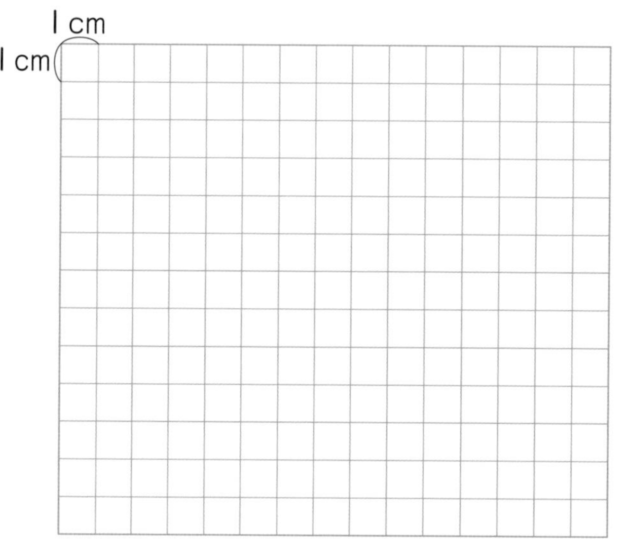

**1** 角柱の特ちょう
角柱の名前は底面の形で決まります。

**2** 角柱の展開図
❶どの面が底面になるか考えましょう。
❷角柱の2つの底面は平行になります。
❸見取図をかいて、長さを書き入れてみましょう。

**3** 円柱の展開図
ヒント
側面が長方形になるようにかくとき、長方形の2つの辺の長さは、それぞれ円柱の高さと、底面の円周の長さに等しくなります。

できるナビ
角柱の2つの底面は合同で平行。
角柱の側面は長方形か正方形で、側面は底面に垂直。

# まとめのテスト

教科書 246〜254ページ　答え 29ページ

時間 20分　得点 /100点

**1** よく出る 次の立体の名前を書きましょう。　1つ9〔36点〕

❶ 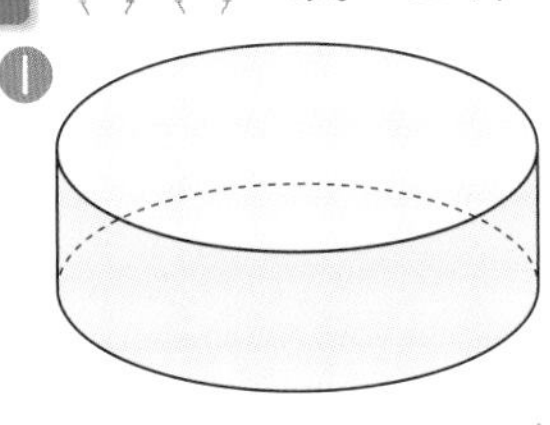 (　　)
❷ 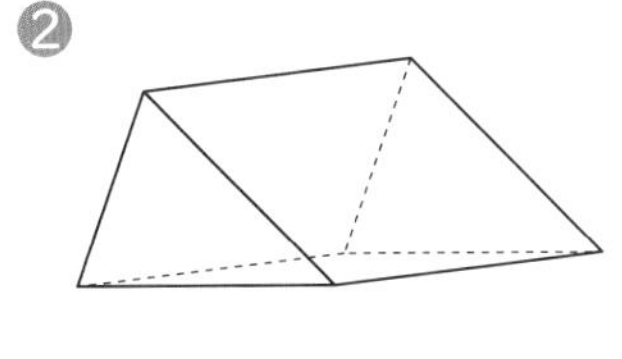 (　　)
❸ 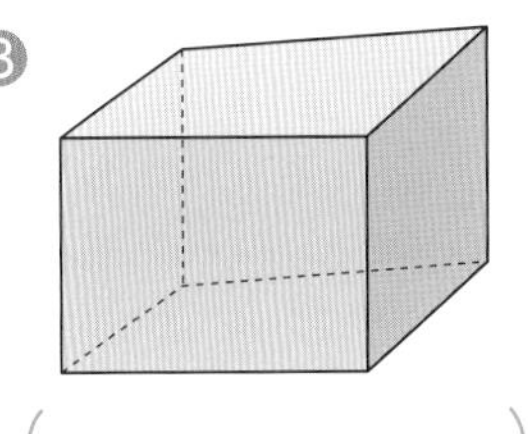 (　　)
❹ 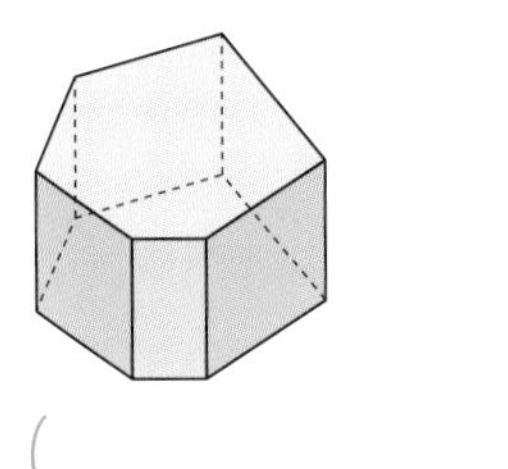 (　　)

**2** 八角柱について、次の問題に答えましょう。　1つ9〔36点〕

❶ 底面の数を答えましょう。 (　　)
❷ 側面の数を答えましょう。 (　　)
❸ 頂点の数を答えましょう。 (　　)
❹ 辺の数を答えましょう。 (　　)

**3** 右の図は、底面が直径 8cm の円で、高さが 20cm の円柱の展開図です。　1つ9〔18点〕

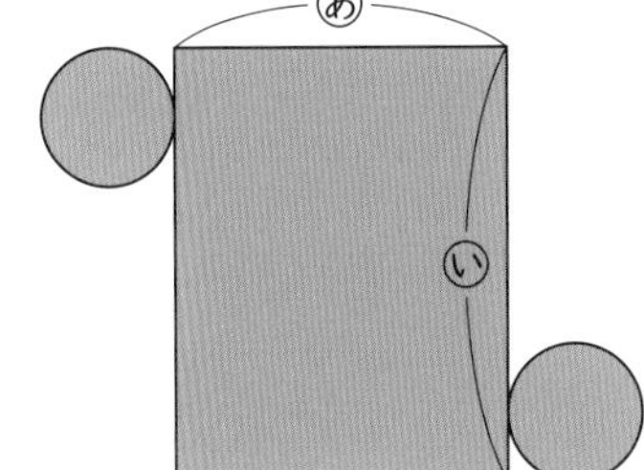


❶ ㋐の長さは何cmでしょうか。 (　　)

❷ ㋑の長さは何cmでしょうか。 (　　)

**4** 次の㋐から㋓の中から、五角柱の展開図をすべて選びましょう。　〔10点〕

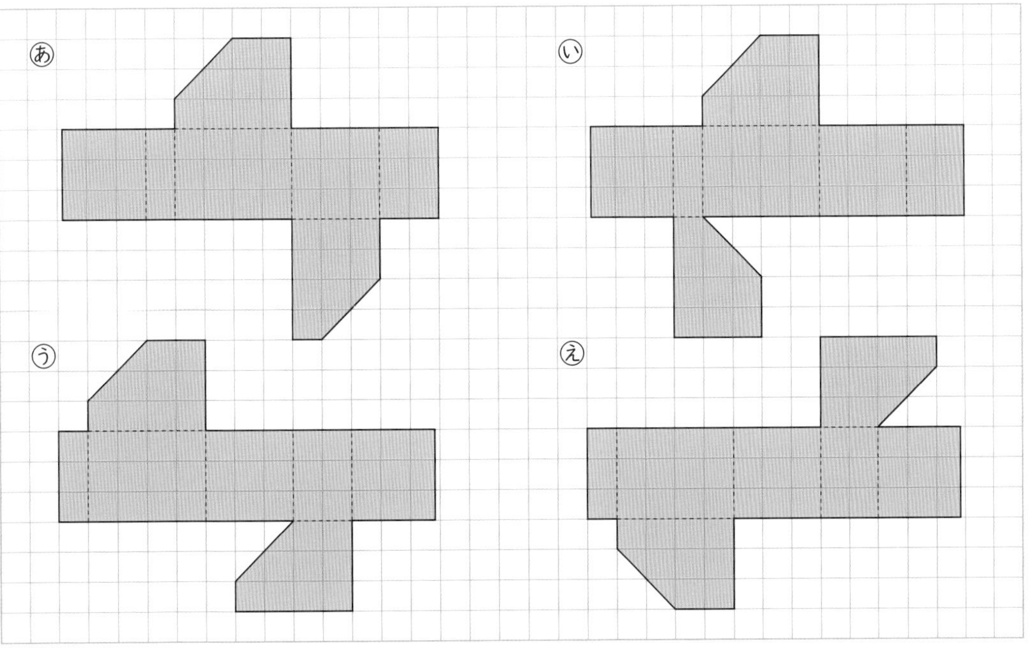


(　　)

チェック
□ 角柱や円柱の特ちょうがわかったかな？
□ 角柱や円柱の展開図の特ちょうがわかったかな？

勉強した日　　月　　日

# 学びのワーク 和食でおもてなし

教科書 256〜257ページ　答え 29ページ

## 基本1 めもりのないグラフをよむことができますか。

☆ 右の円グラフは、ある学校の全児童の住所の町別の割合(わりあい)を表したものです。東町に住んでいる児童の割合は約何%でしょうか。
㋐から㋓の中から、いちばん近いものを選びましょう。

㋐ 20%　㋑ 30%　㋒ 50%　㋓ 60%

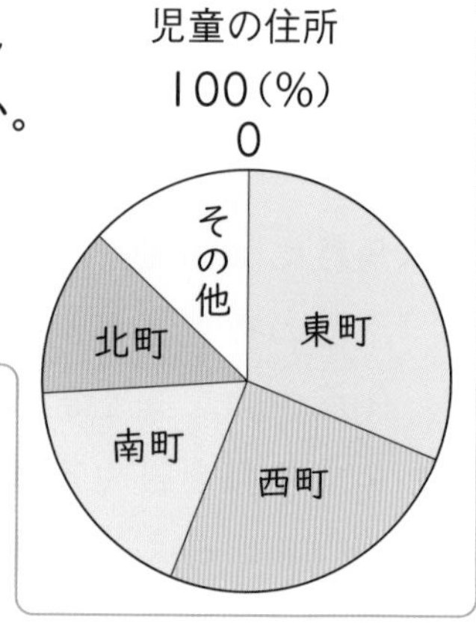


とき方 次の割合をめやすにします。

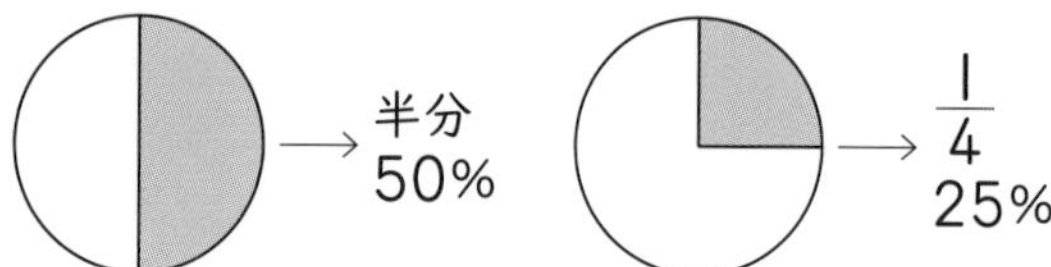


東町の割合は、25%より大きく、50%より□。

答え □

**1** 下のグラフは、ある百貨店の売り上げ高と、商品別の割合の変化を表したものです。

教科書 256ページ 1

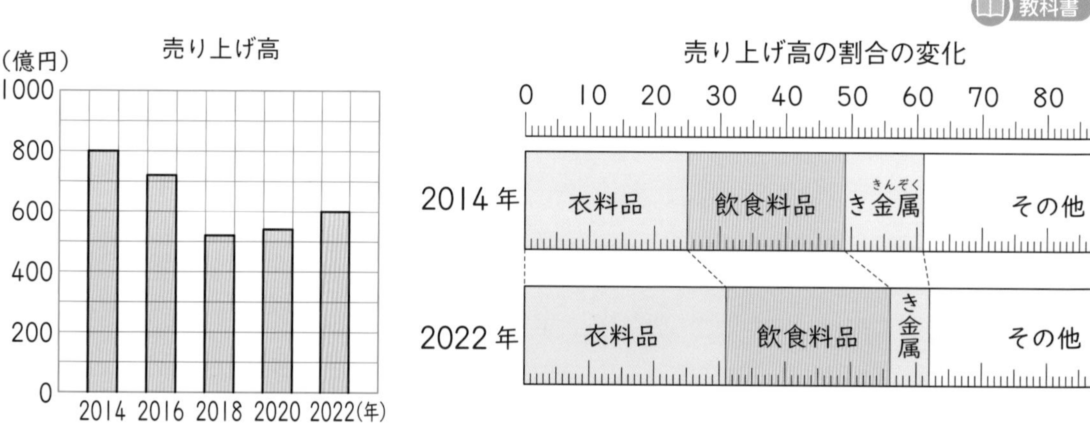


❶ 2022年の飲食料品の売り上げ高を求めましょう。

(　　　　)

❷ 上の2つのグラフを見て、2014年から2022年までの8年間の売り上げ高について、正しいとはいえないものを、下の㋐〜㋓の中からすべて選びましょう。

㋐ 2014年は、衣料品と飲食料品の売り上げ高がほぼ同じであった。
㋑ 2022年の衣料品の売り上げ高は、2014年より増(ふ)えた。
㋒ この8年間で、き金属の売り上げ高は約半分になった。
㋓ この8年間で、全体の売り上げ高は約75%になった。

(　　　　)

ポイント　グラフにめもりがかかれていなくても、およその割合をよみとることができます。円や帯の面積の半分が50%、3分の1が約33%、4分の1が25%です。

# 学びのワーク 割引券

教科書 258～259ページ　答え 29ページ

## 基本1 いろいろな割合を考えることができますか。

☆ しんやさんは、フードコートに来ました。右の あ のような２種類の割引券を持っています。

あ 100円引き　い 20%引き

❶ しんやさんは、450円のたこやきセットを買うことにしました。あ、いのどちらの割引券を使うほうが安くなるでしょうか。

❷ たこやきは、20%増量中で、12個入っています。増量前は何個だったでしょうか。

450円

とき方 ❶ 割引後の金額を比べます。

あの割引券を使うと、450－□＝□

いの割引券を使うと、450×(1－□)＝□

答え □を使うほうが安くなる。

❷ 増量前を□個とすると、□×(1＋□)＝12

□＝12÷□

□＝□

答え □個

**1** 基本1 のあの割引券を使うほうが安くなるものに○、いの割引券を使うほうが安くなるものに×、同じになるものに△をかきましょう。 教科書 258ページ2

❶

900円

(　　　)

❷

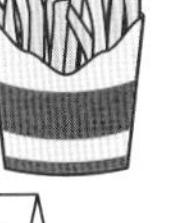

500円

(　　　)

❸

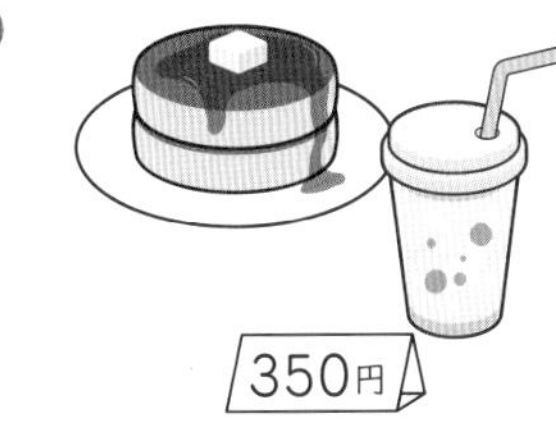

350円

(　　　)

**2** 基本1 のフードコートで買い物をしたら、右のような割引券をくれました。しんやさんは、次に来たときは、1 の❶を食べようと考えています。右の割引券を使うと何円になるでしょうか。 教科書 258ページ2

800円以上で 25%引き

式

答え (　　　)

基本1 で、あといの割引後の金額が同じになるようなもとの金額は、次のようにして求めます。もとの金額を□円とすると、□×0.2＝100、□＝100÷0.2

勉強した日　月　日

# まとめのテスト①

時間 20分　得点 /100点

教科書 260～261ページ　答え 29ページ

**1** □にあてはまる数を書きましょう。　1つ5〔10点〕

❶ 10を8個と0.001を5個あわせた数は□です。

❷ 34.27は、10を□個、1を□個、0.1を□個、0.01を□個あわせた数です。

**2** 14と28の公約数、公倍数で、90以下の整数をすべて書きましょう。　1つ5〔10点〕

公約数（　　　）　公倍数（　　　）

**3** 計算をしましょう。　1つ5〔30点〕

❶ $4.9\times7.3$　❷ $3.2\times6.5$　❸ $0.18\times0.29$

❹ $18.5\div7.4$　❺ $0.27\div1.2$　❻ $9\div0.05$

**4** 計算をしましょう。　1つ5〔30点〕

❶ $\frac{1}{3}+\frac{5}{8}$　❷ $1\frac{8}{9}+\frac{1}{6}$　❸ $\frac{7}{10}-\frac{1}{6}$

❹ $2\frac{1}{4}-\frac{2}{3}$　❺ $2.6+\frac{4}{5}$　❻ $1\frac{1}{4}-0.25$

**5** 次の問題に答えましょう。　1つ5〔20点〕

❶ 1mの重さが10.3kgの鉄のぼうがあります。この鉄のぼう2.5mの重さは何kgでしょうか。

式

答え（　　　）

❷ 0.6mのはり金の重さをはかったら、8.16gありました。このはり金1mの重さは何gでしょうか。

式

答え（　　　）

□小数のかけ算やわり算ができたかな？
□分母のちがう分数のたし算やひき算ができたかな？

勉強した日　月　日

# まとめのテスト❷

教科書 261～262ページ　答え 30ページ

時間 20分　得点 /100点

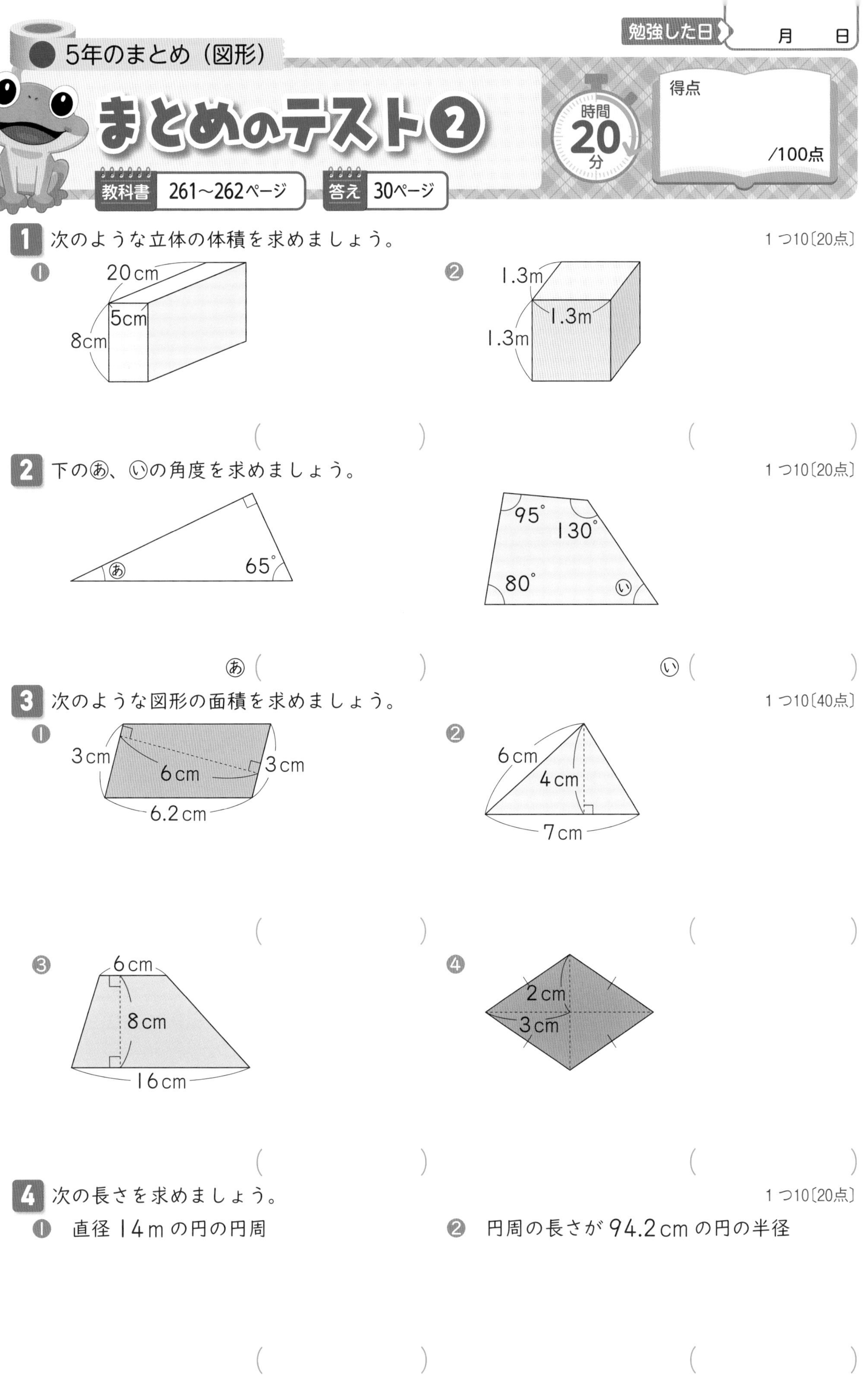


**1** 次のような立体の体積を求めましょう。　1つ10〔20点〕

❶（　　　）

❷（　　　）

**2** 下のあ、いの角度を求めましょう。　1つ10〔20点〕

あ（　　　）

い（　　　）

**3** 次のような図形の面積を求めましょう。　1つ10〔40点〕

❶（　　　）

❷（　　　）

❸（　　　）

❹（　　　）

**4** 次の長さを求めましょう。　1つ10〔20点〕

❶ 直径 14m の円の円周

（　　　）

❷ 円周の長さが 94.2cm の円の半径

（　　　）

チェック

□直方体や立方体の体積を求めることができたかな？

□三角形や平行四辺形、台形、ひし形の面積を求めることができたかな？

勉強した日　月　日

# まとめのテスト③

時間 20分

得点 /100点

教科書 262～263ページ　答え 30ページ

**1** 右の表は、直方体の形をした水そうに水を入れたときの深さを、1分ごとに調べたものです。　1つ5〔15点〕

| 時間　○(分) | 1 | 2 | 3 | 4 | 5 | 6 |
|---|---|---|---|---|---|---|
| 水の深さ△(cm) | 3 | 6 | 9 | 12 | 15 | 18 |

❶ 時間と水の深さは、比例(ひれい)の関係にあるといえるでしょうか。

（　　　　）

❷ 時間を○分、水の深さを△cmとして、○と△の関係を式に表しましょう。

（　　　　）

❸ 9分たったとき、水の深さは何cmになるでしょうか。

（　　　　）

**2** 右の表は、ある市の人口と面積を表しています。この市の人口密度(じんこうみつど)を四捨五入(ししゃごにゅう)して、一の位までのがい数で求めましょう。　1つ10〔20点〕

| 人口(人) | 面積($km^2$) |
|---|---|
| 150246 | 49 |

式

答え（　　　　）

**3** 39kmの道のりを30分間で走るトラックと、800mの道のりを40秒間で走るバスがあります。どちらのほうが速いでしょうか。　〔15点〕

（　　　　）

**4** 右の帯グラフは、ある学校の図書室の本の数の割合(わりあい)を表したものです。　1つ10〔50点〕

図書室の本の数の割合（合計780さつ）

0　10　20　30　40　50　60　70　80　90　100(%)

| 物語 | 科学 | 社会 | 辞典 | その他 |
|---|---|---|---|---|

❶ 辞典の割合は、全体の何%でしょうか。

（　　　　）

❷ 物語の本の割合は、社会の本の割合の何倍でしょうか。

式

答え（　　　　）

❸ 科学の本のさっ数は何さつでしょうか。

式

答え（　　　　）

ふろくの「計算練習ノート」28～29ページをやろう！

□速さを求めることができたかな？
□帯グラフから、全体と一部分の割合をよみとることができたかな？

●勉強した日　　月　　日

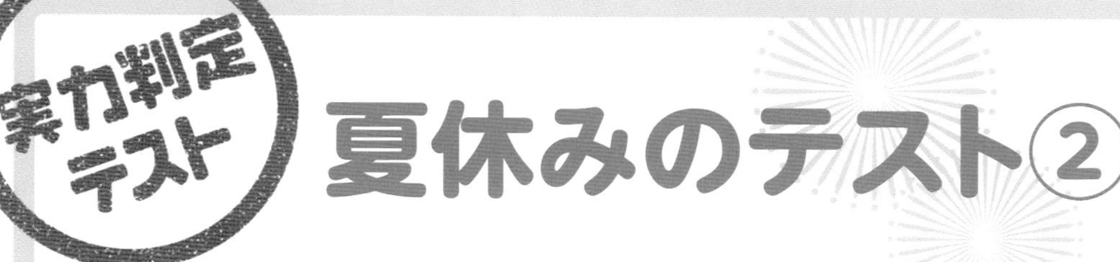


# 夏休みのテスト②

名前　　得点　／100点

おわったらシールをはろう

教科書　11〜98ページ　答え　31ページ

**1** □にあてはまる数を書きましょう。　1つ6〔12点〕

❶ 3.2×4×2.5＝3.2×(□×2.5)＝□

❷ 4.3×7.6＋5.7×7.6＝(□＋□)×7.6

＝□

**2** 計算をしましょう。わり算はわりきれるまでしましょう。　1つ6〔36点〕

❶ 1.6×3.8　　❷ 0.44×7.5

(　　)　(　　)

❸ 2.25×0.24　　❹ 19.2÷1.2

(　　)　(　　)

❺ 2.4÷2.5　　❻ 12÷6.4

(　　)　(　　)

**3** 商は四捨五入（ししゃごにゅう）して、上から2けたのがい数で求めましょう。　1つ6〔12点〕

❶ 8.6÷2.4　　❷ 25.4÷5.6

(　　)　(　　)

**4** 次のともなって変わる2つの量、○と△の関係を式に表しましょう。　1つ5〔10点〕

❶ 1mのねだんが70円のリボンの長さ○mと、代金△円

(　　)

❷ 周りの長さが50cmの長方形のたての長さ○cmと、横の長さ△cm

(　　)

**5** 右の水そうの容積（ようせき）は何cm³でしょうか。また、何Lでしょうか。　1つ6〔12点〕

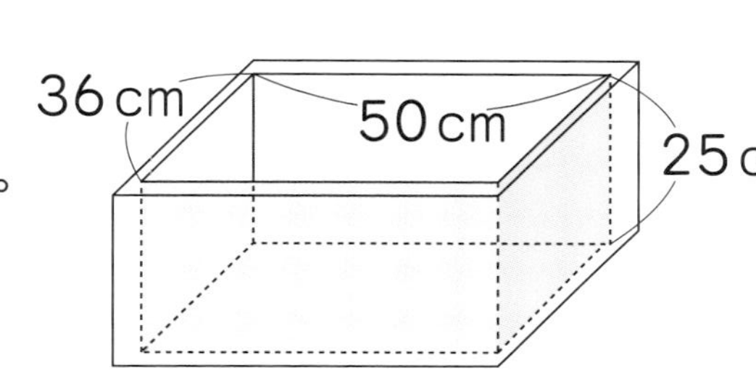


cm³(　　)　L(　　)

**6** あからうの角度を求めましょう。　1つ6〔18点〕

❶

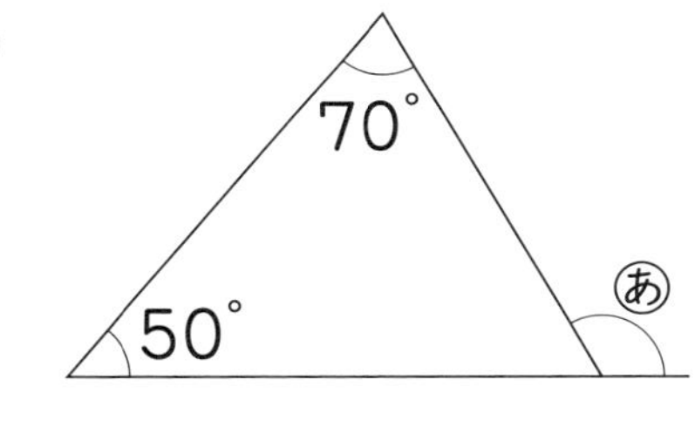


(　　)

❷

い
40°
二等辺三角形

(　　)

❸

120°
70°
う

(　　)

●勉強した日　　月　　日

# 実力判定テスト 夏休みのテスト①

時間 30分

名前　　　得点　　/100点

おわったらシールをはろう

教科書 11〜98ページ　答え 31ページ

**1** □にあてはまる数を書きましょう。　1つ6〔12点〕

❶ 3.508＝1×□＋0.1×□＋0.01×□＋0.001×□

❷ 42.16 の 100 倍の数は□、1000 倍の数は□、$\frac{1}{100}$ の数は□、$\frac{1}{1000}$ の数は□です。

**2** 計算をしましょう。わり算はわりきれるまでしましょう。　1つ6〔36点〕

❶ 13×6.2　　❷ 3.5×1.6

(　　　)　(　　　)

❸ 0.84×0.15　　❹ 6÷0.5

(　　　)　(　　　)

❺ 1.47÷3.5　　❻ 0.88÷3.2

(　　　)　(　　　)

**3** 商は一の位まで求めて、あまりも出しましょう。　1つ6〔12点〕

❶ 9.4÷1.3　　❷ 63.2÷4.7

(　　　)　(　　　)

**4** 3.5 にある数をかけるのを、まちがえてその数でわってしまったので、答えが 1.4 になりました。このかけ算の正しい答えを求めましょう。　1つ6〔12点〕

式

答え(　　　)

**5** 次のような立体の体積を求めましょう。　1つ6〔18点〕

❶

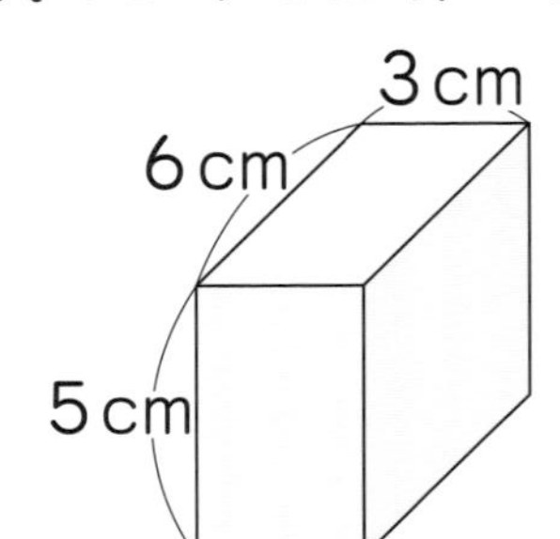


(　　　)

❷

5m
5m
5m

(　　　)

❸

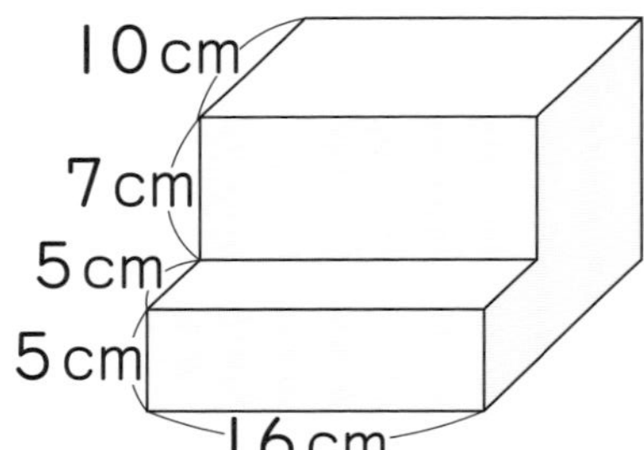


(　　　)

**6** 下の三角形と合同な三角形をかきましょう。　〔10点〕

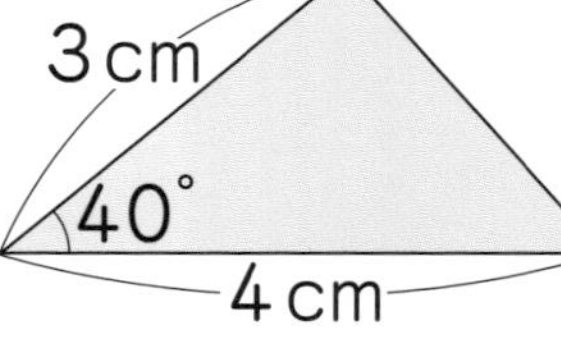

●勉強した日　月　日

実力判定テスト

# 冬休みのテスト①

時間30分

名前　得点　/100点

おわったらシールをはろう

教科書 101〜201ページ　答え 31ページ

**1** 次の問題に答えましょう。　1つ4〔12点〕

① 6の倍数と9の倍数を、それぞれ小さいほうから順に3つ求めましょう。

6の倍数（　　）

9の倍数（　　）

② 6と9の最小公倍数を求めましょう。

（　　）

**2** 次の問題に答えましょう。　1つ4〔12点〕

① 4÷7の商を分数で表しましょう。

（　　）

② $\frac{5}{8}$を小数で表しましょう。

（　　）

③ 0.57を分数で表しましょう。

（　　）

**3** 計算をしましょう。　1つ4〔24点〕

① $\frac{2}{3}+\frac{1}{8}$　（　　）

② $1\frac{4}{5}+\frac{7}{10}$　（　　）

③ $\frac{7}{9}-\frac{1}{6}$　（　　）

④ $2\frac{2}{3}-1\frac{5}{12}$　（　　）

⑤ $\frac{1}{2}+\frac{2}{3}+\frac{3}{4}$　（　　）

⑥ $\frac{1}{4}+\frac{1}{3}-\frac{1}{5}$　（　　）

**4** 次の重さの平均(へいきん)を求めましょう。　1つ5〔10点〕

185kg　205kg　192kg　190kg　188kg　198kg

式

答え（　　）

**5** 次の問題に答えましょう。　1つ4〔24点〕

① 14kmの道のりを4時間で歩く人の速さは時速何kmでしょうか。

式

答え（　　）

② 時速90kmで走る電車は、48分間で何km進むでしょうか。

式

答え（　　）

③ 秒速15mで走る自動車は、2.7km進むのに何分かかるでしょうか。

式

答え（　　）

**6** 下の表は、ある町の昨年の果実の収(しゅう)かく量(りょう)を表したものです。　1つ3〔18点〕

果実の収かく量と割合(わりあい)

| 種　類 | りんご | ぶどう | 西洋なし | さくらんぼ | その他 | 合　計 |
|---|---|---|---|---|---|---|
| 収かく量(t) | 468 | 192 | 180 | 132 | 228 | 1200 |
| 割　合(%) | | | | | | 100 |

① 全体に対するそれぞれの割合を百分率(ひゃくぶんりつ)で求めて、上の表に書きましょう。

② 果実の収かく量の割合を、帯グラフに表しましょう。

果実の収かく量の割合

0　10　20　30　40　50　60　70　80　90　100(%)

●勉強した日　月　日

実力判定テスト

# 冬休みのテスト②

名前　得点　／100点

おわったらシールをはろう

教科書　101〜201ページ　答え　31ページ

**1** 次の問題に答えましょう。　1つ4〔12点〕

❶ 32の約数と40の約数を、それぞれ全部求めましょう。

32の約数（　　）

40の約数（　　）

❷ 32と40の最大公約数を求めましょう。

（　　）

**2** 次の分数を約分しましょう。　1つ4〔8点〕

❶ $\frac{26}{65}$　（　　）

❷ $\frac{72}{90}$　（　　）

**3** （　）の中の分数を通分しましょう。　1つ5〔10点〕

❶ $\left(\frac{5}{6}、\frac{4}{9}\right)$　（　　）

❷ $\left(\frac{5}{8}、\frac{11}{36}\right)$　（　　）

**4** 計算をしましょう。　1つ5〔30点〕

❶ $\frac{1}{3}+\frac{7}{6}$　（　　）

❷ $1\frac{3}{10}+\frac{8}{15}$　（　　）

❸ $\frac{11}{12}-\frac{3}{4}$　（　　）

❹ $2\frac{2}{5}-1\frac{11}{15}$　（　　）

❺ $\frac{9}{10}-\frac{1}{4}+\frac{2}{5}$　（　　）

❻ $1\frac{1}{2}-\frac{3}{4}-\frac{5}{12}$　（　　）

**5** バスターミナルから、北町行きのバスは12分おきに、南町行きのバスは15分おきに発車します。午前8時40分に、2つのバスが同時に発車しました。次に同時に発車するのは、何時何分でしょうか。　〔4点〕

（　　）

**6** 右の表は、AとBの畑の面積と、とれたじゃがいもの重さを表したものです。　1つ4〔12点〕

| | 面積($m^2$) | とれた重さ(kg) |
|---|---|---|
| A | 150 | 480 |
| B | 400 | 1120 |

❶ AとBそれぞれの畑で、1 $m^2$ あたりのとれたじゃがいもの重さを求めましょう。

A（　　）　B（　　）

❷ じゃがいもがよくとれたといえるのは、A、Bどちらの畑でしょうか。

（　　）

**7** 次の問題に答えましょう。　1つ4〔24点〕

❶ 25問のクイズで、かけるさんは18問に正解(せいかい)しました。かけるさんが正解した割合(わりあい)を、百分率(ひゃくぶんりつ)で表しましょう。

式

答え（　　）

❷ 地区の祭りの昨年の参加者数は770人でした。今年の参加者数は、昨年の参加者数の110%だったそうです。今年の参加者数は何人でしょうか。

式

答え（　　）

❸ ぼうしが2450円で売られています。これは、定価(ていか)の30%引きのねだんだそうです。このぼうしの定価は何円でしょうか。

式

答え（　　）

●勉強した日　　月　　日

# 学年末のテスト②

時間 30分

名前　　得点　　／100点

おわったら シールを はろう

教科書 11～254ページ　答え 32ページ

**1** 計算をしましょう。　1つ5〔30点〕

❶ $\frac{1}{2}+\frac{3}{8}$　（　　）

❷ $\frac{1}{6}+\frac{3}{10}$　（　　）

❸ $1\frac{3}{4}+1\frac{1}{6}$　（　　）

❹ $\frac{4}{9}-\frac{1}{3}$　（　　）

❺ $\frac{3}{10}-\frac{2}{15}$　（　　）

❻ $2\frac{5}{6}-1\frac{7}{18}$　（　　）

**2** □にあてはまる数を書きましょう。　1つ5〔15点〕

❶ 25Lは、125Lの□%です。

❷ 480円の40%は□円です。

❸ 300円は、□円の60%です。

**3** 400円のケーキを、30%引きのねだんで買いました。代金は何円でしょうか。　1つ5〔10点〕

式

答え（　　）

**4** 右の図のように、円の中に正五角形があります。点Oは円の中心です。㋐から㋒の角度は何度でしょうか。　1つ5〔15点〕

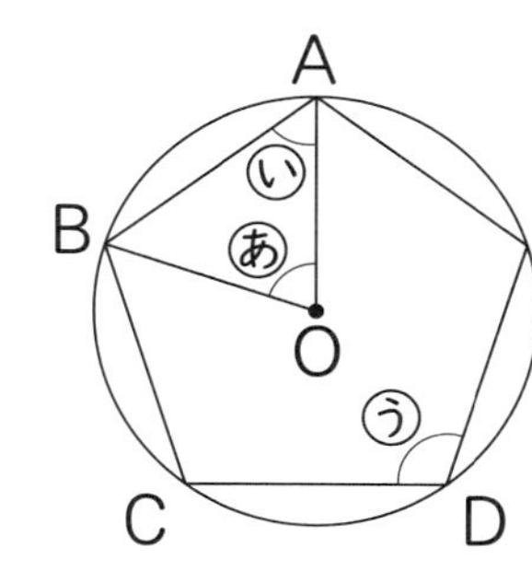


㋐（　　）　㋑（　　）

㋒（　　）

**5** 右の図は、ある立体の展開図(てんかいず)です。　1つ6〔12点〕

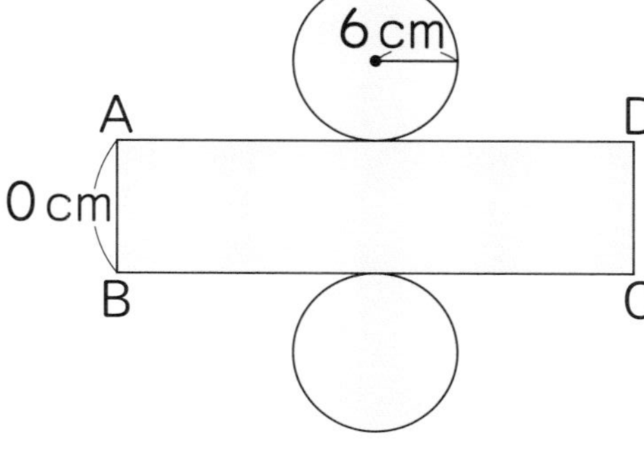


❶ この展開図を組み立ててできる立体の名前を答えましょう。

（　　）

❷ 辺ADの長さは何cmでしょうか。

（　　）

**6** 右の円グラフは、めぐみさんの妹の1日24時間の生活時間の割合(わりあい)を表したものです。　1つ6〔18点〕

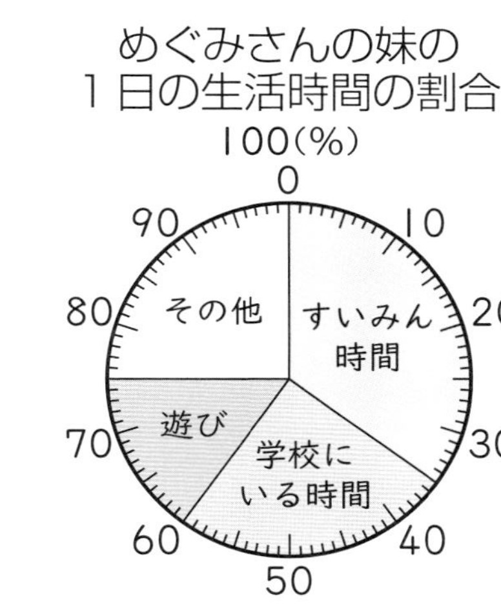


❶ すいみん時間の割合は、何%でしょうか。

（　　）

❷ すいみん時間は、学校にいる時間の何倍でしょうか。

（　　）

❸ 学校にいる時間は、何時間でしょうか。

（　　）

実力判定テスト

# 学年末のテスト①

時間30分

名前　得点　/100点

おわったらシールをはろう

教科書 11～254ページ　答え 32ページ

**1** 計算をしましょう。わり算はわりきれるまでしましょう。　1つ5〔30点〕

❶ 14.5×0.6　（　　）

❷ 0.4×0.03　（　　）

❸ 1.24×0.75　（　　）

❹ 2.79÷1.86　（　　）

❺ 12÷7.5　（　　）

❻ 0.16÷2.5　（　　）

**2** 小数で表された割合（わりあい）を百分率（ひゃくぶんりつ）で、百分率で表された割合を小数で表しましょう。　1つ5〔20点〕

❶ 0.04　（　　）

❷ 0.8　（　　）

❸ 65％　（　　）

❹ 105％　（　　）

**3** ある小学校の昨年の児童数は、600人でした。今年は昨年よりも4％増加（ぞうか）したそうです。今年の児童数は何人でしょうか。　1つ5〔10点〕

式

答え（　　）

**4** 1.8Lの水を、右の図のような内のりの1辺が15cmの立方体の形をした入れ物にうつします。水の深さは何cmになるでしょうか。〔10点〕

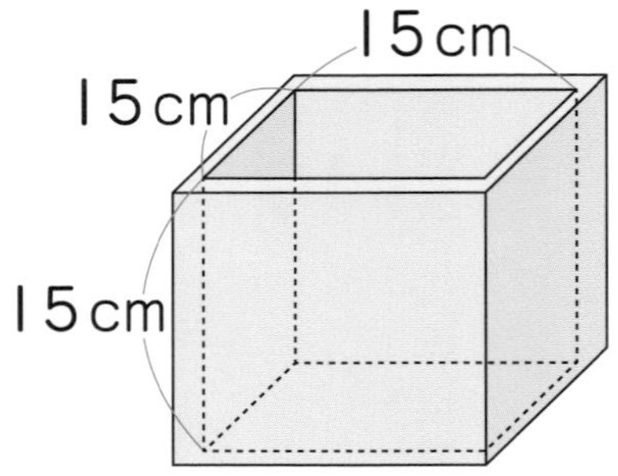

15cm　15cm　15cm

（　　）

**5** 次の問題に答えましょう。　1つ6〔12点〕

❶ 半径が4cmの円の円周の長さは何cmでしょうか。

（　　）

❷ 円周の長さが62.8cmの円の半径は何cmでしょうか。

（　　）

**6** 次の図形の面積を求めましょう。　1つ6〔18点〕

❶ 平行四辺形

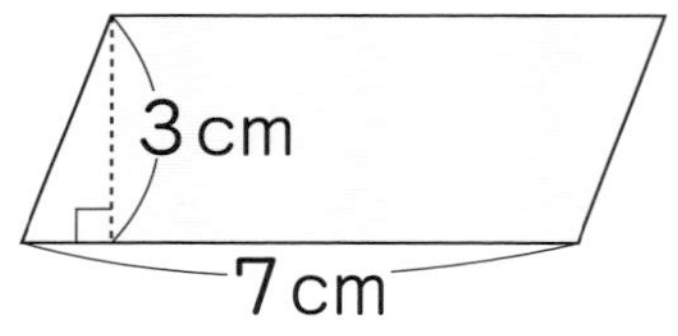

3cm　7cm

（　　）

❷

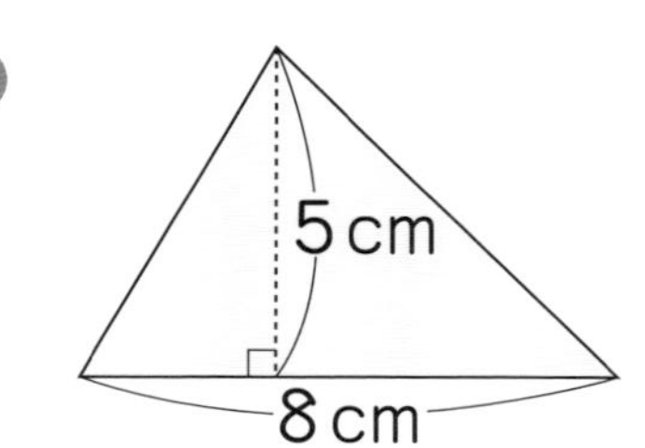


（　　）

❸

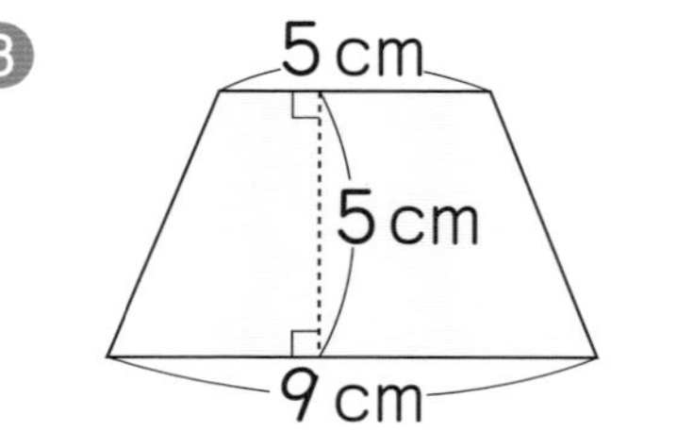


（　　）

●勉強した日　　月　　日

実力判定テスト

# まるごと 文章題テスト①

時間30分

名前　　　　得点　　　　/100点

おわったらシールをはろう

いろいろな文章題にチャレンジしよう！

答え　32ページ

**1** りんごとバナナとみかんが1つずつあります。りんごの重さはバナナの重さの1.6倍で、バナナの重さは120g、みかんの重さは150gです。　1つ5〔20点〕

❶ みかんの重さは、バナナの重さの何倍でしょうか。

式

答え（　　　）

❷ りんごの重さは何gでしょうか。

式

答え（　　　）

**2** 1mの重さが1.6kgの金属（きんぞく）のぼうがあります。このぼう1.75mの重さは何kgでしょうか。

1つ5〔10点〕

式

答え（　　　）

**3** 28.5Lのジュースを1.8Lずつペットボトルに入れていきます。1.8L入ったペットボトルは何本できて、何Lあまるでしょうか。　1つ5〔10点〕

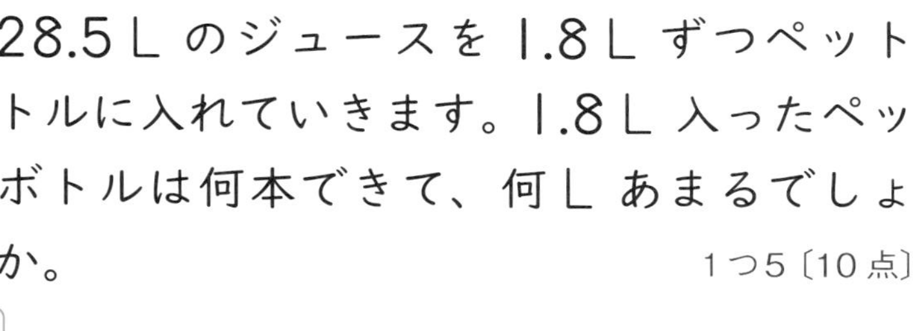

式

答え本数（　　　）　あまり（　　　）

**4** $2\frac{2}{3}$Lの油があります。そのうち$\frac{7}{6}$Lを使いました。残りの油は何Lでしょうか。　1つ5〔10点〕

式

答え（　　　）

**5** ある駅では、電車が15分おきに、バスが25分おきに発車します。午後1時に電車とバスが同時に発車しました。次に同時に発車するのは、何時何分でしょうか。

〔10点〕

（　　　）

**6** なおみさんは計算テストを5回受けました。4回めまでの平均点（へいきんてん）は7.5点でした。5回めは9点でした。5回のテストの平均点は何点でしょうか。　1つ5〔10点〕

式

答え（　　　）

**7** はやとさんは900mを12分で歩きます。

1つ5〔20点〕

❶ はやとさんの歩く速さは、時速何kmでしょうか。

式

答え（　　　）

❷ はやとさんは、3.6kmの道のりを進むのに何分かかるでしょうか。

式

答え（　　　）

**8** まなさんは480円持ってお店に行き、216円のおかしを買いました。残りのお金は、持っていたお金の何%にあたるでしょうか。　1つ5〔10点〕

式

答え（　　　）

●勉強した日　月　日

実力判定テスト

# まるごと 文章題テスト②

時間 30分

名前　　得点　/100点

おわったらシールをはろう

いろいろな文章題にチャレンジしよう！

答え 32ページ

**1** 2mのねだんが150円のリボンがあります。このリボン4.4mの代金は何円でしょうか。　1つ5〔10点〕

式

答え（　　　）

**2** たて2.5m、横1.6mで、体積が9.6m³の直方体があります。この直方体の高さは何mでしょうか。　1つ5〔10点〕

式

答え（　　　）

**3** 今年とれた米の量は102kgで、昨年の0.85倍だそうです。昨年とれた米の量は何kgでしょうか。　1つ5〔10点〕

式

答え（　　　）

**4** たて6cm、横10cmの長方形の色紙を、同じ向きにすき間なくならべてできる、いちばん小さい正方形を作りました。　1つ10〔20点〕

❶ この正方形の1辺の長さは何cmでしょうか。

（　　　）

❷ ならべた色紙は何まいでしょうか。

（　　　）

**5** まいさんの家から学校までの道のりは$\frac{7}{10}$km、図書館までの道のりは$\frac{11}{15}$kmです。どちらがどれだけ遠いでしょうか。　1つ5〔10点〕

式

答え（　　　）

**6** 自動車Aは、36Lのガソリンで540km走ります。自動車Bは、25Lのガソリンで450km走ります。同じ道を360km走るとき、使うガソリンの量の差は何Lでしょうか。　1つ5〔10点〕

式

答え（　　　）

**7** さやさんは、駅から公園まで、かた道4.5kmの道のりを往復（おうふく）しました。　1つ6〔18点〕

❶ 行きは午前9時30分に駅を出発して、分速90mで歩きました。公園に着くのは何時何分でしょうか。

（　　　）

❷ 帰りは1時間15分かけて駅にもどりました。帰りは分速何mで歩いたでしょうか。

式

答え（　　　）

**8** ジュースが2.5Lありました。昨日そのうちの20%を飲み、今日は残りの40%を飲みました。ジュースは何L残っているでしょうか。　1つ6〔12点〕

式

答え（　　　）

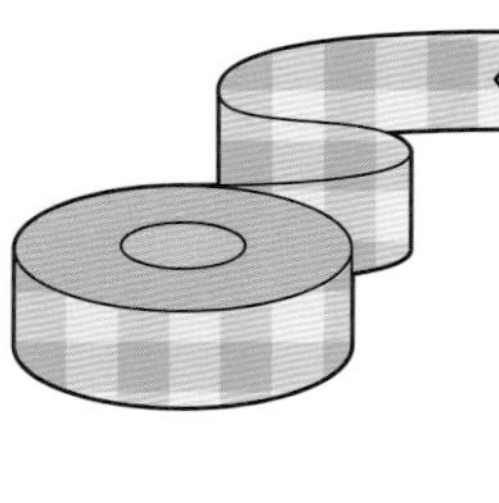

実力判定テスト

# 夏休みのテスト②

●勉強した日　月　日

時間 30分　名前　得点 /100点　おわったらシールをはろう

教科書 11～98ページ　答え 31ページ

**1** □にあてはまる数を書きましょう。　1つ6〔12点〕

❶ 3.2×4×2.5＝3.2×(□×2.5)＝□

❷ 4.3×7.6＋5.7×7.6＝(□＋□)×7.6
＝□

**2** 計算をしましょう。わり算はわりきれるまでしましょう。　1つ6〔36点〕

❶ 1.6×3.8　（　）　❷ 0.44×7.5　（　）

❸ 2.25×0.24　（　）　❹ 19.2÷1.2　（　）

❺ 2.4÷2.5　（　）　❻ 12÷6.4　（　）

**3** 商は四捨五入(ししゃごにゅう)して、上から2けたのがい数で求めましょう。　1つ6〔12点〕

❶ 8.6÷2.4　（　）　❷ 25.4÷5.6　（　）

**4** 次のともなって変わる2つの量、○と△の関係を式に表しましょう。　1つ5〔10点〕

❶ 1mのねだんが70円のリボンの長さ○mと、代金△円

（　）

❷ 周りの長さが50cmの長方形のたての長さ○cmと、横の長さ△cm

（　）

**5** 右の水そうの容積(ようせき)は何cm³でしょうか。また、何Lでしょうか。　1つ6〔12点〕

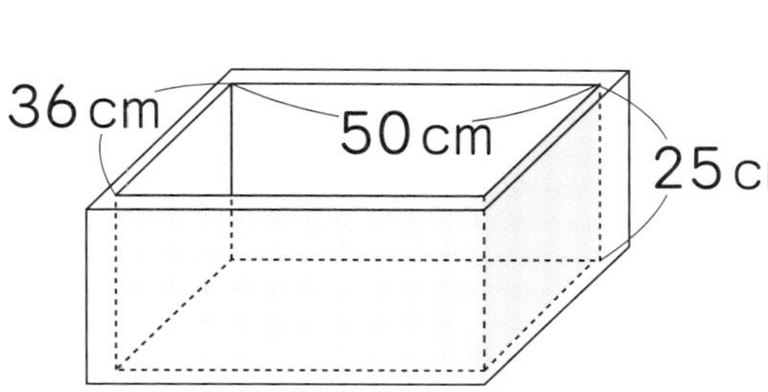


cm³（　）　L（　）

**6** ㋐から㋒の角度を求めましょう。　1つ6〔18点〕

❶

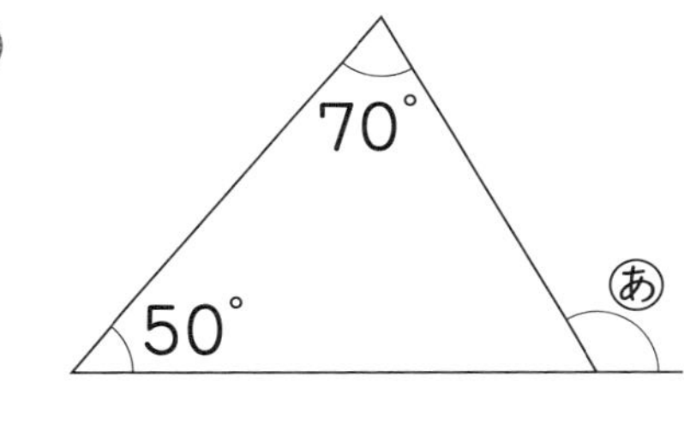


（　）

❷ 
㋑ 40° 二等辺三角形

（　）

❸ 
120° 70° ㋒

（　）

●勉強した日　　月　　日

# 実力判定テスト　夏休みのテスト①

時間30分

名前　　得点　　/100点

おわったらシールをはろう

教科書 11〜98ページ　答え 31ページ

**1** □にあてはまる数を書きましょう。　1つ6〔12点〕

❶ 3.508＝1×□＋0.1×□＋0.01×□＋0.001×□

❷ 42.16の100倍の数は□、1000倍の数は□、$\frac{1}{100}$の数は□、$\frac{1}{1000}$の数は□です。

**2** 計算をしましょう。わり算はわりきれるまでしましょう。　1つ6〔36点〕

❶ 13×6.2　　（　　）

❷ 3.5×1.6　　（　　）

❸ 0.84×0.15　　（　　）

❹ 6÷0.5　　（　　）

❺ 1.47÷3.5　　（　　）

❻ 0.88÷3.2　　（　　）

**3** 商は一の位まで求めて、あまりも出しましょう。　1つ6〔12点〕

❶ 9.4÷1.3　　（　　）

❷ 63.2÷4.7　　（　　）

**4** 3.5にある数をかけるのを、まちがえてその数でわってしまったので、答えが1.4になりました。このかけ算の正しい答えを求めましょう。　1つ6〔12点〕

式

答え（　　）

**5** 次のような立体の体積を求めましょう。　1つ6〔18点〕

❶

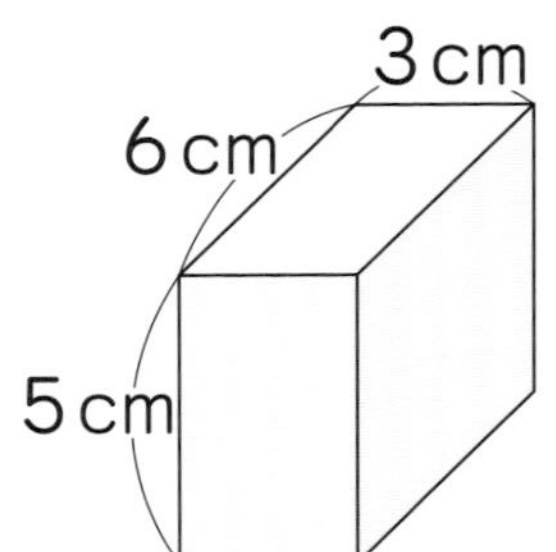


（　　）

❷

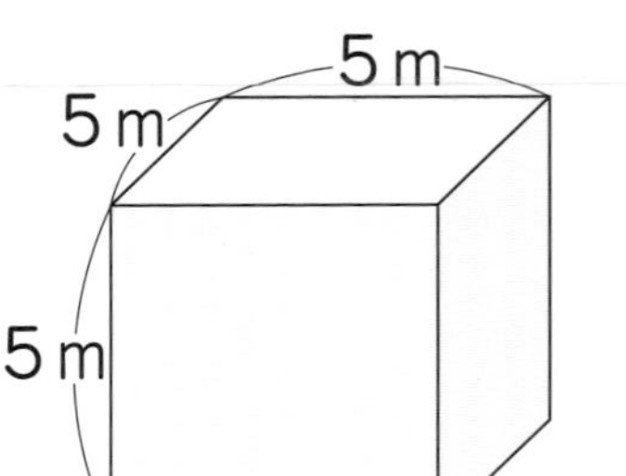


（　　）

❸

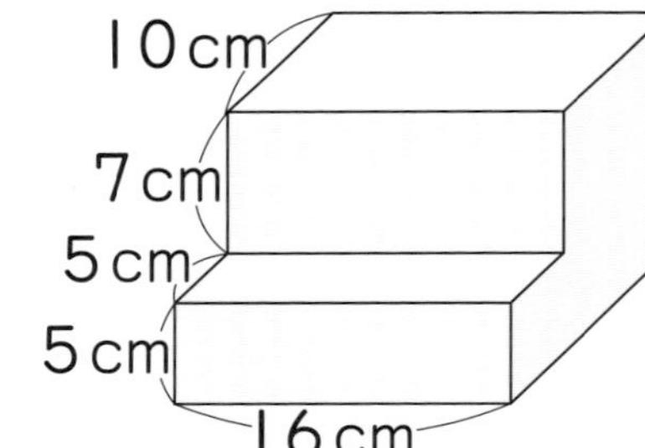


（　　）

**6** 下の三角形と合同な三角形をかきましょう。　〔10点〕

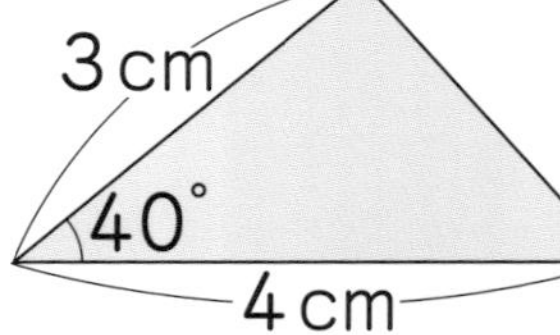

# 教科書ワーク 答えとてびき

「答えとてびき」は、とりはずすことができます。

教育出版版 算数5年

**使い方**
まちがえた問題は、もういちどよく読んで、なぜまちがえたのかを考えましょう。正しい答えを知るだけでなく、なぜそうなるかを考えることが大切です。

## 1 整数と小数

### 2・3ページ 基本のワーク

基本1 1、4、0.001　答え 2、1、4、5

1 1、5、2、0、3

2 10×2+1×8+0.1×0+0.01×6+0.001×7

3 いちばん大きい数 975.31
いちばん小さい数 135.79

基本2 2、3、2、3　答え 69.7、697、6970

4 ① 9.31　② 2540
③ 1072　④ 300

5 ① 485　② 1060

基本3 2、3、2、3　答え 4.75、0.475、0.0475

6 ① 0.189　② 0.62
③ 0.0054　④ 0.38

7 ① 7.63　② 0.04905

てびき 3 いちばん大きい数は左から順に大きい数字をあてはめ、いちばん小さい数は左から順に小さい数字をあてはめてつくります。

4 ① 0.931（10倍）　④ 0.300（10倍 10倍 10倍、1000倍）

6 ① 01.89（1/10）　③ 000.54（1/10 1/10、1/100）

### 4ページ 練習のワーク

1 ① 8、7、9、2、3
② 100、10、1、0.1、0.01

2 ① 9.6432　② 2.3469

3 ① 580.4　② 3760
③ 0.025　④ 0.49

4 ① 7.2　② 0.829

5 ① 1.3　② 0.13

てびき

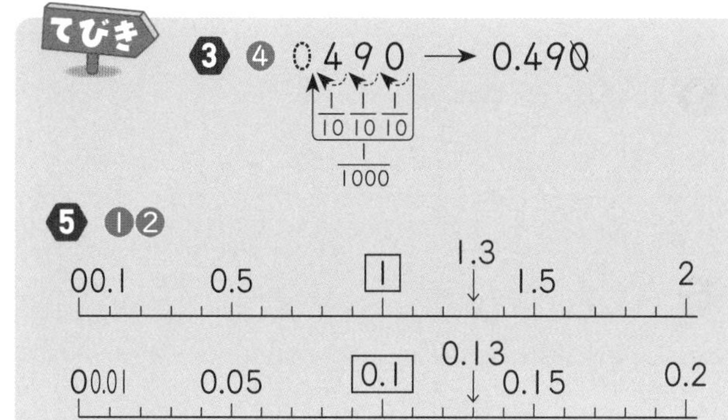


### 5ページ まとめのテスト

1 ① 3、6、5、8、1
② 100、10、1、0.1、0.01
③ 2、6、2、7　④ 64.308

2 ① 45.3　② 6184
③ 780　④ 3.729
⑤ 9.3　⑥ 0.0506

3 ① 3480　② 0.0756

4 9.75m

てびき 1 ④

| | | |
|---|---|---|
| 10 | ×6…… | 60 |
| 1 | ×4…… | 4 |
| 0.1 | ×3…… | 0.3 |
| 0.001 | ×8…… | 0.008 |
| | | 64.308 |

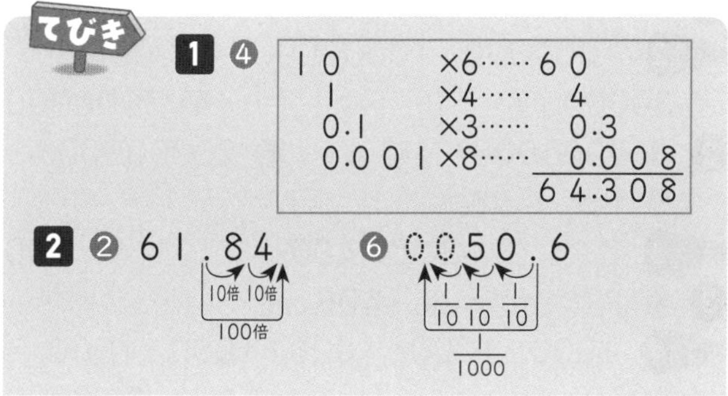

**4** もとの木の高さは、写真の木の高さの 100 倍になります。9.75 cm の 100 倍は、小数点を右へ 2 けた移して、975 cm
975 cm を m で表すと、9.75 m

## ② 体積

### 6・7ページ 基本のワーク

基本1 体積、cm³、16、16 答え 16
❶ ❶ 9 cm³ ❷ 8 cm³
❷ ❶ 2 cm³ ❷ 1 cm³
基本2 横、高さ、3、5、4、60 答え 60
❸ ❶ 70 cm³ ❷ 99 cm³ ❸ 160 cm³
❹ 72 cm³
❹ 4 cm
基本3 1 辺、1 辺、3、3、3、27 答え 27
❺ ❶ 343 cm³ ❷ 729 cm³

てびき ❷ ❶ 4 cm³ の半分です。
❷ 2 cm³ の半分です。
❸ ❶ 5×7×2=70
❷ 3×11×3=99
❸ 4×5×8=160
❹ 9×2×4=72
❹ 高さを□cm とすると、
2×3×□=24
6×□=24
□=24÷6=4
❺ ❶ 7×7×7=343
❷ 9×9×9=729

たしかめよう!
❸ 直方体の体積=たて×横×高さ
❺ 立方体の体積=1 辺×1 辺×1 辺

### 8・9ページ 基本のワーク

基本1 m³、4、5、2、40 答え 40
❶ ❶ 84 m³ ❷ 1000 m³
基本2 1000000、1000000、1000000、3000000 答え 3000000
❷ ❶ 9000000 ❷ 4 ❸ 20000000
❹ 1.5
基本3 8、1、5、8、5、400 答え 400
❸ ❶ 128 cm³ ❷ 1400 cm³
基本4 1000、1000、1000、1000、1000、2000 答え 2000
❹ ❶ 10000 ❷ 7 ❸ 1900 ❹ 3

てびき ❶ ❶ 6×2×7=84
❷ 10×10×10=1000
❷ 1 m³=1000000 cm³
❶ 9×1000000=9000000
❷ 4000000÷1000000=4
❸ 20×1000000=20000000
❹ 1500000÷1000000=1.5
❸ ❶ 内のりは、たてが、6−1×2=4(cm)
横が、6−1×2=4(cm)
深さが、9−1=8(cm)
容積は、4×4×8=128(cm³)
❷ 内のりは、たてが、22−1×2=20(cm)
横が、12−1×2=10(cm)
深さが、8−1=7(cm)
容積は、20×10×7=1400(cm³)
❹ ❶ 1 m³=1000 L
10×1000=10000
❷ 7000÷1000=7
❸ 1 L=1000 cm³
1.9×1000=1900
❹ 1 mL=1 cm³

### 10・11ページ 基本のワーク

基本1 ㋐ 10、10、1000、1000 ㋑ 1
㋒ 1 ㋓ 1 答え 1000、1、1、1
❶ ❶ 100 倍 ❷ 10000 倍
❸ 1000000 倍
基本2 60、32、60、32、92 答え 92
❷ ㋑
❸ ❶ 204 cm³ ❷ 216 cm³
基本3 ❶ 3840、7776、7680 答え ㋑
❷ 6 答え ㋐、㋒
❹ 箱 ㋒ おかしの個数 16 個

てびき ❶ ❶ 1 m=100 cm
❷ 100×100=10000
❸ 100×100×100=1000000
❸ 2 つの直方体に分けて計算します。
❶(例) 8×7×3+4×(10−7)×3
=168+36=204
❷(例) 6×(12−3−3)×2+6×12×2
=72+144=216
❹ ㋐と㋒は、どちらもおかしをすき間なくつめることができるので、体積の大きい㋒のほうがたくさんつめられることがわかります。

㋒の箱には、たてに 16÷8=2(個)、横に 20÷10=2(個)、それが 24÷6=4(だん) つめられるから、つめられるおかしの数は、2×2×4=16(個)
㋑の箱には、18÷8=2 あまり 2 より、たてに 2 個、24÷10=2 あまり 4 より、横に 2 個、それが、18÷6=3(だん)しかつめられません。

## 12ページ 練習のワーク

**1** ❶ 64cm³ ❷ 125m³
**2** ❶ 5000000 ❷ 9.8 ❸ 4100 ❹ 13 ❺ 6000 ❻ 720
**3** 2400cm³
**4** ❶ 95cm³ ❷ 80cm³

てびき
**1** ❶ 4×2×8=64
❷ 5×5×5=125
**2** ❶ 5×1000000=5000000
❷ 9800000÷1000000=9.8
❸ 4.1×1000=4100
❹ 13000÷1000=13
❺ 6×1000=6000
❻ 1cm³=1mL
**3** 内のりは、たてが、18−1×2=16(cm)
横が、17−1×2=15(cm)
深さが、11−1=10(cm)
容積は、16×15×10=2400(cm³)
**4** ❶(例) 5×3×(5−2)+5×5×2
=45+50=95
❷(例) 5×6×3−5×(6−2−2)×1
=90−10=80

## 13ページ まとめのテスト

**1** 23cm³
**2** ❶ 56cm³ ❷ 66cm³
**3** ❶ 3800000 ❷ 2.4
**4** ❶ 8000cm³ ❷ 32cm
**5** ❶ 30000cm³ ❷ 4500cm³

てびき
**1** 1cm³ の積み木が 23 個あります。
**2** ❶ 4×7×2=56
❷(例) 3×6×(3−1)+5×6×1
=36+30=66
**3** ❶ 3.8×1000000=3800000
❷ 2400÷1000=2.4
**4** ❶ 20×20×20=8000
❷ 高さを□cm とすると、
25×10×□=8000
250×□=8000
□=8000÷250
=32
**5** ❶ 50×30×20=30000
❷ 石の体積は、増えた水の体積と等しいから、
50×30×3=4500(cm³)

# 3 2つの量の変わり方

## 14・15ページ 基本のワーク

基本1 ❶ 12、15、18
答え

| 1 辺の長さ(cm) | 1 | 2 | 3 | 4 | 5 | 6 |
|---|---|---|---|---|---|---|
| 周りの長さ(cm) | 3 | 6 | 9 | 12 | 15 | 18 |

❷ 3 答え 3
❸ 2、3 答え 比例している。
❹ 3 答え ○×3=△
❺ 3、3、28 答え 28

**1** ❶

| 横 (cm) | 1 | 2 | 3 | 4 | 5 | 6 |
|---|---|---|---|---|---|---|
| 体積(cm³) | 30 | 60 | 90 | 120 | 150 | 180 |

❷ 比例している。
❸ ○×30=△ ❹ 25cm

基本2 ㋐ 答え 式 40−○=△
表

| 食べた個数 ○(個) | 1 | 2 | 3 | 4 | 5 |
|---|---|---|---|---|---|
| 残りの個数 △(個) | 39 | 38 | 37 | 36 | 35 |

㋑ 答え 式 5+○=△
表

| たす水の量 ○(L) | 1 | 2 | 3 | 4 | 5 |
|---|---|---|---|---|---|
| 全体の水の量 △(L) | 6 | 7 | 8 | 9 | 10 |

**2** ㋒ 式 120×○=△
表

| 買うさっ数○(さつ) | 1 | 2 | 3 | 4 | 5 |
|---|---|---|---|---|---|
| 代金 △(円) | 120 | 240 | 360 | 480 | 600 |

㋓ 式 400×○+300=△
表

| かんづめの個数○(個) | 1 | 2 | 3 | 4 | 5 |
|---|---|---|---|---|---|
| 全体の重さ △(g) | 700 | 1100 | 1500 | 1900 | 2300 |

てびき
**1** ❷ 横の長さが 2 倍、3 倍、……になると、体積も 2 倍、3 倍、……になるから、体積は横の長さに比例しています。
❹ ❸より、○と△の関係は、○×30=△
体積が 750cm³ のとき、
○×30=750
○=750÷30
=25

❷ ㋒ １さつのねだん×買うさっ数＝代金
㋓ かんづめ１個の重さ×かんづめの個数 (400g) ＋かごの重さ (300g) ＝全体の重さ

## 16ページ 練習のワーク

❶ ❶

| クッキーの個数○(個) | 1 | 2 | 3 | 4 | 5 |
|---|---|---|---|---|---|
| 代金　△(円) | 250 | 300 | 350 | 400 | 450 |

式 200＋50×○＝△　(比例して)いない

❷

| ガソリンの量○（L） | 1 | 2 | 3 | 4 | 5 |
|---|---|---|---|---|---|
| 進む道のり　△(km) | 17 | 34 | 51 | 68 | 85 |

式 17×○＝△　(比例して)いる

❸

| 解いた問題数○(問) | 1 | 2 | 3 | 4 | 5 |
|---|---|---|---|---|---|
| 残りの問題数△(問) | 99 | 98 | 97 | 96 | 95 |

式 100－○＝△　(比例して)いない

❷ ❶

| 1辺の個数○(個) | 2 | 3 | 4 | 5 | 6 |
|---|---|---|---|---|---|
| 全部の個数△(個) | 4 | 8 | 12 | 16 | 20 |

❷ ㋐ イ　㋑ ア　❸ 56個

てびき ❶ ○の値が2倍、3倍、……になると、△の値も2倍、3倍、……になるとき、○と△は比例の関係にあります。

❶ バスケットのねだん＋クッキー1個のねだん×クッキーの個数＝代金
200 ＋ 50 × ○ ＝△
○が2倍、3倍、……になっても、△は2倍、3倍、……にならないから、2つの量は比例していません。

❷ 1Lで進む道のり×ガソリンの量＝進む道のり
17 × ○ ＝ △
○が2倍、3倍、……になると、△も2倍、3倍、……になるから、2つの量は比例しています。

❸ 全問題数－解いた問題数＝残りの問題数
100 － ○ ＝ △
○が2倍、3倍、……になっても、△は2倍、3倍、……にならないから、2つの量は比例していません。

❷ ❸(例) (○－1)×4＝△の○に15をあてはめると、
(15－1)×4＝56

## 17ページ まとめのテスト

❶ ㋐

| 買う長さ○(m) | 1 | 2 | 3 | 4 | 5 |
|---|---|---|---|---|---|
| 代金　△(円) | 600 | 1200 | 1800 | 2400 | 3000 |

式 600×○＝△

㋑

| ボールの個数○(個) | 1 | 2 | 3 | 4 | 5 |
|---|---|---|---|---|---|
| 全体の重さ　△(g) | 510 | 620 | 730 | 840 | 950 |

式 400＋110×○＝△

㋒

| たての長さ　○(cm) | 1 | 2 | 3 | 4 | 5 |
|---|---|---|---|---|---|
| 横の長さ　△(cm) | 11 | 10 | 9 | 8 | 7 |

式 12－○＝△

❶ ㋒　❷ ㋐

❷ ❶ 20cm　❷ 1600まい

てびき ❶ ❷ ○の値が2倍、3倍、……になると、△の値も2倍、3倍、……になるものをさがします。

❷ ❶ 紙の厚さはまい数に比例するから、まい数が20倍になると、厚さも20倍になります。
1×20＝20
❷ 厚さが1cmの16倍になるのは、まい数が100まいの16倍のときです。
100×16＝1600

# ④ 小数のかけ算

## 18・19ページ 基本のワーク

基本1 3.4、3.4、238　答え 238
❶ 式 90×2.5＝225　答え 225円
基本2 0.8、0.8、56　答え 56
❷ 式 120×0.6＝72　答え 72円
基本3 5.3、5.3、6.36　答え 6.36
❸ ❶ 11.96　❷ 5.76　❸ 1.61
基本4

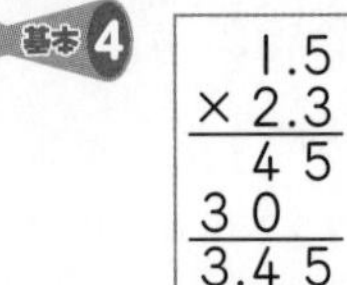

答え 3.45

❹ ❶ 3.1×5.4：124、155、16.74　❷ 1.7×6.6：102、102、11.22　❸ 2.8×4.3：84、112、12.04
❹ 3.6×0.9＝3.24　❺ 6.9×0.2＝1.38　❻ 0.5×7.5：25、35、3.75

てびき ❶ 90×2.5＝90×25÷10＝225
❷ 120×0.6＝120×6÷10＝72
❸ かけられる数とかける数をそれぞれ10倍して計算し、100でわります。
❶ 4.6×2.6＝46×26÷100＝11.96

❷ 3.2×1.8＝32×18÷100＝5.76
❸ 2.3×0.7＝23×7÷100＝1.61
❹ 整数のかけ算とみて計算し、積が $\frac{1}{100}$ になるように小数点をうちます。

## 20・21ページ 基本のワーク

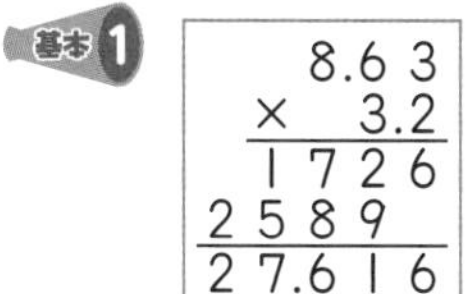

基本1
```
   8.6 3
 ×   3.2
  1 7 2 6
 2 5 8 9
 2 7.6 1 6
```
答え 27.616

❶ ❶
```
   1.8 4
 ×   3.7
  1 2 8 8
  5 5 2
  6.8 0 8
```
❷
```
   6.2 1
 ×   2.9
  5 5 8 9
 1 2 4 2
 1 8.0 0 9
```
❸
```
     1.4
 × 4.9 3
       4 2
   1 2 6
   5 6
   6.9 0 2
```

基本2
```
   0.4 7
 × 0.1 6
    2 8 2
    4 7
 0.0 7 5 2
```
答え 0.0752

❷ ❶
```
     5.3 1
   × 2.3 8
    4 2 4 8
   1 5 9 3
  1 0 6 2
  1 2.6 3 7 8
```
❷
```
     1.0 3
   × 6.5 4
       4 1 2
     5 1 5
   6 1 8
   6.7 3 6 2
```
❸
```
     1.7 3
   × 4.6 2
     3 4 6
   1 0 3 8
   6 9 2
   7.9 9 2 6
```
❹
```
    0.6 6
  × 0.4 2
     1 3 2
   2 6 4
  0.2 7 7 2
```
❺
```
    0.1 7
  × 0.3 9
     1 5 3
     5 1
  0.0 6 6 3
```
❻
```
    0.0 2
  × 0.0 7
  0.0 0 1 4
```

基本3
```
   7.6 2
 ×   3.9
  6 8 5 8
 2 2 8 6
 2 9.7 1 8
```
答え 29.718

❸ ❶
```
     8.8
   × 1.6
    5 2 8
    8 8
  1 4.0 8
```
❷
```
     6.4 2
   × 2.0 7
     4 4 9 4
   1 2 8 4
   1 3.2 8 9 4
```
❸
```
     0.5 3
   × 0.9 4
       2 1 2
     4 7 7
   0.4 9 8 2
```

基本4
```
   6.0 5
 × 0.3 6
  3 6 3 0
 1 8 1 5
 2.1 7 8 0̸
```
答え 2.178

❹ ❶
```
   4.9 8
 ×   0.5
  2.4 9 0̸
```
❷
```
    2.3 5
  × 3.0 2
      4 7 0
  7 0 5
  7.0 9 7 0̸
```
❸
```
   0.7 5
 × 0.0 4
 0.0 3 0̸ 0̸
```

てびき
❷ ❹～❻ 積の左に０を書きたして、正しい位置に小数点をうちます。
❸ 積の小数部分のけた数は、
❶ 1＋1＝2(けた)
❷、❸ 2＋2＝4(けた)

❹ まず積に小数点をうちます。小数部分のいちばん下の位が０のときは、０を消します。

## 22・23ページ 基本のワーク

基本1 ＞、＜　答え 0.8

❶ ㋑、㋓

基本2 3.2、4.6、14.72、0.9、1.5、1.2、1.62
答え ㋐ 14.72　㋑ 1.62

❷ ❶ 式 2.3×5.7＝13.11　答え 13.11 $cm^2$
❷ 式 4.6×4.6＝21.16　答え 21.16 $m^2$

❸ ❶ 式 0.8×1.4×2.5＝2.8　答え 2.8 $m^3$
❷ 式 0.4×0.4×0.4＝0.064　答え 0.064 $cm^3$

基本3 ❶ 0.2、0.1、0.12　答え 0.12
❷ 0.2、1、1.5　答え 1.5

❹ ❶ 3.8　❷ 27　❸ 92
❹ 8.8　❺ 74.74　❻ 5.22

てびき
❶ かける数が１より小さいものを選びます。
❷ ❶ 長方形の面積＝たて×横
2.3×5.7＝13.11
```
    2.3
  × 5.7
   1 6 1
 1 1 5
 1 3.1 1
```
❷ 正方形の面積＝1辺×1辺
4.6×4.6＝21.16
```
    4.6
  × 4.6
   2 7 6
 1 8 4
 2 1.1 6
```
❸ ❶ 直方体の体積＝たて×横×高さ
0.8×1.4×2.5＝1.12×2.5＝2.8
❷ 立方体の体積＝1辺×1辺×1辺
0.4×0.4×0.4＝0.16×0.4＝0.064
❹ ❶ 38×0.2×0.5＝38×(0.2×0.5)
＝38×0.1
＝3.8
❷ 2.5×2.7×4＝2.5×4×2.7
＝10×2.7
＝27
❸ 9.2×6.3＋9.2×3.7＝9.2×(6.3＋3.7)
＝9.2×10
＝92
❹ 1.6×8.8－0.6×8.8＝(1.6－0.6)×8.8
＝1×8.8
＝8.8
❺ 10.1×7.4＝(10＋0.1)×7.4
＝10×7.4＋0.1×7.4
＝74＋0.74
＝74.74

⑥ $0.9\times5.8=(1-0.1)\times5.8$
$=1\times5.8-0.1\times5.8$
$=5.8-0.58$
$=5.22$

**たしかめよう!**

④ 計算のきまり

- $○\times△=△\times○$
- $(○\times△)\times□=○\times(△\times□)$
- $(○+△)\times□=○\times□+△\times□$
- $(○-△)\times□=○\times□-△\times□$

## 24ページ 練習のワーク

**1** ❶ 75　❷ 1232

**2** ❶ 59.22　❷ 5.04　❸ 13.087
❹ 3.264　❺ 4.5448　❻ 57.9343
❼ 0.0858　❽ 16.56

**3** ❶ 2.6　❷ 79

**2** ❶
```
    6.3
  × 9.4
    252
   567
  59.22
```
❷
```
  7.2
× 0.7
 5.04
```
❸
```
   5.69
 ×  2.3
   1707
  1138
  13.087
```
❹
```
  4.08
×  0.8
 3.264
```
❺
```
    2.47
  × 1.84
     988
   1976
   247
  4.5448
```
❻
```
    6.43
  × 9.01
     643
  5787
  57.9343
```
❼
```
   0.33
 × 0.26
    198
    66
 0.0858
```
❽
```
    3.45
  ×  4.8
    2760
   1380
   16.560
```

**3** ❶ $0.4\times2.6\times2.5=0.4\times2.5\times2.6$
$=1\times2.6$
$=2.6$

❷ $5.2\times7.9+4.8\times7.9=(5.2+4.8)\times7.9$
$=10\times7.9$
$=79$

## 25ページ まとめのテスト

**1** ❶ 134　❷ 56.05　❸ 7.865
❹ 28.0586　❺ 0.0722　❻ 0.187

**2** ❶ 式 $2.3\times2.3=5.29$　答え $5.29\,cm^2$
❷ 式 $1.7\times3.3\times0.7=3.927$　答え $3.927\,m^3$

**3** ❶ 87　❷ 121.77

**4** 式 $6.4\times1.7=10.88$　答え $10.88\,m^2$

**5** 式 $2.6\times6.7+1.4\times6.7$
式 $(2.6+1.4)\times6.7$

てびき

**1** ❷
```
    5.9
  × 9.5
    295
   531
  56.05
```
❸
```
   6.05
 ×  1.3
   1815
   605
  7.865
```
❹
```
    5.87
  × 4.78
    4696
   4109
  2348
  28.0586
```
❺
```
   0.38
 × 0.19
    342
    38
 0.0722
```
❻
```
   0.22
 × 0.85
    110
   176
 0.1870
```

**2** ❶
```
   2.3
 × 2.3
    69
   46
  5.29
```

**3** ❶ $8.7\times2.4+8.7\times7.6=8.7\times(2.4+7.6)$
$=8.7\times10$
$=87$

❷ $9.9\times12.3=(10-0.1)\times12.3$
$=10\times12.3-0.1\times12.3$
$=123-1.23$
$=121.77$

**4**
```
   6.4
 × 1.7
   448
   64
 10.88
```

**5** 2つの長方形の面積の和と考えると、
$2.6\times6.7+1.4\times6.7=17.42+9.38$
$=26.8(cm^2)$
たての長さを求めて、1つの長方形の面積と考えると、
$(2.6+1.4)\times6.7=4\times6.7=26.8(cm^2)$

# 5 合同と三角形、四角形

## 26・27ページ 基本のワーク

基本1 合同　答え ㋓

**1** ㋕

基本2 対応、対応、対応
❶ G　答え G
❷ EF　答え EF
❸ H　答え H

**2** ❶ 4　❷ 60

**3**

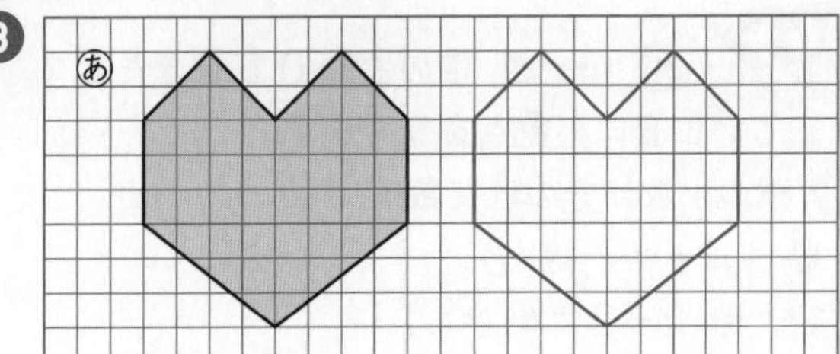

基本3 ひし形、台形　答え ㋓

4 ❶ 三角形DCE(CDE)　❷ 三角形BEC(CEB)

てびき ❶ 回したり、うら返したりしてぴったり重なる四角形を見つけます。

❷ ❶ 辺FGと対応する辺は辺ABで、対応する辺の長さは等しくなっています。

❷ 角Fと対応する角は角Aで、対応する角の大きさは等しくなっています。

❹ 長方形に2本の対角線をかいてできる4つの三角形は、それぞれ向かい合った三角形どうしが合同になります。

## 28・29ページ 基本のワーク

基本1 答え (例)

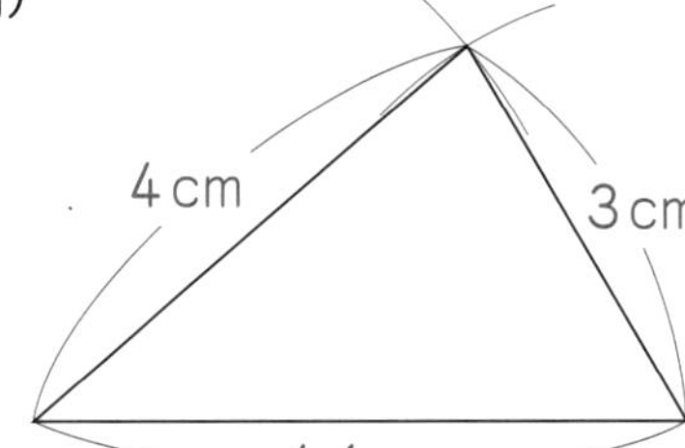


1 ❶ (例)

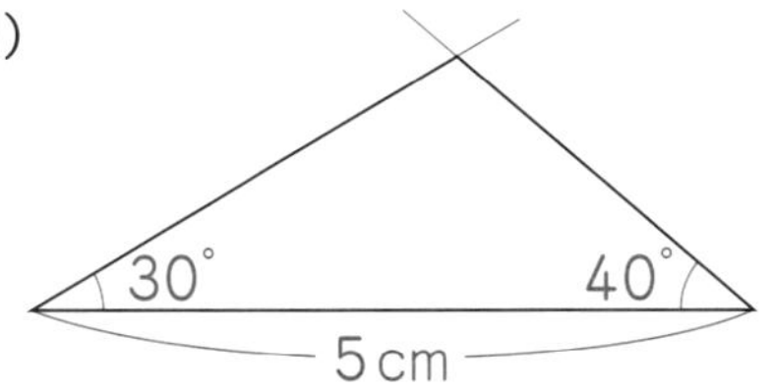


❷ (例)

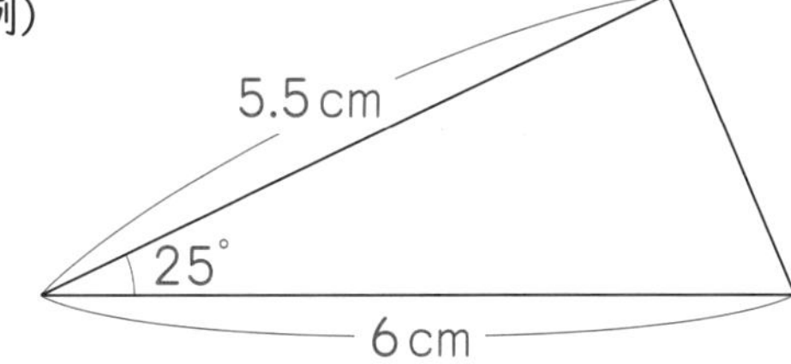


❸ (例)

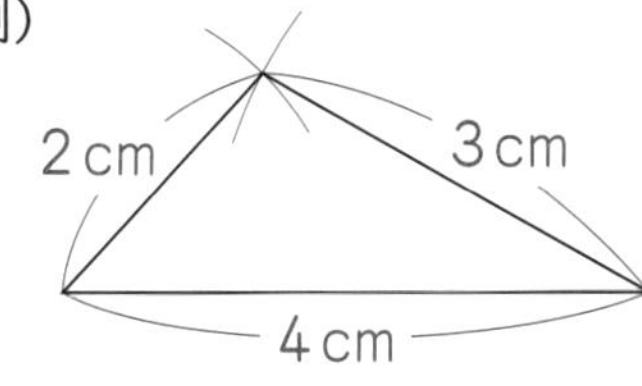


2 ㋑、㋔、㋕

基本2 三角形、ACD

答え (例)

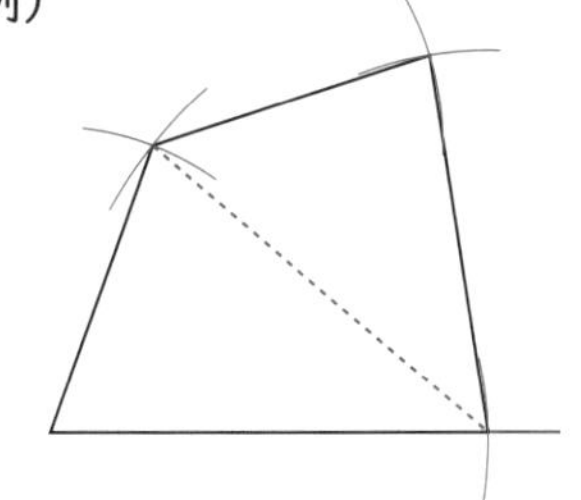

3 (例)

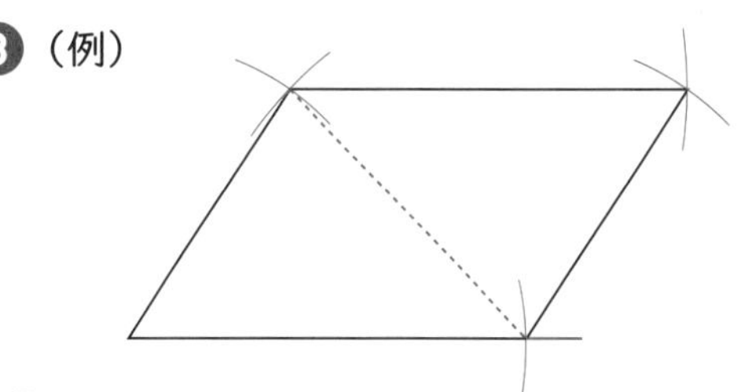

てびき ❷

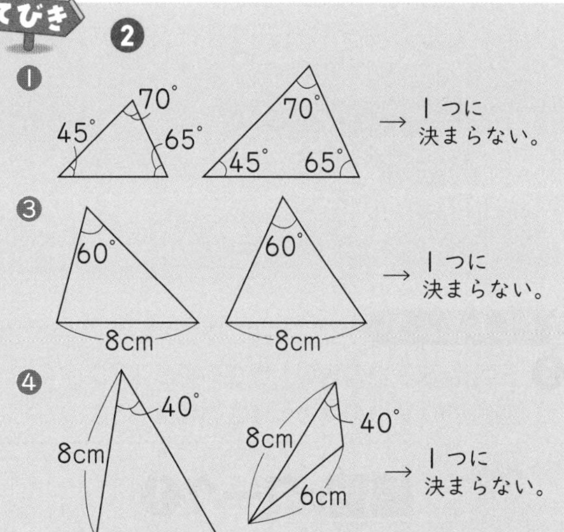


❸ 下のように、3つの辺の長さを使って2つの三角形をかきます。

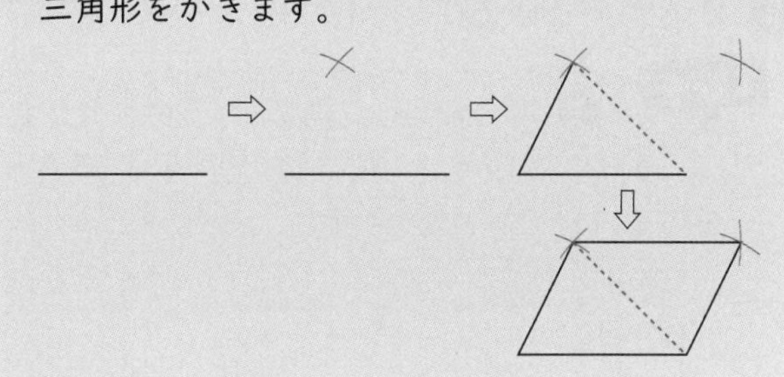

## 30・31ページ 基本のワーク

基本1 ❶ 180　答え 180

❷ 三角形、180、360　答え 360

1 ❶ ㋐ 35°　㋑ 35°　㋒ 110°　和 180°

❷ ㋓ 120°　㋔ 75°　㋕ 95°　和 360°

基本2 五角形、多角形

《1》360、540

《2》3、3、540　答え 540

2 720°

基本3 30、35、360、50、105

答え ㋐ 35　㋑ 105

3 ㋐ 80°　㋑ 40°　㋒ 100°　㋓ 55°

㋔ 120°　㋕ 40°　㋖ 30°

てびき ❷ 右の図のように、六角形は、1つの頂点から対角線をかくと、4つの三角形に分けられます。

180×4=720

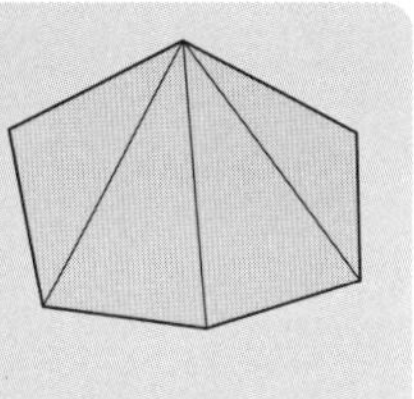

❸ (あ) 180−(60+40)=80
(い) 180−(50+90)=40
(う) 360−(110+90+60)=100
(え) 二等辺三角形は、2つの角の大きさが等しくなります。
(180−70)÷2=55
(お) ひし形の向かい合った角の大きさは等しくなります。
360−60×2=240
240÷2=120
(か) 180−140=40
(き) 180−(110+40)=30

**たしかめよう!**
❸ 三角形の3つの角の大きさの和は180°
四角形の4つの角の大きさの和は360°

## 32ページ 練習のワーク❶

❶ ❶ 頂点F　❷ 8cm　❸ 85°
❷ ❶ 三角形CDE　❷ 三角形CDA
❸ (あ) 45°　(い) 60°　(う) 65°　(え) 70°

**てびき** ❶ ❶ 頂点Aと頂点G、頂点Bと頂点F、頂点Cと頂点J、頂点Dと頂点I、頂点Eと頂点Hが、それぞれ対応しています。
❷ 辺IJと対応する辺は辺DCで、対応する辺の長さは等しくなっています。
❸ 角Gと対応する角は角Aで、対応する角の大きさは等しくなっています。
❷ ❶ 2本の対角線によって分けられる4つの三角形のうち、それぞれ向かい合った三角形どうしが合同になります。
❷ 平行四辺形は、向かい合った辺の長さが等しく、向かい合った角の大きさも等しいので、1本の対角線によって、2つの合同な三角形に分けられます。
❸ (あ) 180−(75+60)=45
(い) 正三角形の3つの角の大きさはすべて等しいから、
180÷3=60
(う) 360−(80+115+100)=65
(え) 360−110×2=140
140÷2=70

## 33ページ 練習のワーク❷

❶ ❶ (例)

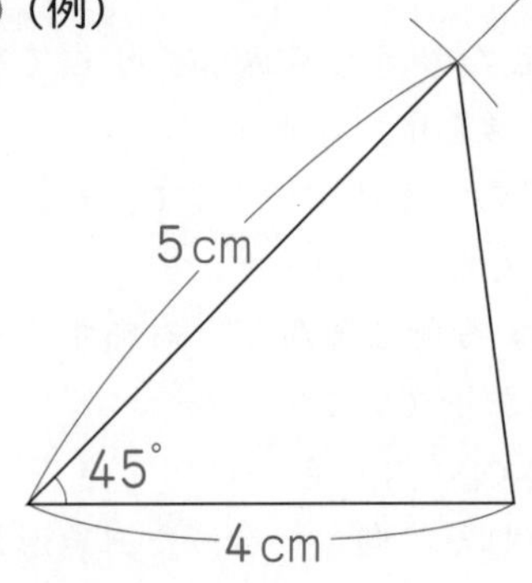


❷ (例)

50°
40°
4.5cm

❷ (例)

❸ (あ) 60°　(い) 50°　(う) 125°
❹ 900°

**てびき** ❶ ❶ 4cmの辺→45°の角→5cmの辺の順にかく。
❷ 4.5cmの辺の両はしを頂点とする50°の角と40°の角をそれぞれかく。
❸ (あ) 180−120=60
(い) 180−(60+70)=50
(う) 平行四辺形の向かい合った角の大きさは等しくなります。
360−55×2=250
250÷2=125
❹ 右の図のように、七角形は、1つの頂点から対角線をかくと、5つの三角形に分けられます。
180×5=900

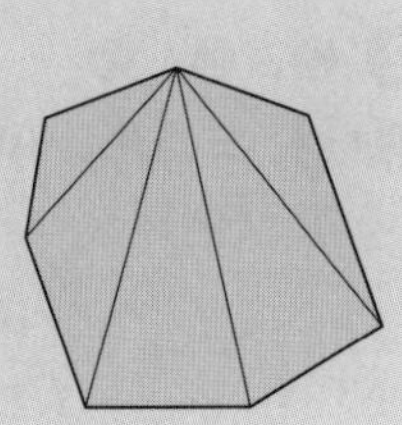

## 34ページ まとめのテスト①

**1** ⓘとⓚ、ⓔとⓢ、ⓞとⓚ

い と き、え と し、お と け

**2** ❶（例）

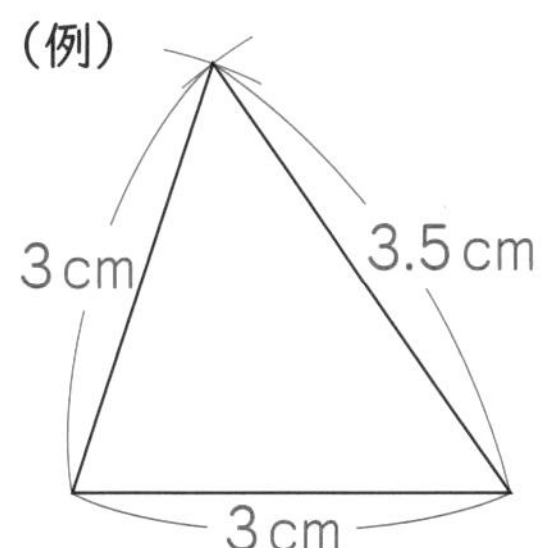


❷（例）

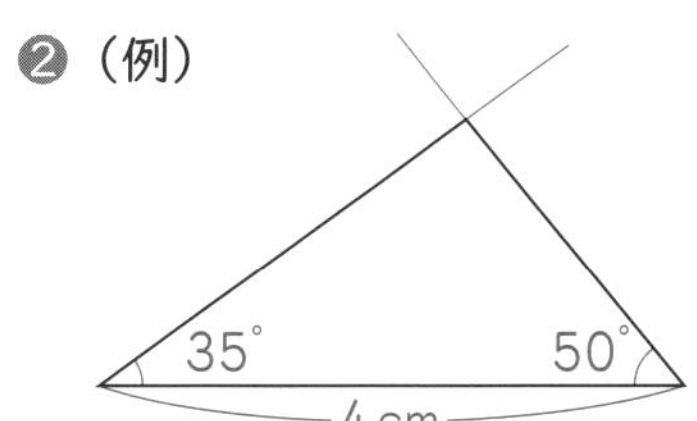


**3** あ 105°　い 65°　う 145°

**4** 7、180、7、1260

**3** あ 180−(35+40)=105
い (180−50)÷2=65
う 360−35×2=290
290÷2=145

## 35ページ まとめのテスト②

**1** ❶ 三角形CBD(CDB)
❷ 三角形CBE、三角形CDE、三角形ADE

**2**（例）

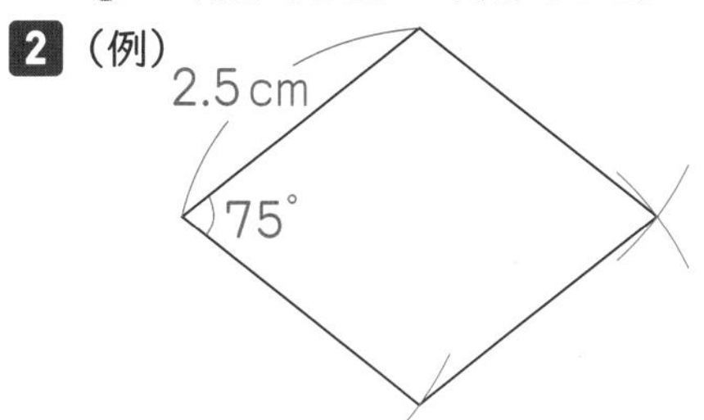


**3** あ 130°　い 79°　う 20°

**4** う

**5** 80°

てびき

**1** ひし形は、1本の対角線によって、2つの合同な三角形に分けられます。また、2本の対角線によって、4つの合同な三角形に分けられます。

**3** あ 360−(90+70+70)=130
い 360−101×2=158　158÷2=79
う 180−50=130
180−(30+130)=20

**4** 三角形の3つの角の大きさの和は180°です。

**5** 平行四辺形の向かい合った角の大きさは等しいから、次の図で、あの角の大きさは、うの角の大きさと等しくなります。また、二等辺三角形の2つの角の大きさは等しいから、いの角の大きさは50°です。うの角の大きさは、
180−50×2=80

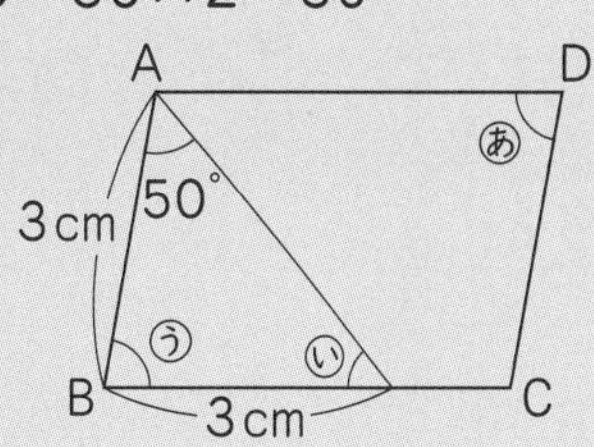


# 6 小数のわり算

## 36・37ページ 基本のワーク

基本1 1.6、1.6、40　答え 40

❶ 式 450÷2.5=180　答え 180円

基本2 0.7、0.7、140　答え 140

❷ 式 312÷0.4=780　答え 780円

基本3 4.5、1.4　答え 1.4

❸ 式 1.2÷0.8=1.5　答え 1.5kg

基本4 10、8　答え 1.8

❹ ❶ 2.4)8.4 = 3.5（72、120、120、0）
❷ 3.5)12.6 = 3.6（105、210、210、0）
❸ 0.2)7.5 = 37.5（6、15、14、10、10、0）

基本5 10、10、7　答え 2.7

❺ ❶ 1.7)6.97 = 4.1（68、17、17、0）
❷ 0.8)9.44 = 11.8（8、14、8、64、64、0）
❸ 3.2)13.28 = 4.15（128、48、32、160、160、0）

てびき

❶ わられる数とわる数をそれぞれ10倍しても、商の大きさは変わりません。
450÷2.5 → 4500÷25=180
❷ 312÷0.4 → 3120÷4=780
❸ 1.2÷0.8 → 12÷8=1.5

## 38・39ページ 基本のワーク

基本1 0、0、5　答え 0.35

❶ ❶

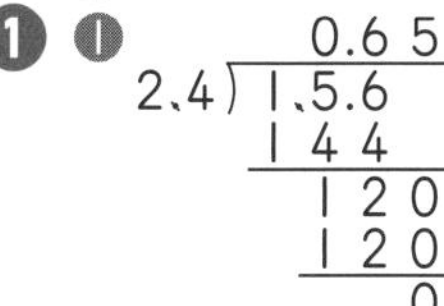


❷

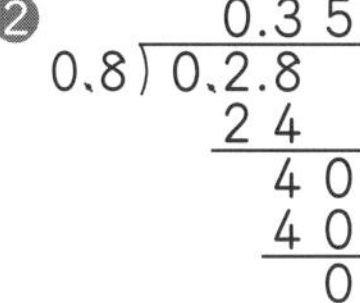

❸
```
          0.05
9.4)0.4.70
        470
          0
```

基本2 2、8　　答え 2.8

❷ ❶
```
              1.9
3.24)6.15.6
     324
     2916
     2916
        0
```
❷
```
              5.4
0.67)3.61.8
     335
      268
      268
        0
```
❸
```
              0.45
0.54)0.24.3
       216
        270
        270
          0
```

❸ ❶ (例)商の一の位に0を書き、わられる数の移した小数点にそろえて商の小数点をうつことができていない。

❷ 0.8

基本3
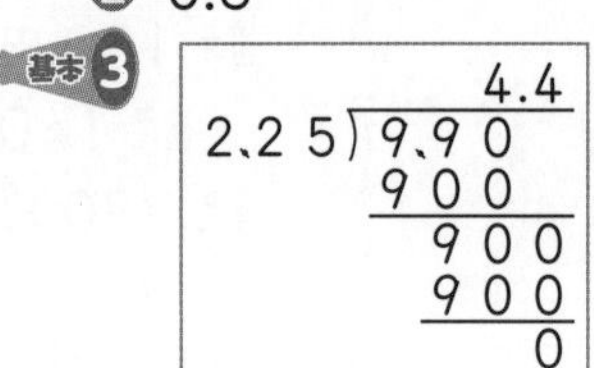
```
            4.4
2.25)9.90
      900
       900
       900
         0
```
答え 4.4

❹ ❶
```
            2.5
2.64)6.60
     528
     1320
     1320
        0
```
❷
```
              16.72
1.25)20.90
      125
       840
       750
        900
        875
         250
         250
           0
```
❸
```
             92.8
0.25)23.20
      225
        70
        50
        200
        200
          0
```
❹
```
            0.4
5.75)2.30.0
      2300
         0
```
❺
```
            0.8
3.25)2.60.0
     2600
        0
```
❻
```
             0.88
1.25)1.10.0
     1000
      1000
      1000
         0
```
❼
```
            0.8
0.75)0.60.0
       600
         0
```
❽
```
            0.24
1.25)0.30.0
      250
       500
       500
         0
```
❾
```
             0.96
3.75)3.60.0
     3375
      2250
      2250
         0
```

てびき ❹ わられる数の小数点も、わる数と同じように2けた右へ移します。わられる数の数字がたりないときは、下のように0を書きたします。

❶ 2.64)6.60

## 40・41ページ 基本のワーク

基本1
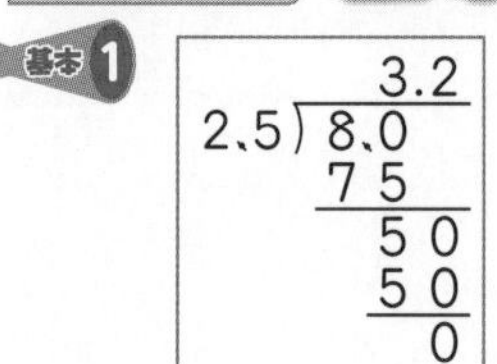
```
          3.2
2.5)8.0
     75
      50
      50
       0
```
答え 3.2

❶ ❶
```
         0.8
7.5)60.0
     600
       0
```
❷
```
          17.5
0.8)140
     8
     60
     56
      40
      40
       0
```
❸
```
          4.8
1.25)600
     500
     1000
     1000
        0
```

基本2 <、>　　答え ㋑

❷ ㋑、㋒

基本3 2　　答え 0.52

❸ ❶ 1.3　❷ 0.35　❸ 0.85

基本4 6、0.4　　答え 6、0.4

❹ 式 9.65÷1.7=5あまり1.15

答え 5本できて、1.15mあまる。

てびき ❷ わる数が1より小さいものを選びます。

❸ ❶
```
          1.33
3.6)4.8
    36
    120
    108
     120
     108
      12
```
❷
```
            5
          0.348
7.2)2.5.1
     216
      350
      288
       620
       576
        44
```
❸
```
          0.851
9.4)8.0.0
    752
     480
     470
      100
       94
        6
```

❹ テープの本数は整数だから、商は一の位まで求めます。あまりの小数点は、わられる数のもとの小数点にそろえてうちます。

```
        5
1.7)9.6.5
     85
     1.15
```

わり算の商とあまりの関係の式を使って、答えの確かめをしましょう。

わる数×商＋あまり＝わられる数

1.7 ×5＋1.15＝ 9.65

## 42・43 ページ 基本のワーク

基本1 あ、い、×、5.2 答え 5.2

❶ 式 2.5×0.3＝0.75 答え 0.75kg

基本2 い、あ、÷、1.75 答え 1.75

❷ 式 3.5÷1.4＝2.5 答え 2.5倍

❸ 式 0.72÷2.88＝0.25 答え 0.25倍

基本3 1.6、3.5 答え 3.5

❹ 式 □×1.8＝2.7
□＝2.7÷1.8＝1.5 答え 1.5L

❺ 式 □×0.6＝15.3
□＝15.3÷0.6
＝25.5 答え 25.5cm

**てびき**

❷ パイナップルの重さを1とみたとき、すいかの重さがどれだけにあたるかを求める問題です。何倍かを求めるには、1にあたる量でわります。

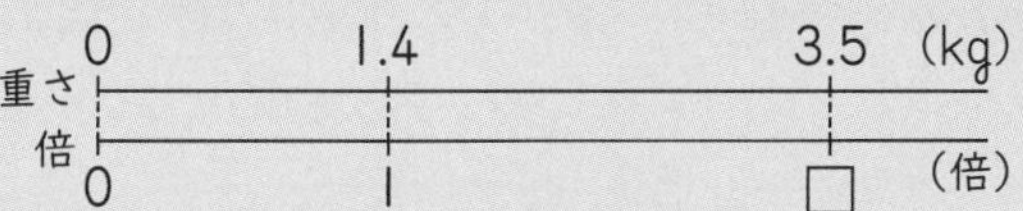


❹ しぼったみかんの量を□Lとします。

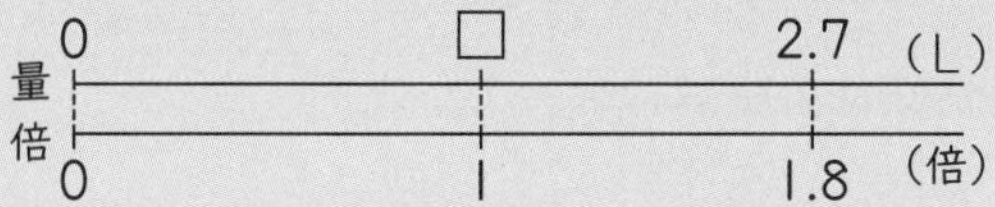


❺ 青いリボンの長さを□cmとします。

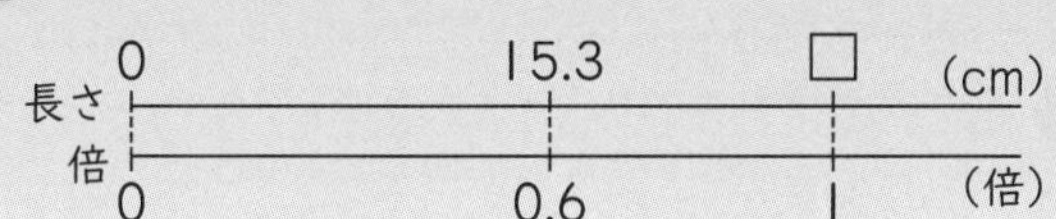


## 44 ページ 練習のワーク

❶ ❶ 3.2 ❷ 16.5 ❸ 2.5 ❹ 0.95
❺ 0.04 ❻ 4.3 ❼ 3.75 ❽ 180

❷ ❶ 5.7 ❷ 0.68

❸ 式 9.8÷1.2＝8 あまり 0.2
答え 8ふくろできて、0.2kgあまる。

**てびき**

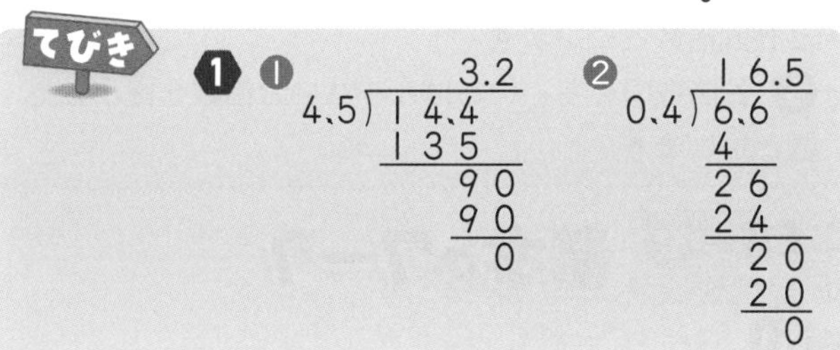

```
❸      2.5          ❹       0.95
  3.9)9.7.5           7.2)6.8.4
      7 8                 6 4 8
      1 9 5                 3 6 0
      1 9 5                 3 6 0
          0                     0

❺      0.0 4        ❻          4.3
  8.5)0.3.4 0         0.8 8)3.7 8.4
        3 4 0               3 5 2
            0                 2 6 4
                              2 6 4
                                  0

❼          3.7 5    ❽            1 8 0
  2.5 6)9.6 0         0.3 5)6 3 0 0
        7 6 8               3 5
        1 9 2 0             2 8 0
        1 7 9 2             2 8 0
          1 2 8 0               0
          1 2 8 0
                0
```

❷ 上から3けためを四捨五入します。

```
❶      5.7 2̸        ❷        8
  1.1)6.3                    0.6 7̸ 5̸
      5 5             7.9)5.3.4
        8 0               4 7 4
        7 7                 6 0 0
          3 0               5 5 3
          2 2                 4 7 0
            8                 3 9 5
                                7 5
```

❸ 商は整数で求めます。あまりの小数点の位置に気をつけましょう。

```
        8
  1.2)9.8
      9 6
      0.2
```

答えの確かめ
1.2×8＋0.2＝9.8

## 45 ページ まとめのテスト

1 ❶ 2.6 ❷ 6.9 ❸ 1.15
❹ 0.25 ❺ 0.8 ❻ 27.2

2 式 15.386÷3.14＝4.9 答え 4.9m

3 式 2.3÷1.7＝1.35… 答え 約1.4kg

4 式 1.65÷1.32＝1.25 答え 1.25倍

5 ❶ 30 ❷ 12

**てびき**

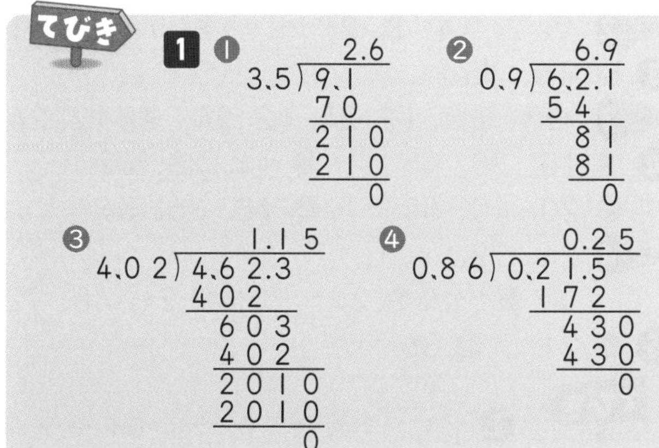

⑤
```
      0.8
9.75)7.80.0
     7800
        0
```
⑥
```
        27.2
1.25)3400
     250
      900
      875
       250
       250
         0
```

**2** 横の長さを□mとして、かけ算の式に表してもよいでしょう。

たて ×横＝面積

3.14×□＝15.386

□＝15.386÷3.14

＝4.9

**3** 上から3けためを四捨五入します。

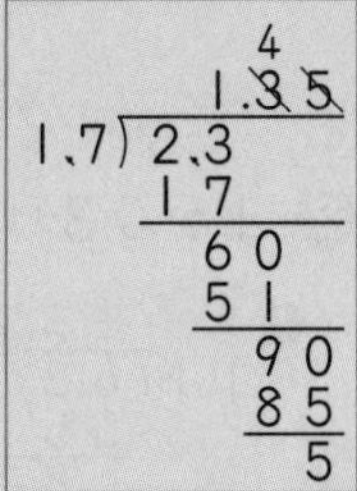

**4** 何倍かを求めるときはわり算を使います。

**5** ❶ ある数を□とします。

□×2.5＝75

□＝75÷2.5

＝30

❷ 30÷2.5＝12

## ⑦ 整数の見方

### 46・47ページ 基本のワーク

基本1 偶数、偶数、奇数

答え 偶数 0、8、2856

奇数 5、23、35、129

❶ 偶数 30、92、654　奇数 21、105、4477

❷ 偶数

基本2 7、2、14、3、21　答え 7、14、21

❸ 5、10、15

基本3 倍数、倍数、12、24、12、24　答え 12、24

❹ ❶ 15、30、45　❷ 14、28、42

❸ 20、40、60　❹ 18、36、54

基本4 24、72、×、○

答え 最小公倍数 24　公倍数 24、48、72

❺ ❶ 21　❷ 36

てびき ❶ 何けたの整数でも、一の位の数字が偶数ならばその数は偶数、一の位の数字が奇数ならばその数は奇数です。

❷ (例) 3…[●●]● 7…[●●][●●][●●]●

3(奇数)と7(奇数)の和は、

[●●]● [●●][●●][●●]●

[●●] [●●][●●][●●] [●●]　2×[5]だから偶数になる。

❸ 5×1＝5

5×2＝10

5×3＝15

❹ ❶ 3の倍数—3、6、9、12、15、18、21、24、27、30、33、36、39、42、45、…

5の倍数—5、10、15、20、25、30、35、40、45、…

❷ 2の倍数—2、4、6、8、10、12、14、16、18、20、22、24、26、28、30、32、34、36、38、40、42、…

7の倍数—7、14、21、28、35、42、…

❸ 4の倍数—4、8、12、16、20、24、28、32、36、40、44、48、52、56、60、…

10の倍数—10、20、30、40、50、60、…

❹ 18は6の倍数だから、18の倍数はすべて6の倍数になっています。

18×1＝18

18×2＝36

18×3＝54

❺ ❶ 7の倍数— 7 、14、21、28、…

3の倍数か— × 、 × 、 ○

❷ 12の倍数—12、24、36、48、…

9の倍数か— × 、 × 、 ○

**たしかめよう!**

❶ 2でわりきれる整数を偶数といい、2でわりきれないで1あまる整数を奇数といいます。

❸、❹ ある整数を整数倍してできる数を、もとの整数の倍数といい、いくつかの整数に共通な倍数のことを公倍数といいます。

❺ 公倍数のうち、いちばん小さい公倍数を最小公倍数といいます。

### 48・49ページ 基本のワーク

基本1 36、○、○

答え 最小公倍数 12　公倍数 12、24、36

**1** ❶ 最小公倍数 24　　公倍数 24、48、72
❷ 最小公倍数 120
公倍数 120、240、360

**基本2** 18、18、3、6、3、6　　答え 3、6

**2** 14の約数 1、2、7、14
20の約数 1、2、4、5、10、20
14と20の公約数 1、2

**基本3** 9、○
答え 最大公約数 9　　公約数 1、3、9

**3** ❶ 最大公約数 25　　公約数 1、5、25
❷ 最大公約数 12
公約数 1、2、3、4、6、12

**基本4** 8、10、最小公倍数　　答え 40

**4** 45cm

**5** 8cm

てびき

**1** ❶ 2、6、8の公倍数は、最小公倍数の倍数になっています。まず最小公倍数を見つけ、その倍数を3つ求めます。
8の倍数――8、16、24、32、…
6の倍数か―×、×、○
2の倍数か―○、○、○
24×1=24
24×2=48
24×3=72

**2** 14をわりきることのできる数は、
1、2、7、14
20をわりきることのできる数は、
1、2、4、5、10、20
このうち、14と20の両方をわりきることのできる数は1と2です。

**3** ❶ 25の約数―1、5、25
50の約数か―○、○、○
❷ 24の約数―1、2、3、4、6、8、12、24
36の約数か―○、○、○、○、○、×、○、×

**4** 正方形の1辺の長さは、15と9の最小公倍数になります。

**5** 正方形の1辺の長さを24と32の公約数にすると、あまりがないように切り分けることができます。正方形をできるだけ大きくするには、1辺の長さを24と32の最大公約数にします。

たしかめよう!

**2** ある整数をわりきることのできる整数を、もとの整数の約数といい、いくつかの整数に共通な約数のことを公約数といいます。

**3** 公約数のうち、いちばん大きい公約数を最大公約数といいます。

## 50ページ 練習のワーク

**1** ❶ 11、偶数　　❷ 8、奇数

**2** ❶ 9、18、27　　❷ 21、42、63

**3** ❶ 最小公倍数 30　　公倍数 30、60、90
❷ 最小公倍数 24　　公倍数 24、48、72

**4** ❶ 1、2、5、10　　❷ 1、7、49

**5** ❶ 最大公約数 8　　公約数 1、2、4、8
❷ 最大公約数 6　　公約数 1、2、3、6

**6** 30分後

てびき

**2** ❶ 9×1=9
9×2=18
9×3=27
❷ 21×1=21
21×2=42
21×3=63

**3** 公倍数を見つけるときは、大きいほうの数の倍数のうち、小さいほうの数の倍数になっているものをさがします。

**5** 公約数を見つけるときは、小さいほうの数の約数のうち、大きいほうの数の約数になっているものをさがします。

**6** 同時に発車した後、電車が発車するのは6分後、12分後、…と6の倍数になり、バスが発車するのは10分後、20分後、…と10の倍数になります。
電車とバスは、6と10の公倍数の時間(分)がたつごとに同時に発車します。次に同時に発車するのは、6と10の最小公倍数のときです。

## 51ページ まとめのテスト

**1** 偶数 0、12、36、5404
奇数 1、7、85、391

**2** ❶ 最小公倍数 120　　最大公約数 5
❷ 最小公倍数 72　　最大公約数 18

**3** ❶ 33個　　❷ 2個

**4** ㋑

**5** 6セット

**6** 66 黒い字　　88 白い字

**1** 偶数…一の位が0、2、4、6、8
奇数…一の位が1、3、5、7、9

**3** ❶ 100÷3=33あまり1だから、3の倍数は33個あります。
❷ 1以上100以下の13の倍数の中から3の倍数をさがします。13の倍数は、

13、26、<u>39</u>、52、65、<u>78</u>、91
このうち、3の倍数は、39と78の2個です。

**4** ㋐ 7×1=7、7×3=21のように奇数になるものもあります。
㋑ 8に偶数をかけても、奇数をかけても、必ず偶数になります。
㋒ 20の約数のうち、1、5は奇数です。
㋓ 奇数と偶数の和は、必ず奇数になります。

**5** 赤い折り紙をあまりがないように分けられるのは、セット数が48の約数のとき、青い折り紙をあまりがないように分けられるのは、セット数が30の約数のときです。
セット数が48と30の公約数なら、あまりがないようにセットを作ることができます。できるだけ多くの人に配ることができるのは、セット数が48と30の最大公約数のときです。

**6** 白い字で書かれている整数は4の倍数です。66は4の倍数ではないから黒い字、88は4の倍数だから白い字で書かれています。

## 8 分数の大きさとたし算、ひき算

### 52・53ページ 基本のワーク

基本1 2、$\frac{4}{12}$、3、$\frac{6}{18}$、2、$\frac{1}{3}$ 答え 4、18、3

**1** ㋐、㋒、㋔

基本2 《1》$\frac{3}{4}$ 《2》6、6、$\frac{3}{4}$ 答え $\frac{3}{4}$

**2** ❶ $\frac{1}{4}$ ❷ $\frac{2}{5}$ ❸ $\frac{4}{7}$ ❹ $\frac{6}{5}\left(1\frac{1}{5}\right)$
❺ $3\frac{3}{8}\left(\frac{27}{8}\right)$

基本3 《1》4、20 《2》12、$\frac{9}{12}$、2、2、$\frac{10}{12}$ 答え $\frac{5}{6}$

**3** $\frac{1}{3}$のほうが大きい。

**4** ❶ $\left(\frac{50}{70}、\frac{49}{70}\right)$ ❷ $\left(\frac{21}{24}、\frac{22}{24}\right)$
❸ $\left(\frac{12}{20}、\frac{11}{20}\right)$ ❹ $\left(\frac{9}{18}、\frac{6}{18}、\frac{7}{18}\right)$
❺ $\left(\frac{75}{100}、\frac{80}{100}、\frac{48}{100}\right)$ ❻ $\left(1\frac{28}{63}、1\frac{24}{63}\right)$

てびき
**1** $\frac{6}{14}=\frac{6\times3}{14\times3}=\frac{18}{42}$…㋐
$\frac{6}{14}=\frac{6\div2}{14\div2}=\frac{3}{7}$…㋒ $\frac{6}{14}=\frac{6\times2}{14\times2}=\frac{12}{28}$…㋔
**2** 分母と分子をそれらの公約数でわって、分母と分子をできるだけ小さい整数にします。

❸ $\frac{24}{42}$ （÷2）→ $\frac{12}{21}$ （÷3）→ $\frac{4}{7}$ $=\frac{4}{7}$ または、$\frac{24}{42}$ （÷6）→ $\frac{4}{7}$ $=\frac{4}{7}$

**3** $\frac{1}{3}=\frac{1\times7}{3\times7}=\frac{7}{21}$、$\frac{2}{7}=\frac{2\times3}{7\times3}=\frac{6}{21}$
$\frac{1}{3}$のほうが大きい。

**4** ❺ 4、5、25の最小公倍数の100を共通な分母にします。
❻ 整数部分はそのままにして、分数部分を通分します。

### 54・55ページ 基本のワーク

ふくしゅう ❶ $\frac{5}{7}$ ❷ 1

基本1 3、5、$\frac{8}{15}$ 答え $\frac{8}{15}$

**1** ❶ $\frac{11}{30}$ ❷ $\frac{10}{21}$ ❸ $\frac{11}{12}$
❹ $\frac{11}{18}$ ❺ $\frac{21}{10}\left(2\frac{1}{10}\right)$ ❻ $\frac{29}{24}\left(1\frac{5}{24}\right)$

基本2 3、8、$\frac{4}{3}\left(1\frac{1}{3}\right)$ 答え $\frac{4}{3}\left(1\frac{1}{3}\right)$

**2** ❶ $\frac{1}{2}$ ❷ $\frac{3}{4}$ ❸ $\frac{5}{12}$
❹ $\frac{8}{7}\left(1\frac{1}{7}\right)$ ❺ $\frac{19}{18}\left(1\frac{1}{18}\right)$ ❻ $\frac{29}{12}\left(2\frac{5}{12}\right)$

基本3 $\frac{10}{12}$、$\frac{3}{4}$ 答え $4\frac{3}{4}\left(\frac{19}{4}\right)$

**3** ❶ $1\frac{17}{18}\left(\frac{35}{18}\right)$ ❷ $2\frac{8}{21}\left(\frac{50}{21}\right)$ ❸ $2\frac{5}{6}\left(\frac{17}{6}\right)$
❹ $3\frac{16}{21}\left(\frac{79}{21}\right)$ ❺ $6\frac{2}{3}\left(\frac{20}{3}\right)$ ❻ $5\frac{3}{10}\left(\frac{53}{10}\right)$

てびき
**1** 通分してから計算します。
❶ $\frac{1}{5}+\frac{1}{6}=\frac{6}{30}+\frac{5}{30}=\frac{11}{30}$
❷ $\frac{1}{3}+\frac{1}{7}=\frac{7}{21}+\frac{3}{21}=\frac{10}{21}$
❸ $\frac{1}{6}+\frac{3}{4}=\frac{2}{12}+\frac{9}{12}=\frac{11}{12}$
❹ $\frac{4}{9}+\frac{1}{6}=\frac{8}{18}+\frac{3}{18}=\frac{11}{18}$
❺ $\frac{7}{5}+\frac{7}{10}=\frac{14}{10}+\frac{7}{10}=\frac{21}{10}$
❻ $\frac{5}{8}+\frac{7}{12}=\frac{15}{24}+\frac{14}{24}=\frac{29}{24}$

**2** ❶ $\frac{1}{3}+\frac{1}{6}=\frac{2}{6}+\frac{1}{6}=\frac{\overset{1}{\cancel{3}}}{\underset{2}{\cancel{6}}}=\frac{1}{2}$
❷ $\frac{7}{20}+\frac{2}{5}=\frac{7}{20}+\frac{8}{20}=\frac{\overset{3}{\cancel{15}}}{\underset{4}{\cancel{20}}}=\frac{3}{4}$

③ $\frac{4}{15}+\frac{3}{20}=\frac{16}{60}+\frac{9}{60}=\frac{25}{60}=\frac{5}{12}$

④ $\frac{3}{4}+\frac{11}{28}=\frac{21}{28}+\frac{11}{28}=\frac{32}{28}=\frac{8}{7}$

⑤ $\frac{23}{30}+\frac{13}{45}=\frac{69}{90}+\frac{26}{90}=\frac{95}{90}=\frac{19}{18}$

⑥ $\frac{14}{9}+\frac{31}{36}=\frac{56}{36}+\frac{31}{36}=\frac{87}{36}=\frac{29}{12}$

**3** ① $\frac{7}{9}+1\frac{1}{6}=\frac{14}{18}+1\frac{3}{18}=1\frac{17}{18}$

② $1\frac{5}{7}+\frac{2}{3}=1\frac{15}{21}+\frac{14}{21}=1\frac{29}{21}=2\frac{8}{21}$

③ $2\frac{2}{5}+\frac{13}{30}=2\frac{12}{30}+\frac{13}{30}=2\frac{25}{30}=2\frac{5}{6}$

④ $1\frac{9}{14}+2\frac{5}{42}=1\frac{27}{42}+2\frac{5}{42}=3\frac{32}{42}=3\frac{16}{21}$

⑤ $2\frac{3}{4}+3\frac{11}{12}=2\frac{9}{12}+3\frac{11}{12}=5\frac{20}{12}=6\frac{2}{3}$

⑥ $3\frac{5}{6}+1\frac{7}{15}=3\frac{25}{30}+1\frac{14}{30}=4\frac{39}{30}=5\frac{3}{10}$

## 56・57 ページ 基本のワーク

ふくしゅう ① $\frac{2}{5}$　② 2

基本1　9、8、9、8、$\frac{1}{12}$　答え $\frac{1}{12}$

**1** ① $\frac{3}{10}$　② $\frac{5}{21}$　③ $\frac{7}{18}$　④ $\frac{14}{15}$　⑤ $\frac{3}{8}$　⑥ $\frac{11}{14}$　⑦ $\frac{1}{5}$　⑧ $\frac{3}{4}$　⑨ $\frac{1}{12}$

基本2　10、$1\frac{5}{8}$　答え $1\frac{5}{8}\left(\frac{13}{8}\right)$

**2** ① $1\frac{11}{15}\left(\frac{26}{15}\right)$　② $2\frac{17}{18}\left(\frac{53}{18}\right)$　③ $\frac{5}{6}$

基本3　8、9、6、$\frac{11}{12}$　答え $\frac{11}{12}$

**3** ① $\frac{31}{20}\left(1\frac{11}{20}\right)$　② $\frac{23}{30}$　③ $\frac{1}{36}$　④ $\frac{5}{4}\left(1\frac{1}{4}\right)$

てびき　**1** 通分して計算します。

① $\frac{1}{2}-\frac{1}{5}=\frac{5}{10}-\frac{2}{10}=\frac{3}{10}$

② $\frac{4}{7}-\frac{1}{3}=\frac{12}{21}-\frac{7}{21}=\frac{5}{21}$

③ $\frac{5}{6}-\frac{4}{9}=\frac{15}{18}-\frac{8}{18}=\frac{7}{18}$

④ $\frac{8}{5}-\frac{2}{3}=\frac{24}{15}-\frac{10}{15}=\frac{14}{15}$

⑤ $\frac{9}{8}-\frac{3}{4}=\frac{9}{8}-\frac{6}{8}=\frac{3}{8}$

⑥ $\frac{16}{7}-\frac{3}{2}=\frac{32}{14}-\frac{21}{14}=\frac{11}{14}$

⑦ $\frac{9}{20}-\frac{1}{4}=\frac{9}{20}-\frac{5}{20}=\frac{4}{20}=\frac{1}{5}$

⑧ $\frac{7}{6}-\frac{5}{12}=\frac{14}{12}-\frac{5}{12}=\frac{9}{12}=\frac{3}{4}$

⑨ $\frac{37}{30}-\frac{23}{20}=\frac{74}{60}-\frac{69}{60}=\frac{5}{60}=\frac{1}{12}$

**2** ① $2\frac{1}{3}-\frac{3}{5}=2\frac{5}{15}-\frac{9}{15}=1\frac{20}{15}-\frac{9}{15}=1\frac{11}{15}$

② $5\frac{4}{9}-2\frac{1}{2}=5\frac{8}{18}-2\frac{9}{18}=4\frac{26}{18}-2\frac{9}{18}$
$=2\frac{17}{18}$

③ $4\frac{3}{10}-3\frac{7}{15}=4\frac{9}{30}-3\frac{14}{30}=3\frac{39}{30}-3\frac{14}{30}$
$=\frac{25}{30}=\frac{5}{6}$

**3** ① $\frac{1}{2}+\frac{1}{4}+\frac{4}{5}=\frac{10}{20}+\frac{5}{20}+\frac{16}{20}=\frac{31}{20}$

② $\frac{7}{6}-\frac{9}{10}+\frac{1}{2}=\frac{35}{30}-\frac{27}{30}+\frac{15}{30}=\frac{23}{30}$

③ $\frac{1}{24}+\frac{10}{9}-\frac{9}{8}=\frac{3}{72}+\frac{80}{72}-\frac{81}{72}=\frac{2}{72}=\frac{1}{36}$

④ $\frac{11}{6}-\frac{1}{3}-\frac{1}{4}=\frac{22}{12}-\frac{4}{12}-\frac{3}{12}=\frac{15}{12}=\frac{5}{4}$

## 58 ページ 練習のワーク

**1** ① $\frac{3}{5}$　② $2\frac{2}{3}$

**2** ① $\left(\frac{15}{20}、\frac{12}{20}\right)$　② $\left(\frac{18}{60}、\frac{8}{60}、\frac{3}{60}\right)$

**3** ① $\frac{29}{35}$　② $\frac{23}{18}\left(1\frac{5}{18}\right)$　③ $\frac{4}{5}$　④ $3\frac{7}{16}\left(\frac{55}{16}\right)$

**4** ① $\frac{5}{12}$　② $\frac{3}{4}$　③ $2\frac{1}{5}\left(\frac{11}{5}\right)$　④ $\frac{73}{90}$

**5** ① $\frac{8}{9}$　② $\frac{1}{21}$

**6** 式 $\frac{8}{5}+\frac{5}{3}=\frac{49}{15}$　答え $\frac{49}{15}m^2\left(3\frac{4}{15}m^2\right)$

てびき　**1** ② 整数部分はそのままで、分数部分を約分します。

$2\frac{36}{54}=2\frac{2}{3}$

**3** ① $\frac{2}{5}+\frac{3}{7}=\frac{14}{35}+\frac{15}{35}=\frac{29}{35}$

② $\frac{1}{2}+\frac{7}{9}=\frac{9}{18}+\frac{14}{18}=\frac{23}{18}$

③ $\frac{5}{8}+\frac{7}{40}=\frac{25}{40}+\frac{7}{40}=\frac{32}{40}=\frac{4}{5}$

④ $2\frac{3}{16}+1\frac{1}{4}=2\frac{3}{16}+1\frac{4}{16}=3\frac{7}{16}$

**4** ① $\frac{2}{3}-\frac{1}{4}=\frac{8}{12}-\frac{3}{12}=\frac{5}{12}$

② $\frac{7}{6}-\frac{5}{12}=\frac{14}{12}-\frac{5}{12}=\frac{9}{12}=\frac{3}{4}$

③ $2\frac{3}{4}-\frac{11}{20}=2\frac{15}{20}-\frac{11}{20}=2\frac{4}{20}=2\frac{1}{5}$

④ $3\frac{1}{9}-2\frac{3}{10}=3\frac{10}{90}-2\frac{27}{90}=2\frac{100}{90}-2\frac{27}{90}$

$=\frac{73}{90}$

**5** ① $\frac{5}{6}+\frac{1}{2}-\frac{4}{9}=\frac{15}{18}+\frac{9}{18}-\frac{8}{18}=\frac{16}{18}=\frac{8}{9}$

② $\frac{6}{7}-\frac{9}{14}-\frac{1}{6}=\frac{36}{42}-\frac{27}{42}-\frac{7}{42}=\frac{2}{42}=\frac{1}{21}$

**6** $\frac{8}{5}+\frac{5}{3}=\frac{24}{15}+\frac{25}{15}=\frac{49}{15}$

## 59ページ まとめのテスト

**1** ① $\frac{3}{4}$ ② $\frac{9}{5}\left(1\frac{4}{5}\right)$ ③ $3\frac{2}{3}\left(\frac{11}{3}\right)$

**2** ① $\left(\frac{35}{56}、\frac{32}{56}\right)$ ② $\left(\frac{3}{36}、\frac{2}{36}\right)$

③ $\left(1\frac{9}{12}、2\frac{10}{12}\right)$

**3** ① $\frac{13}{15}$ ② $\frac{22}{15}\left(1\frac{7}{15}\right)$ ③ $2\frac{17}{60}\left(\frac{137}{60}\right)$

④ $\frac{19}{63}$ ⑤ $\frac{1}{10}$ ⑥ $1\frac{19}{40}\left(\frac{59}{40}\right)$

⑦ $\frac{145}{72}\left(2\frac{1}{72}\right)$ ⑧ $\frac{7}{24}$ ⑨ $2\frac{1}{4}\left(\frac{9}{4}\right)$

**4** 式 $\frac{7}{3}+\frac{5}{4}$ 別解 $\frac{5}{4}+\frac{7}{3}$ 答え $\frac{43}{12}\left(3\frac{7}{12}\right)$

てびき **3** ① $\frac{8}{15}+\frac{1}{3}=\frac{8}{15}+\frac{5}{15}=\frac{13}{15}$

② $\frac{3}{10}+\frac{7}{6}=\frac{9}{30}+\frac{35}{30}=\frac{44}{30}=\frac{22}{15}$

③ $1\frac{11}{12}+\frac{11}{30}=1\frac{55}{60}+\frac{22}{60}=1\frac{77}{60}=2\frac{17}{60}$

④ $\frac{6}{7}-\frac{5}{9}=\frac{54}{63}-\frac{35}{63}=\frac{19}{63}$

⑤ $\frac{17}{20}-\frac{3}{4}=\frac{17}{20}-\frac{15}{20}=\frac{2}{20}=\frac{1}{10}$

⑥ $3\frac{3}{8}-1\frac{9}{10}=3\frac{15}{40}-1\frac{36}{40}=2\frac{55}{40}-1\frac{36}{40}$

$=1\frac{19}{40}$

⑦ $\frac{5}{8}+\frac{5}{9}+\frac{5}{6}=\frac{45}{72}+\frac{40}{72}+\frac{60}{72}=\frac{145}{72}$

⑧ $\frac{11}{12}-\frac{1}{4}-\frac{3}{8}=\frac{22}{24}-\frac{6}{24}-\frac{9}{24}=\frac{7}{24}$

⑨ $3\frac{5}{18}-1\frac{7}{9}+\frac{3}{4}=3\frac{10}{36}-1\frac{28}{36}+\frac{27}{36}$

$=2\frac{46}{36}-1\frac{28}{36}+\frac{27}{36}=1\frac{\overset{5}{\cancel{45}}}{\underset{4}{\cancel{36}}}=2\frac{1}{4}$

**4** たされる数もたす数も仮分数になるのは、次の3通りです。

$\frac{4}{3}$と$\frac{7}{5}$　$\frac{5}{3}$と$\frac{7}{4}$　$\frac{7}{3}$と$\frac{5}{4}$

それぞれの大きさは、

$\frac{4}{3}+\frac{7}{5}=\frac{20}{15}+\frac{21}{15}=\frac{41}{15}=\frac{164}{60}$

$\frac{5}{3}+\frac{7}{4}=\frac{20}{12}+\frac{21}{12}=\frac{41}{12}=\frac{205}{60}$

$\frac{7}{3}+\frac{5}{4}=\frac{28}{12}+\frac{15}{12}=\frac{43}{12}=\frac{215}{60}$

したがって、答えがいちばん大きいのは、

$\frac{7}{3}+\frac{5}{4}$

# 9 平均

## 60・61ページ 基本のワーク

基本1 平均、55、60 答え 60

**1** 式 (59＋69＋88＋75＋64)÷5＝71 答え 71g

**2** 式 68×20＝1360 答え 1360g

**3** ① 式 (1.3＋1.8＋2.4＋1.3＋2.4＋2.4＋3.5)÷7＝2.15… 答え 約 2.2km

② 式 2.2×30＝66 答え 約 66km

基本2 4、13、9 答え 9

**4** 式 (77×5＋65)÷6＝75 答え 75点

基本3 2、23、20 答え 20

**5** 式 (9.49＋9.47＋9.53＋9.43)÷4＝9.48 答え 9.48秒

てびき **2** 68gのたまごが20個あると考えます。

**3** ② ①から、つばささんは1日に平均2.2km走ると考えられます。

**4** まず、6回の漢字テストの点数の合計を求め、漢字テストの回数でわります。

**5** とびぬけて大きい4回めの記録をふくめないで平均を求めます。

たしかめよう!

① 平均＝合計÷個数

② 合計＝平均×個数

## 62・63ページ 基本のワーク

基本1 5、1.4 答え 1.4

**1** 式 (6＋0＋8＋0＋4＋9)÷6＝4.5 答え 4.5点

基本2 4、12、12、312 答え 312

**2** ① 式 (23＋19＋13＋34＋16)÷5＝21 答え 21g

❷ 式 900+21=921　答え 921g

基本3 ❶ 0.52　答え 0.52

❷ 0.52、62.4　答え 62.4

❸ ❶ 式 6.2÷10=0.62　答え 0.62m

❷ 式 0.62×850=527　答え 約 530m

てびき ❶ 得点が 0 の試合もふくめて、合計を 6 でわります。
❷ ❷ 基準の 900g に❶で求めた平均をたします。

## 64ページ 練習のワーク

❶ 式 (62+65+58+67+68)÷5=64
答え 64g

❷ 式 302×15=4530　答え 4530g

❸ 式 (36.6+36.3+36.6+36.5)÷4=36.5
答え 36.5 度

❹ ❶ 式 (2+0+3+5)÷4=2.5　答え 2.5 回

❷ 式 2.5×12=30　答え 30 回

てびき ❸ とびぬけて高い金曜日の体温をふくまない 4 日間の平均を計算します。
❹ ❶ 貸し出された回数が 0 回の 2 月もふくめて考えます。
❷ 毎月 2.5 回ずつ 12 か月貸し出されると考えます。

## 65ページ まとめのテスト

1 式 1440÷6=240　答え 240g

2 ❶ 式 (7+6+0+3+5+3+4)÷7=4
答え 4 本

❷ 式 4×30=120　答え 120 本

3 ❶ 式 32×5=160　答え 160 ページ

❷ 式 288÷32=9　答え 9 日

4 式 70×4=280
280−(68+73+74)=65
答え 65 点以上

てびき 2 ❶ 拾った数が 0 本の水曜日もふくめて考えます。
❷ 合計=平均×日数　で計算します。
3 ❶ 毎日 32 ページずつ 5 日間読むと考えます。
❷ 読み終えるまで□日かかるとして、かけ算の式で表してもよいでしょう。
1 日の平均×日数=全体のページ数
32　×□=　288
□=288÷32
4 4 回分の平均点がちょうど 70 点になるとします。そのときの 1 回めから 4 回めまでの合計点は、70×4=280(点)
ここから、1 回めから 3 回めまでの合計点をひくと、4 回めの点数を求めることができます。
280−(68+73+74)=65(点)
したがって、4 回めの点数が 65 点以上であれば、平均点は 70 点以上になります。

# 10 単位量あたりの大きさ

## 66・67ページ 基本のワーク

基本1 88、2.2、0.5　答え ㋑

❶ ❶ 式 北広場　18÷45=0.4
南広場　25÷60=0.41…
答え 南広場

❷ 式 北広場　45÷18=2.5
南広場　60÷25=2.4
答え 南広場

基本2 ❶ 456、121　答え 456、121

❷ 小樽　答え 小樽

❷ ❶ 秋田県　約 82 人　埼玉県　約 1934 人
愛知県　約 1458 人

❷ 埼玉県

てびき ❶ ❶ 人数(人)÷面積($m^2$)を計算します。1$m^2$ あたりの人数が多いほうがこんでいます。
❷ 面積($m^2$)÷人数(人)を計算します。1 人あたりの面積がせまいほうがこんでいます。
❷ ❶ 人口密度=人口(人)÷面積($km^2$)
秋田県　959502÷11638=82.4…
埼玉県　7344765÷3798=1933.8…
愛知県　7542415÷5173=1458.0…
$\frac{1}{10}$ の位の数字を四捨五入します。

## 68・69ページ 基本のワーク

基本1 5、44、8、5.5、西　答え 西

❶ ジュース㋑

❷ 自動車㋐

基本2 ❶ 4、230　答え 230

❷ 230、1495　答え 1495

❸ 630 円

❹ 5.7$m^2$

❺ 11.5L

てびき ❶ 1mL あたりのねだんは、

Ⓐ 126÷350＝0.36(円)
Ⓘ 170÷500＝0.34(円)
❷ ガソリン１Ｌあたりで走れる道のりは、
Ⓐ 345÷25＝13.8(km)
Ⓘ 500÷40＝12.5(km)
❸ このリボン１ｍのねだんは、
450÷3＝150(円)
4.2ｍのねだんは、150×4.2＝630(円)
❹ このペンキ１Ｌでぬれる板の面積は、
19÷5＝3.8($m^2$)
1.5Ｌでぬれる板の面積は、
3.8×1.5＝5.7($m^2$)
❺ このペンキ１Ｌでぬれる板の面積は、
27÷5＝5.4($m^2$)
62.1 $m^2$ の板をぬるのに必要なペンキの量を□Ｌとすると、
5.4×□＝62.1
□＝62.1÷5.4＝11.5

## 70・71ページ 基本のワーク

基本1 《1》0.2、長い、たつや
《2》4、短い、たつや　答え たつや
❶ 電車
基本2 １分間、１秒間
❶ 3、54　答え 54
❷ 60、0.9　答え 0.9
❷ ❶ 式 528÷2＝264　答え 時速 264km
❷ 式 264÷60＝4.4　答え 分速 4.4km
❸ 式 240÷12＝20　答え 秒速 20ｍ
基本3 《1》60、840、840
《2》60、15、15　答え ツバメ
❹ Ⓤ

てびき ❶ １分間あたりに走った道のりや、１km走るのにかかった時間で比べます。
《1》１分間あたりに走った道のり
電車 3.6÷4＝0.9(km)
自動車 5÷6＝0.83…(km)
《2》１km走るのにかかった時間
電車 4÷3.6＝1.11…(分)
自動車 6÷5＝1.2(分)
どちらで比べても、電車のほうが速いことがわかります。
❷ 速さは、単位時間あたりに進む道のりで表します。
❶ １時間に進む道のりを求めます。
❷ １分間に進む道のりを求めます。
❸ １秒間に進む道のりを求めます。
❹ Ⓐ～Ⓤをそれぞれ分速になおすと、次のようになります。
Ⓐ 13×60＝780 → 分速 780ｍ
Ⓘ 4.8km＝4800ｍ
4800÷60＝80 → 分速 80ｍ
Ⓤ 48000÷60＝800 → 分速 800ｍ

たしかめよう!
❷、❸ 速さ＝道のり÷時間

## 72・73ページ 基本のワーク

基本1 速さ、時間、45、2、90　答え 90
❶ 式 4×4＝16　答え 16km
❷ 式 11×20＝220　答え 220cm
基本2 90、270、270、90、3　答え 3
❸ 式 2800÷70＝40　答え 40分
❹ 式 270÷18＝15　答え 15秒
基本3 ❶

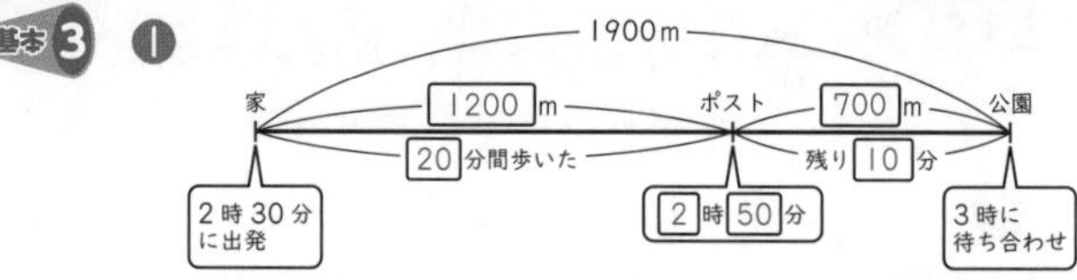


❷ 1200、20、60　答え 60
❸ 60、600　答え 600
❺ 式 700÷10＝70　答え 分速 70ｍ

てびき ❶ 時速4kmは、１時間に4km進む速さだから、4時間ではその4倍進みます。
❸ □分で2800ｍ進むとします。
70×□＝2800
□＝2800÷70
＝40
❹ □秒で270ｍ進むとします。
18×□＝270
□＝270÷18
＝15
❺ 残りの道のりは、1900－1200＝700(ｍ)
3時までの時間はあと10分だから、
700÷10＝70より、分速70ｍで進めば、待ち合わせの時刻ちょうどに公園に着きます。

たしかめよう!
❶、❷ 道のり＝速さ×時間
❸、❹ 時間＝道のり÷速さ

## 74ページ 練習のワーク❶

❶ Ⓘのエレベーター

❷ 約 643 人
❸ 8 本で 224 円のえんぴつ
❹ 式 520÷8=65　答え 時速 65km
❺ ❶ 式 230×3=690　答え 690m
❷ 式 230×20=4600　4600m=4.6km
答え 4.6km

❶ 1 $m^2$ あたりの人数で比べると、
㋐ 13÷6=2.16…（人）
㋑ 9÷4=2.25(人)
❷ 1467480÷2283=642.7…
$\frac{1}{10}$ の位の数字を四捨五入して、約 643 人
❸ 360÷12=30
224÷8=28
❹ 速さ=道のり÷時間
❺ 道のり=速さ×時間
❷ km で答えることに注意しましょう。

## 75ページ 練習のワーク❷

❶ 西小学校
❷ ❶ 式 78÷60=1.3　答え 分速 1.3km
❷ 式 78×1.5=117　答え 117km
別解 1.3×90=117
❸ 式 195÷78=2.5
2.5 時間=2 時間 30 分　答え 2 時間 30 分
別解 195÷1.3=150
150 分=2 時間 30 分
❸ 式 600÷12=50　50×16=800
答え 800m

❶ 子ども 1 人あたりの運動場の面積で比べると、
東小学校は、9230÷710=13($m^2$)
西小学校は、8120÷560=14.5($m^2$)
北小学校は、6700÷480=13.9…($m^2$)
❷ ❷ 1 時間 30 分=1.5 時間=90 分
時速 78km を使って求めるときは 1.5 時間、分速 1.3km を使って求めるときは 90 分を使います。
❸ □時間で 195km 進むとすると、
78×□=195
□=195÷78=2.5
❸ ゆみさんの歩く速さは、600÷12=50 より、分速 50m です。公園からゆみさんの家までの道のりは、分速 50m で 16 分歩くときに進む道のりだから、50×16=800(m)

## 76ページ まとめのテスト❶

1 1 号室
2 約 888 人
3 式 390÷3=130　答え 時速 130km
4 ㋐と㋓
5 ❶ 式 14×25=350　答え 350m
❷ 式 5 分=300 秒　14×300=4200
4200m=4.2km　答え 4.2km
❸ 式 770÷14=55　答え 55 秒

てびき
1 たたみ 1 まいあたりの人数で比べると、1 号室 6÷8=0.75(人)
2 号室 7÷10=0.7(人)
2 64821÷73=887.9…
4 ㋐ 30×60=1800
1800m=1.8km → 分速 1.8km
㋑ 10.8÷60=0.18 → 分速 0.18km
㋒ 180÷60=3 → 分速 3km
㋓ 108÷60=1.8 → 分速 1.8km
5 ❷ 別解 秒速 14m を分速で表します。
14×60=840 より、分速 840m
840×5=4200(m)
❸ □秒で 770m 進むとすると、
14×□=770
□=770÷14=55

## 77ページ まとめのテスト❷

1 ティッシュペーパー㋐
2 14.5L
3 あやさん
4 式 18×15=270　答え 270m
5 式 1 時間 30 分=1.5 時間
250×1.5=375　答え 375km
6 式 3.8km=3800m
3800÷95=40　答え 40 分
7 式 60×20=1200　1200÷(20−5)=80
答え 分速 80m

てびき
1 1 まいあたりのねだんは、
㋐ 180÷400=0.45(円)
㋑ 171÷360=0.475(円)
2 この自動車がガソリン 1L あたりで走る道のりは、85÷5=17(km)
□L のガソリンで 246.5km 走るとすると、
17×□=246.5
□=246.5÷17=14.5

❸ 分速で比べます。
あやさん 840÷15=56 →分速 56m
りかさん 756÷14=54 →分速 54m
❻ 3.8km=3800m
□分で 3800m 進むとすると、
95×□=3800
□=3800÷95
=40
❼ 家から学校までの道のりは、
60×20=1200(m)
この道のりを、今朝は、20−5=15(分)で歩けばよいから、速さは、
1200÷15=80 →分速 80m

## ⑪ わり算と分数

### 78・79ページ 基本のワーク

基本1 $\frac{5}{6}$ 答え $\frac{5}{6}$

❶ ❶ $\frac{1}{6}$ ❷ $\frac{7}{8}$ ❸ $\frac{1}{3}$ ❹ $\frac{4}{3}\left(1\frac{1}{3}\right)$

❷ ❶ 1 ❷ 9 ❸ 10、3

基本2 $\frac{4}{5}$、0.8 答え $\frac{4}{5}$、0.8

❸ ❶ 分数 $\frac{7}{4}\left(1\frac{3}{4}\right)$ 小数 1.75

❷ 分数 $\frac{2}{5}$ 小数 0.4

基本3 5、1.2 答え 1.3

❹ ❶ ＞ ❷ ＞ ❸ ＜

❺ ❶ 0.75 ❷ 0.125 ❸ 1.6

てびき ❶ わられる数を分子、わる数を分母とし、約分できるときは約分します。

❸ $5\div15=\frac{5}{15}=\frac{1}{3}$

❹ $12\div9=\frac{12}{9}=\frac{4}{3}$

❸ ❷ $10\div25=\frac{10}{25}=\frac{2}{5}$

❹ 小数にそろえて比べます。

❶ $\frac{7}{10}=7\div10=0.7$

したがって、$\frac{7}{10}>0.6$

❷ $\frac{9}{20}=9\div20=0.45$

したがって、$\frac{9}{20}>0.4$

❸ 整数部分は等しいから、小数部分と分数部分を比べます。$\frac{1}{2}=1\div2=0.5$

$\frac{1}{2}<0.6$ だから、$2\frac{1}{2}<2.6$

❺ ❶ $\frac{3}{4}=3\div4=0.75$

### 80・81ページ 基本のワーク

基本1 ❶ 10、$\frac{7}{10}$ 答え $\frac{7}{10}$

❷ 100、$\frac{351}{100}$ 答え $\frac{351}{100}\left(3\frac{51}{100}\right)$

❶ ❶ $\frac{9}{10}$ ❷ $\frac{11}{10}\left(1\frac{1}{10}\right)$ ❸ $\frac{3}{100}$

❹ $\frac{81}{100}$ ❺ $\frac{257}{100}\left(2\frac{57}{100}\right)$ ❻ $\frac{409}{1000}$

❷ ❶ ＜ ❷ ＞ ❸ ＜

❸ ❶ $\frac{7}{10}$(0.7) ❷ $\frac{9}{10}$(0.9) ❸ $\frac{61}{100}$(0.61)

基本2 1、1 答え $\frac{8}{1}$

❹ ❶ $\frac{2}{1}$ ❷ $\frac{14}{1}$ ❸ $\frac{105}{1}$

基本3 ❶ 7、$\frac{13}{7}$ 答え $\frac{13}{7}\left(1\frac{6}{7}\right)$

❷ 7、$\frac{5}{7}$ 答え $\frac{5}{7}$

❺ ❶ $\frac{8}{3}$倍$\left(2\frac{2}{3}倍\right)$ ❷ $\frac{3}{8}$倍

❻ ❶ $\frac{4}{9}$倍 ❷ $\frac{9}{4}$倍$\left(2\frac{1}{4}倍\right)$

てびき ❶ ❶、❷は 10 を、❸〜❺は 100 を、❻は 1000 を分母とする分数で表します。

❷ 分数か小数にそろえて比べます。

❶ 分数にそろえると、$0.09=\frac{9}{100}$、$\frac{3}{10}=\frac{30}{100}$

小数にそろえると、$\frac{3}{10}=3\div10=0.3$

したがって、$0.09<\frac{3}{10}$

❸ 分数にそろえると、$\frac{4}{5}=\frac{8}{10}$、$0.9=\frac{9}{10}$

小数にそろえると、$\frac{4}{5}=4\div5=0.8$

したがって、$\frac{4}{5}<0.9$

❸ 分数か小数にそろえて計算します。

❹ 整数は 1 を分母とする分数で表すことができます。

❺ 何倍かを求めるときは、1 とみる大きさでわります。

❶ ふくろの米の重さを 1 とみます。$8\div3=\frac{8}{3}$

❷ 米びつの米の重さを１とみます。$3\div8=\frac{3}{8}$

❻ 答えが約分できるときは、約分します。

❶ $8\div18=\frac{8}{18}=\frac{4}{9}$

❷ $18\div8=\frac{18}{8}=\frac{9}{4}$

## 82ページ 練習のワーク

❶ ❶ $\frac{5}{9}$ ❷ $\frac{15}{8}\left(1\frac{7}{8}\right)$ ❸ $\frac{1}{2}$ ❹ $\frac{9}{2}\left(4\frac{1}{2}\right)$

❷ ❶ $2\div13$ ❷ $9\div8$

❸ ❶ $<$ ❷ $<$

❹ ❶ 1.4 ❷ 2.25 ❸ $\frac{123}{10}\left(12\frac{3}{10}\right)$

❹ $\frac{67}{100}$ ❺ $\frac{5}{1}$ ❻ $\frac{384}{1}$

❺ ❶ $\frac{3}{7}$倍 ❷ $\frac{7}{3}$倍$\left(2\frac{1}{3}\text{倍}\right)$

てびき

❶ ❸ $3\div6=\frac{3}{6}=\frac{1}{2}$

❹ $18\div4=\frac{18}{4}=\frac{9}{2}$

❷ ❶ $\frac{2}{13}=2\div13$ ❷ $\frac{9}{8}=9\div8$

❸ ❶ $\frac{2}{7}=2\div7=0.28\cdots$

したがって、$\frac{2}{7}<0.29$

❷ 整数部分は等しいから、小数部分と分数部分を比べます。$\frac{4}{11}=0.363\cdots$

$0.36<\frac{4}{11}$ だから、$1.36<1\frac{4}{11}$

❹ ❶ $\frac{7}{5}=7\div5=1.4$

❷ $\frac{1}{4}=1\div4=0.25$ だから、$2\frac{1}{4}=2.25$

❺ ❶ $6\div14=\frac{6}{14}=\frac{3}{7}$

❷ $14\div6=\frac{14}{6}=\frac{7}{3}$

## 83ページ まとめのテスト

1 ❶ $\frac{3}{8}$ ❷ $\frac{2}{9}$ ❸ $\frac{7}{3}\left(2\frac{1}{3}\right)$

2 ❶ $2\div7$ ❷ $5\div12$ ❸ $20\div11$

3 ❶ $>$ ❷ $>$ ❸ $<$

4 ❶ 1.5 ❷ 1.12 ❸ $\frac{19}{10}\left(1\frac{9}{10}\right)$

❹ $\frac{53}{100}$ ❺ $\frac{601}{1000}$ ❻ $\frac{13}{1}$

5 ❶ $\frac{19}{8}$倍$\left(2\frac{3}{8}\text{倍}\right)$ ❷ $\frac{8}{19}$倍

てびき

1 ❷ $10\div45=\frac{10}{45}=\frac{2}{9}$

❸ $49\div21=\frac{49}{21}=\frac{7}{3}$

2 $\frac{○}{△}=○\div△$

3 ❶ $\frac{3}{4}=3\div4=0.75$

したがって、$\frac{3}{4}>0.74$

❷ $\frac{7}{15}=7\div15=0.466\cdots$

したがって、$\frac{7}{15}>0.46$

❸ $\frac{8}{3}=8\div3=2.66\cdots$

したがって、$\frac{8}{3}<2.67$

4 ❶ $\frac{3}{2}=3\div2=1.5$

❷ $\frac{28}{25}=28\div25=1.12$

5 ❶ $76\div32=\frac{76}{32}=\frac{19}{8}$

❷ $32\div76=\frac{32}{76}=\frac{8}{19}$

# ⑫ 割合

## 84・85ページ 基本のワーク

基本1 10、0.7、6、8、0.75 答え ゆい

❶ 式 $20\times0.6=12$ 答え 12 回

基本2 ❶ 75、0.6 答え 0.6

❷ 0.6、0.4 答え 0.4

❷ 式 $45\div30=1.5$ 答え 1.5

基本3 105、125、84 答え 84

❸ 式 $1080\div1800\times100=60$ 答え 60％

❹ ❶ 3％ ❷ 90％ ❸ 0.18

❹ 0.427

基本4 12、15、8 答え 8

❺ 式 $21\div30=0.7$ 答え 7 割

てびき

❶



❹ ❶ $0.03\times100=3$ → 3％

❷ $0.9\times100=90$ → 90％

❸ $18\div100=0.18$

❹ $42.7\div100=0.427$

## 86・87 ページ 基本のワーク

基本1 18、15、120　答え 120

1 式 91÷52×100=175　答え 175%

2 式 96÷60×100=160　答え 160%

基本2 比かく、0.15、0.15、63　答え 63

3 ❶ 式 480×0.95=456　答え 456人

❷ 式 480×1.1=528　答え 528人

基本3 基準、1.2、1.2、1.2、120　答え 120

4 式 24÷0.3=80　答え 80人

5 式 6300÷0.07=90000　答え 90000 $m^2$

てびき

3 ❶ 480人の95%は、480人の0.95倍です。

❷ 480人の110%は、480人の1.1倍です。

4 参加した小学生全体の人数を□人として、かけ算の式に表してもよいでしょう。

基準量　×割合＝　比かく量
(小学生全体の人数)　(5年生の人数)
□　×0.3＝　24
□=24÷0.3
=80

5 公園全体の面積を□ $m^2$ として、かけ算の式に表してもよいでしょう。

基準量　×割合＝　比かく量
(公園全体の面積)　(球技場の面積)
□　×0.07=　6300
□=6300÷0.07
=90000

たしかめよう!

1、2 割合=比かく量÷基準量

3 比かく量=基準量×割合

4、5 基準量=比かく量÷割合

## 88・89 ページ 基本のワーク

基本1 《1》600、600、2400

《2》0.2、2400　答え 2400

1 式 4800×(1−0.25)=3600　答え 3600円

2 式 3200×(1+0.04)=3328　答え 3328人

基本2 0.3、0.7、1800　答え 1800

3 式 □×(1−0.12)=748
□=748÷0.88
=850　答え 850g

4 式 □×(1+0.05)=147
□=147÷1.05
=140　答え 140cm

基本3 500、450、440、土　答え 土

5 式 A店 3600×(1−0.25)=2700

B店 3600−800=2800　答え A店

てびき

1 定価を1とみると、25%引きのねだんは、1−0.25と表されます。

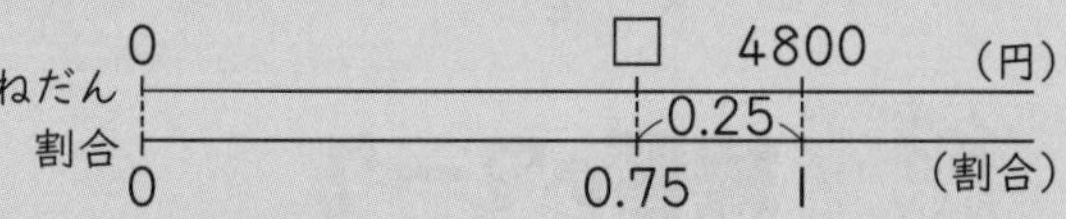


2 昨年の社員数を1とみると、4%増加した今年の社員数は、1+0.04と表されます。

3 2年前のごみの量を□gとして、これを1とみると、12%減った去年のごみの量は、1−0.12と表されます。

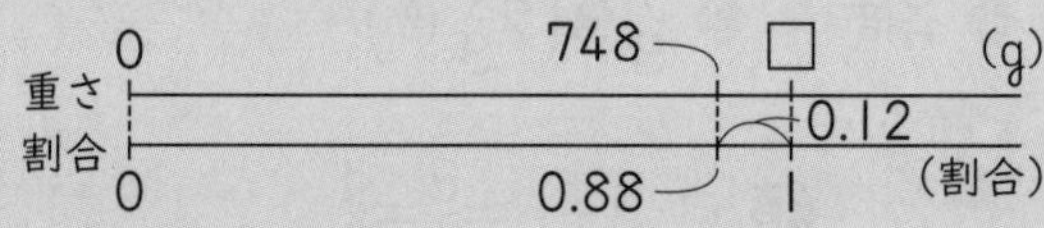


4 4年生のときの身長を□cmとして、これを1とみると、たくやさんの今の身長は、1+0.05と表されます。

5 割引き後のねだんを計算します。

A店は、3600×(1−0.25)=2700(円)

B店は、3600−800=2800(円)

または、割引く金額を比べます。

A店は、3600×0.25=900(円)

B店は800円だから、A店のほうが安く売っています。

## 90 ページ 練習のワーク

1 ❶ 60%　❷ 135%　❸ 0.98

❹ 0.817

2 ❶ 式 18+6=24　18÷24=0.75　答え 0.75

❷ 式 18÷6=3　答え 3

3 式 140×1.25=175　答え 175人

4 式 23÷0.2=115　答え 115g

5 式 □×(1+0.3)=33800
□=33800÷1.3
=26000　答え 26000人

てびき

1 小数で表された割合を百分率で表すには、100をかけます。また、百分率で表

された割合を小数で表すには、100でわります。

❹ チーズの量を□gとして、かけ算の式に表してもよいでしょう。

基準量　×割合＝　比かく量
（チーズ）　　（たんぱく質）
□　×0.2＝　23
□＝23÷0.2
＝115

❺ 先月の入館者数を□人として、これを1とみると、今月の入館者数は、1＋0.3と表されます。

## 91ページ まとめのテスト

**1** ❶ 32％　❷ 0.09　❸ 0.7

**2** ❶ 式 9÷15×100＝60　答え 60％
❷ 式 15÷(15＋9)×100＝62.5　答え 62.5％

**3** ❶ 式 300×0.35＝105　答え 105m²
❷ 式 300÷0.04＝7500　答え 7500m²

**4** ❶ 式 3000×(1＋0.45)＝4350　答え 4350円
❷ 式 4350×(1−0.2)＝3480
3480−3000＝480　答え 480円

てびき

**2** 割合＝比かく量÷基準量

**3** ❶ 比かく量＝基準量×割合
❷ 基準量＝比かく量÷割合
たかしさんの家のしき地の面積が、比かく量になります。
小学校のしき地の面積を□m²として、かけ算の式に表してもよいでしょう。

基準量　×割合＝　比かく量
（小学校のしき地）　（たかしさんの家のしき地）
□　×0.04＝　300
□＝300÷0.04
＝7500

**4** ❶ 仕入れたねだんを1とみると、定価は、1＋0.45と表されます。
❷ 定価を1とみると、売れたねだんは、1−0.2と表されます。
また、利益は次の式で計算します。
利益＝売れたねだん−仕入れたねだん

たしかめよう！

**1**

| 割合を表す小数 | 1 | 0.1 | 0.01 | 0.001 |
|---|---|---|---|---|
| 歩合 | 10割 | 1割 | 1分 | 1厘 |
| 百分率 | 100％ | 10％ | 1％ | 0.1％ |

# ⑬ 割合とグラフ

## 92・93ページ 基本のワーク

基本1 帯、円

❶ 1　答え 1、1

❷ 25、4　答え $\frac{1}{4}$

❸ 10、25、10、2.5　答え 2.5

**1** ❶ 21％
❷ 式 30÷25＝1.2　答え 1.2倍
❸ 式 300000×0.25＝75000
答え 75000円

基本2 ❶ 900、900

答え

職業の件数と割合

| 職業 | 会社員 | 商業 | 農業 | その他 | 合計 |
|---|---|---|---|---|---|
| 件数(件) | 487 | 195 | 126 | 92 | 900 |
| 割合(%) | 54 | 22 | 14 | 10 | 100 |

❷ 大きい

答え

職業の件数の割合（合計900件）
0　10　20　30　40　50　60　70　80　90　100(%)

| 会社員 | 商業 | 農業 | その他 |
|---|---|---|---|

❸ 右　答え

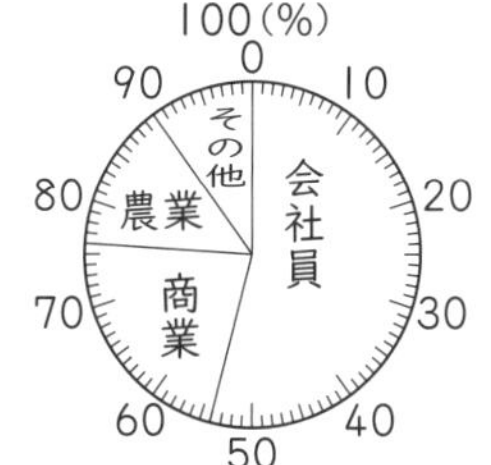


**2** ❶ 1日のすごし方の時間と割合

| | すいみん | 学校 | 家で学習 | 自由 | その他 | 合計 |
|---|---|---|---|---|---|---|
| 時間(時間) | 9 | 8 | 2 | 2 | 3 | 24 |
| 割合(%) | 38 | 33 | 8 | 8 | 13 | 100 |

❷

1日のすごし方の時間の割合
0　10　20　30　40　50　60　70　80　90　100(%)

| すいみん | 学校 | 家で学習 | 自由 | その他 |
|---|---|---|---|---|

❸ １日のすごし方の時間の割合

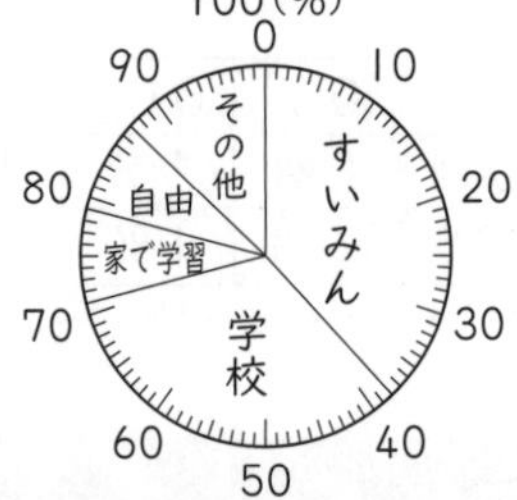


てびき ❶ ❷ 割合どうしを比べます。
その他が30％、食費が25％だから、
30÷25＝1.2(倍)
❸ １か月の合計が300000円で、食費はその25％にあたります。

❷ ❶ すいみん 9÷24＝0.375 → 38％
学校 8÷24＝0.333… → 33％
家で学習 2÷24＝0.083… → 8％
自由 2÷24＝0.083… → 8％
その他 3÷24＝0.125 → 13％
❷、❸ 割合の大きい順に区切ってかき、「その他」は最後にかきます。

## 94ページ 練習のワーク❶

❶ ❶ あ 雑貨店　い 衣料品店
❷ 48％
❸ 式 27÷15＝1.8　答え 1.8倍
❹ 式 200×0.15＝30　答え 30店

❷ ❶ 可燃ごみの重さと割合

| 種類 | 重さ(g) | 割合(％) |
|---|---|---|
| 生ごみ | 125 | 36 |
| 紙 | 60 | 17 |
| プラスチック | 55 | 16 |
| 布 | 27 | 8 |
| その他 | 83 | 23 |
| 合計 | 350 | 100 |

❷ 可燃ごみの重さの割合(合計350g)
0 10 20 30 40 50 60 70 80 90 100(%)
生ごみ | 紙 | プラスチック | 布 | その他

てびき ❶ ❶ 円グラフと帯グラフを比べてみましょう。
❸ 割合どうしを比べます。
衣料品店が27％、雑貨店が15％だから、
27÷15＝1.8(倍)
❹ 商店の合計が200店で、雑貨店はその15％にあたります。

❷ ❶ 生ごみ 125÷350＝0.357… → 36％
紙 60÷350＝0.171… → 17％
プラスチック 55÷350＝0.157… → 16％
布 27÷350＝0.077… → 8％
その他 83÷350＝0.237… → 24％
すべての割合を合計すると、101％となってしまうので、その他を１％減らして合計が100％になるようにします。
❷ 割合の大きい順に、左から区切ってかき、その他は最後にかきます。

## 95ページ 練習のワーク❷

❶ ❶ 19％　❷ $\frac{1}{4}$
❸ 式 300×0.38＝114　答え 114件

❷ ❶ 2012年 20％　2022年 15％
❷ 増えた。
❸ 式 280×0.42＝117.6　答え 117.6km²

てびき ❶ ❶ すりきずの部分の両はしのめもりから、82−63＝19(％)
❷ 切りきずの割合は25％だから、
$\frac{25}{100}=\frac{1}{4}$
❸ 比かく量＝基準量×割合
❷ ❷ グラフの住宅地の部分を上から下に見ると、長くなっていくから、住宅地の割合は増えたことがわかります。

## 96ページ まとめのテスト❶

1 ❶ 19％
❷ 式 30÷10＝3　答え 3倍
❸ 式 250×0.24＝60　答え 60t

2 ❶ 貸し出した本の数と割合

| 種類 | 物語 | 伝記 | 科学 | 図かん | その他 | 合計 |
|---|---|---|---|---|---|---|
| 数(さつ) | 140 | 85 | 40 | 15 | 20 | 300 |
| 割合(％) | 47 | 28 | 13 | 5 | 7 | 100 |

❷ 貸し出した本の数の割合(合計300さつ)
0 10 20 30 40 50 60 70 80 90 100(%)
物語 | 伝記 | 科学 | 図かん | その他

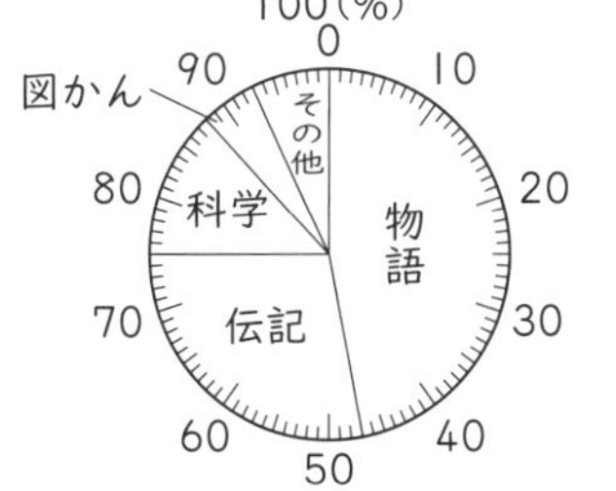


てびき

1 ③ 基準量は、野菜の収かく量の合計 250t です。

2 ❶ 物語 140÷300＝0.466… → 47％
伝記 85÷300＝0.283… → 28％
科学 40÷300＝0.133… → 13％
図かん 15÷300＝0.05 → 5％
その他 20÷300＝0.066… → 7％

## 97ページ まとめのテスト❷

1 ❶ 8％　❷ 3.5 倍
❸ 式 200×0.19＝38　答え 38 人

2 ❶ 1982 年 32％　2002 年 30％
2022 年 23％
❷ 増えた。
❸ 式 36400×0.16＝5824　答え 5824 人

てびき

1 ❷ カレーライスと答えた人は全体の 21％、すしと答えた人は全体の 6％ です。
21÷6＝3.5

2 ❶ めもりから、
1982 年 63−31＝32(％)
2002 年 51−21＝30(％)
2022 年 39−16＝23(％)

# ⑭ 四角形や三角形の面積

## 98・99ページ 基本のワーク

基本1 ❶ 5、6、5、6、30　答え 30
❷ 高さ、8、10、80　答え 80

❶ ❶ 28 $cm^2$　❷ 20 $cm^2$　❸ 54 $cm^2$
❹ 24 $m^2$

❷ 9 $cm^2$　（例）

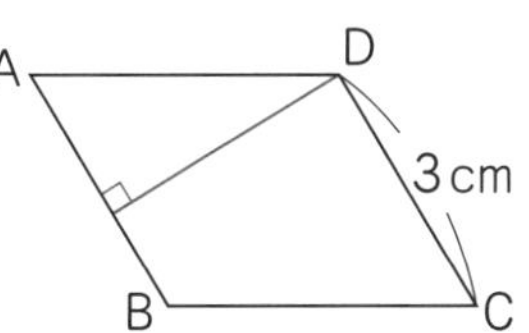


基本2 4、6、4、6、24　答え 24

❸ ❶ 16 $cm^2$　❷ 15 $cm^2$

❹ ㋓

てびき

❶ ❶ 7×4＝28
❷ 5×4＝20
❸ 9×6＝54
❹ 6×4＝24

❷ 高さは、辺 CD に垂直な直線です。高さをはかると 3cm です。3×3＝9

❸ ❶ 4×4＝16
❷ 2.5×6＝15

❹ 平行四辺形の面積は、底辺と高さで決まります。㋐は、底辺が 3cm で、ア、イに垂直にひいた直線の長さが高さになります。㋑〜㋓の底辺と高さを㋐と比べましょう。
㋑ 底辺…等しくない。高さ…等しい。
㋒ 底辺…等しい。高さ…等しくない。
㋓ 底辺…等しい。高さ…等しい。

たしかめよう！

❶〜❸ 平行四辺形の面積＝底辺×高さ

## 100・101ページ 基本のワーク

基本1 ❶ 7、4、14　答え 14
❷ 高さ、8、5、20　答え 20

❶ ❶ 15 $cm^2$　❷ 21 $cm^2$　❸ 30 $m^2$

基本2 4、3、4、3、6　答え 6

❷ ❶ 10 $cm^2$　❷ 8.4 $cm^2$

基本3 ❶ 8、2　答え 8×○÷2＝△
❷ 答え

| 高さ○(cm) | 1 | 2 | 3 | 4 | 5 | 6 |
|---|---|---|---|---|---|---|
| 面積△($cm^2$) | 4 | 8 | 12 | 16 | 20 | 24 |

❸ 2、3　答え 比例している。

❸ ❶ 40 $cm^2$　❷ 15cm

てびき

❶ ❶ 5×6÷2＝15
❷ 7×6÷2＝21
❸ 5×12÷2＝30
単位に注意しましょう。

❷ ❶ 5×4÷2＝10
❷ 3×5.6÷2＝8.4

❸ ❶ 8×○÷2＝△の○に 10 をあてはめます。
8×10÷2＝40
❷ 8×○÷2＝△の△に 60 をあてはめます。
8×○÷2＝60
○＝60×2÷8
＝15

たしかめよう！

❶〜❸ 三角形の面積＝底辺×高さ÷2

## 102・103ページ 基本のワーク

基本1 高さ、下底、高さ、8、4、22 答え 22

1 ❶ 18 $cm^2$ ❷ 94 $m^2$

基本2 2、8、24 答え 24

2 ❶ 40 $cm^2$ ❷ 30 $m^2$

基本3 2、4、15 答え 15

3 31.5 $cm^2$

基本4 4、11、4、11、9.5 答え 9.5

4 約 9 $cm^2$

てびき

1 ❶ (2+7)×4÷2=18
❷ (10+8.8)×10÷2=94

2 ❶ 10×8÷2=40
❷ 5×12÷2=30

3 下の図のように、2つの三角形に分けて計算します。
9×4÷2+9×3÷2=31.5

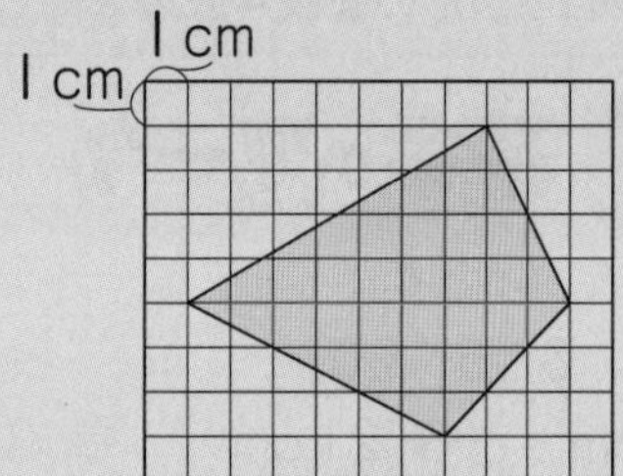


4 下の図のように、形の内側に完全に入っている方眼が3個、一部が形にかかっている方眼が12個あります。
3+12÷2=9

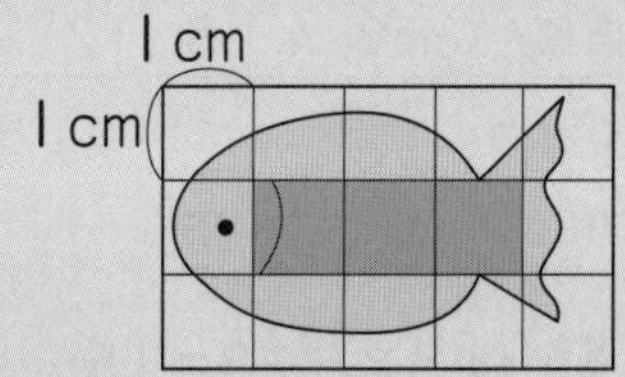


たしかめよう!

1 台形の面積＝(上底＋下底)×高さ÷2

2 ひし形の面積
＝一方の対角線×もう一方の対角線÷2

## 104ページ 練習のワーク

1 ❶ 35 $cm^2$ ❷ 6 $cm^2$

2 ❶ 4 $cm^2$ ❷ 12.5 $m^2$

3 ㋑、㋓

4 ❶ 25 $cm^2$ ❷ 48 $m^2$

5 13.5 $cm^2$

てびき

1 ❶ 5×7=35
❷ 2×3=6

2 ❶ 2×4÷2=4
❷ 5×5÷2=12.5

3 ㋐と底辺も高さも等しいものを見つけます。
㋑ 底辺…等しい。高さ…等しい。
㋒ 底辺…等しい。高さ…等しくない。
㋓ 底辺…等しい。高さ…等しい。

4 ❶ (4+6)×5÷2=25
❷ 8×12÷2=48

5 4×3÷2+5×3÷2=13.5

## 105ページ まとめのテスト

1 ❶ 45 $cm^2$ ❷ 15 $cm^2$ ❸ 48 $m^2$
❹ 240 $cm^2$

2 ❶ 12×○÷2=△

❷

| 高さ○(cm) | 1 | 2 | 3 | 4 | 5 | 6 |
|---|---|---|---|---|---|---|
| 面積△($cm^2$) | 6 | 12 | 18 | 24 | 30 | 36 |

❸ 12 cm

3 ㋒

4 ❶ 70 $cm^2$ ❷ 80 $cm^2$

てびき

1 ❶ 9×5=45
❷ 5×6÷2=15
❸ (3+9)×8÷2=48
❹ 30×16÷2=240

2 ❸ 12×○÷2=△の△に72をあてはめます。
12×○÷2=72
○=72×2÷12
=12

3 三角形ABCと三角形DBCは、底辺BCが共通で長さが等しく、高さも等しいので、面積は等しくなります。

4 ❶ 7×8÷2+7×12÷2=70
別解 大きい三角形から小さい三角形を切りとった形とみると、
(8+12)×(7+4)÷2−(8+12)×4÷2=70
❷ 下の図のように、白い部分をずらして考えると、色がついた部分の形は、底辺が14−4=10(cm)、高さが12−4=8(cm)の平行四辺形になります。
10×8=80

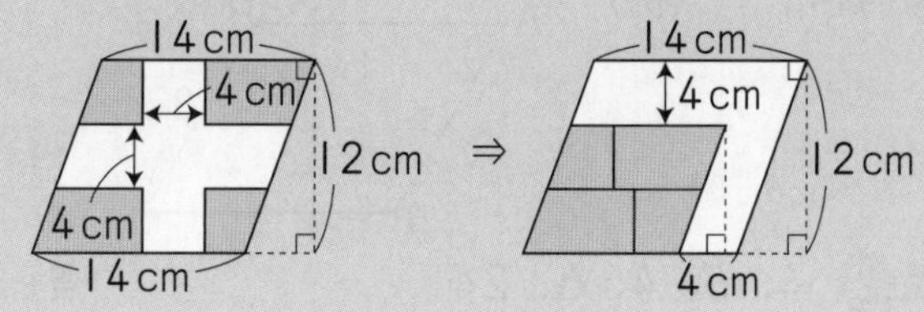

## ⑮ 正多角形と円

### 106・107ページ 基本のワーク

基本1 正多角形、正六　答え ㋑、㋒

❶ ㋑ 正五角形、㋒ 正三角形

基本2 10、10、36

答え

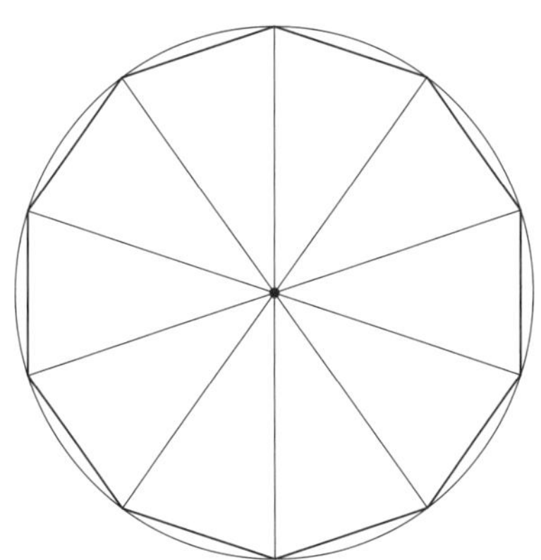

❷

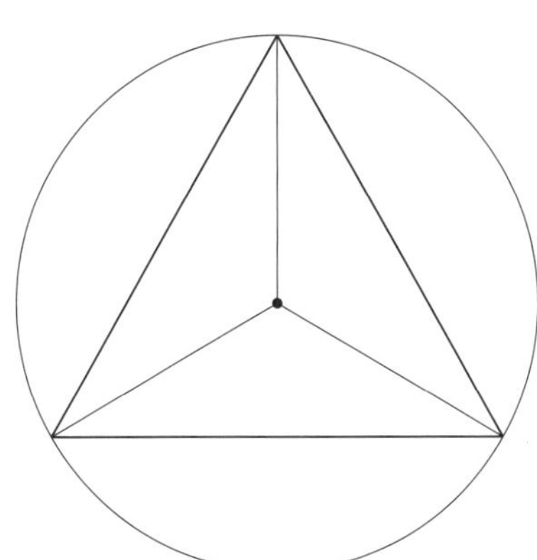

❸ ㋐ 40°　㋑ 70°　㋒ 140°

基本3 6、半径

答え

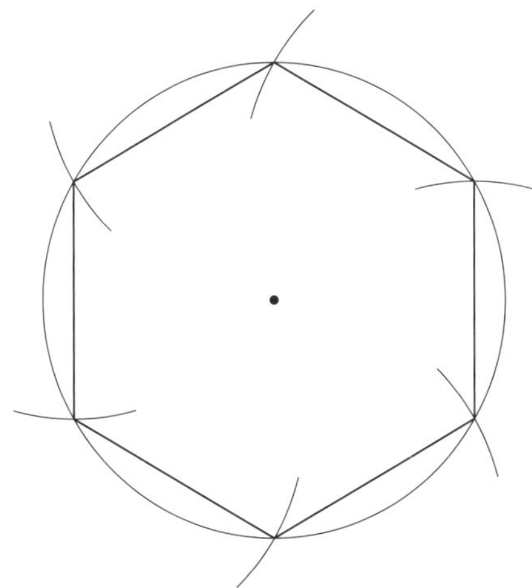

❹ 4cm

てびき ❷ 360÷3=120 より、円の中心の周りの角を 120°ずつに等分してかきます。

❸ ㋐ 360÷9=40

㋑ 円の半径は等しいので、円の中心の周りに合同な二等辺三角形が 9 個できます。

(180−40)÷2=70

㋒ ㋑の角の大きさの 2 倍になります。

70×2=140

❹ 正六角形の 1 辺の長さは、円の半径の長さに等しくなります。

### 108・109ページ 基本のワーク

基本1 円周、円周率、3.14、62.8　答え 62.8

❶ 式 90×3.14=282.6　答え 282.6cm

❷ ❶ 65.94cm　❷ 53.38cm

❸ ❶ 15.42cm　❷ 17.85m

基本2 ❶ 3.14　答え ○×3.14=△

❷

答え

| 直径○(m) | 1 | 2 | 3 | 4 | 5 |
|---|---|---|---|---|---|
| 円周△(m) | 3.14 | 6.28 | 9.42 | 12.56 | 15.7 |

❸ 2、3　答え 比例している。

❹ 49 倍

基本3 3.14、3.14　答え 35.7

❺ 式 377÷3.14=120.0…　答え 約 120cm

❻ 式 20÷3.14=6.36…　答え 約 6.4m

てびき ❷ ❶ 21×3.14=65.94

❷ 8.5×2×3.14=53.38

❸ ❶ 円周の長さの半分に、直径の長さをたします。6×3.14÷2+6=15.42

❷ 5×2×3.14÷4+5×2=17.85

❹ 98÷2=49

円周の長さは直径の長さに比例しているので、直径の長さが 49 倍になると、円周の長さも 49 倍になります。

❺ 直径の長さを□cm として、かけ算の式に表すと、□×3.14=377

❻ 直径の長さを□m として、かけ算の式に表すと、□×3.14=20

たしかめよう!

❶、❷ 円周=直径×円周率

❺、❻ 直径=円周÷円周率

### 110ページ 練習のワーク

❶ ❶ 正二十角形　❷ 正十五角形

❷ ㋐ 30°　㋑ 75°　㋒ 150°

❸ ❶ 40.82cm　❷ 59.66m

❹ 式 250÷3.14=79.6…　答え 約 80cm

❺ ❶ 16.56cm　❷ 31.4cm

てびき ❶ ❶ 360÷18=20

❷ 360÷24=15

❷ あ 360÷12=30

い (180−30)÷2=75

う 75×2=150

❸ ❶ 13×3.14=40.82

❷ 9.5×2×3.14=59.66

❹ 直径の長さを□cmとして、かけ算の式に表すと、□×3.14=250

❺ ❶ 4×2×3.14÷4+4×3.14÷2+4=16.56

❷ 10×3.14÷2+6×3.14÷2+4×3.14÷2=31.4

## 111ページ まとめのテスト

1 ❶ 72° ❷ 

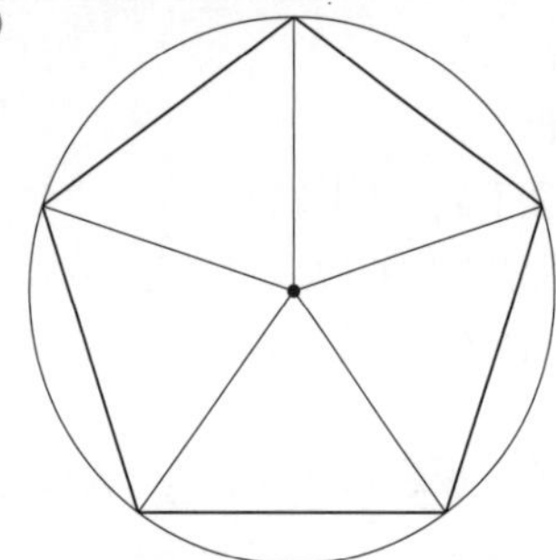

2 ❶ 78.5cm ❷ 71.96cm

3 式 15÷3.14=4.77… 答え 約4.8cm

4 う

5 式 50cm=0.5m 0.5×3.14=1.57
100÷1.57=63.6… 答え 約64回転

てびき 1 ❶ 360÷5=72

2 ❶ 12.5×2×3.14=78.5

❷ 28×3.14÷2+28=71.96

3 直径の長さを□cmとして、かけ算の式に表すと、□×3.14=15

4 赤い線Ⓐの長さは、直径2cmの円の円周の長さの半分になります。2×3.14÷2=3.14
青い線Ⓑの長さは、直径1cmの円周の長さになります。1×3.14=3.14
どちらの長さも3.14cmで等しくなります。

5 1回転で進む道のりは、タイヤの円周の長さに等しいので、0.5×3.14=1.57(m)
100m進むときタイヤが□回転するとして、かけ算の式に表すと、
1回転で進む道のり×回転数=全体の道のり
1.57 × □ = 100

# ⑯ 角柱と円柱

## 112・113ページ 基本のワーク

基本1 円柱、三角柱、四角柱、五角柱

答え あ 三角柱 い 五角柱 う 円柱

❶ ❶ あ 六角形 い 円

❷ あ 六角柱 い 円柱

基本2 

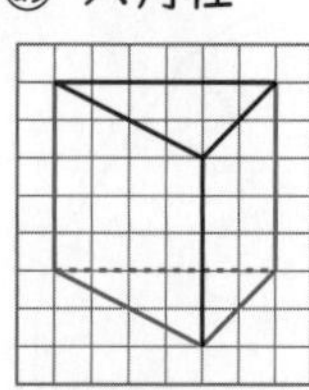

❷ ❶

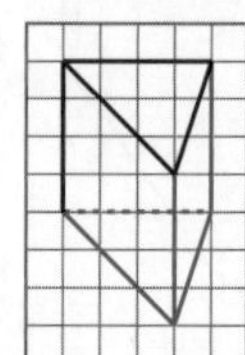

❷

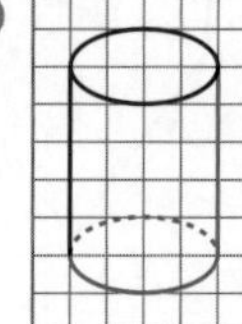

基本3 長方、高さ、円周、3.14、6.28

答え

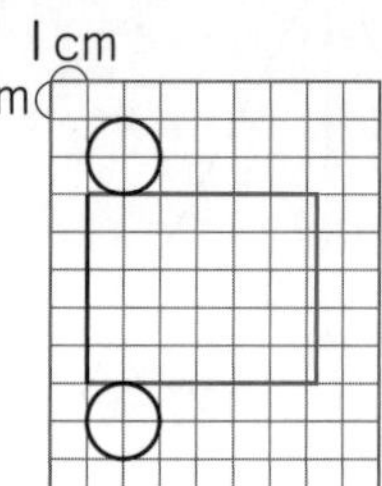


❸

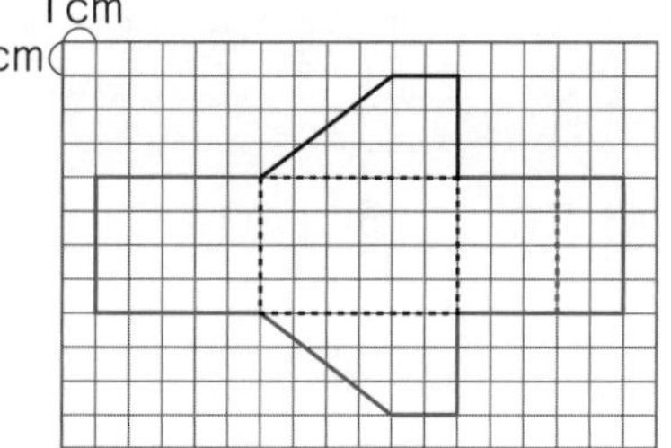


てびき ❶ ❷ 名前は底面の形で決まります。

## 114ページ 練習のワーク

❶

| | あ | い | う |
|---|---|---|---|
| 角柱の名前 | 三角柱 | 四角柱 | 五角柱 |
| 側面の数 | 3 | 4 | 5 |
| 頂点の数 | 6 | 8 | 10 |
| 辺の数 | 9 | 12 | 15 |
| 面の数 | 5 | 6 | 7 |

❷ ❶ 四角柱

❷ あとか

❸ 2cm

❸（例）

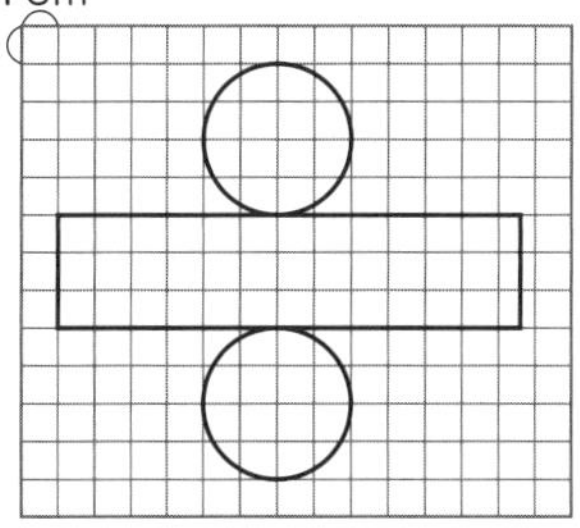


てびき ❷ （あ）と（か）が底面になります。
❸ 側面の長方形の1辺の長さは3cmで、もう1辺の長さは、2×2×3.14＝12.56(cm)になります。

## 115ページ まとめのテスト

**1** ❶ 円柱　❷ 三角柱　❸ 四角柱
❹ 六角柱
**2** ❶ 2　❷ 8　❸ 16　❹ 24
**3** ❶ 20cm　❷ 25.12cm
**4** （あ）、（え）

てびき **3** ❶ 円柱の高さになります。
❷ 底面の円周の長さになります。
8×3.14＝25.12
**4** どの辺とどの辺が重なるかに注意して考えましょう。

# 算数を使って考えよう

## 116ページ 学びのワーク

基本1 小さい　答え （い）
❶ ❶ 150億円　❷ （い）、（う）

てびき ❶ ❶ ぼうグラフから、2022年の売り上げ高は600億円だということがわかります。また、帯グラフから、2022年の飲食料品の割合は全体の25％だということがわかります。したがって、600億×0.25＝150億(円)
❷ ぼうグラフから2014年の売り上げ高は800億円、2022年の売り上げ高は600億円だということがわかります。
（あ） 2014年の衣料品の割合は25％、飲食料品の割合は24％だから、2014年の売り上げ高はほぼ同じといえます。
（い） 2022年の衣料品の割合は全体の31％だから、売り上げ高は、600億×0.31＝186億(円)
2014年の衣料品の割合は全体の25％だから、売り上げ高は、800億×0.25＝200億(円)
したがって、2022年は2014年より減ったといえます。
（う） 2014年のき金属の割合は全体の12％だから、売り上げ高は、800億×0.12＝96億(円)
2022年のき金属の割合は全体の6％だから、売り上げ高は、600億×0.06＝36億(円)
したがって、36億÷96億×100＝37.5(％)
したがって、約半分になったとはいえません。
（え） 600億÷800億×100＝75(％)
したがって、約75％になったといえます。

## 117ページ 学びのワーク

基本1 ❶ 100、350、0.2、360　答え （あ）
❷ 0.2、1.2、10　答え 10
❶ ❶ ×　❷ △　❸ ○
❷ 式 900×(1－0.25)＝675　答え 675円

てびき ❶ ❶ （あ）を使うと、900－100＝800(円)
（い）を使うと、900×(1－0.2)＝720(円)
したがって、（い）を使うほうが安くなる。
❷ （あ）を使うと、500－100＝400(円)
（い）を使うと、500×(1－0.2)＝400(円)
したがって、どちらを使っても同じになる。
❸ （あ）を使うと、350－100＝250(円)
（い）を使うと、350×(1－0.2)＝280(円)
したがって、（あ）を使うほうが安くなる。

# 5年のまとめ

## 118ページ まとめのテスト❶

**1** ❶ 80.005　❷ 3、4、2、7
**2** 公約数 1、2、7、14　公倍数 28、56、84
**3** ❶ 35.77　❷ 20.8　❸ 0.0522
❹ 2.5　❺ 0.225　❻ 180
**4** ❶ $\frac{23}{24}$　❷ $2\frac{1}{18}\left(\frac{37}{18}\right)$　❸ $\frac{8}{15}$
❹ $1\frac{7}{12}\left(\frac{19}{12}\right)$　❺ $3\frac{2}{5}\left(\frac{17}{5}、3.4\right)$　❻ 1
**5** ❶ 式 10.3×2.5＝25.75　答え 25.75kg
❷ 式 8.16÷0.6＝13.6　答え 13.6g

**1** ❶

| | | |
|---|---|---|
| 10 | ×8…… | 80 |
| 0.001 | ×5…… | 0.005 |
| | | 80.005 |

**2** 14は28の約数だから、14の約数はすべて28の約数でもあります。また、28は14の倍数だから、28の倍数はすべて14の倍数でもあります。

**3** ❶
$$\begin{array}{r} 4.9 \\ \times\ 7.3 \\ \hline 147 \\ 343\phantom{0} \\ \hline 35.77 \end{array}$$

❷
$$\begin{array}{r} 3.2 \\ \times\ 6.5 \\ \hline 160 \\ 192\phantom{0} \\ \hline 20.8\not{0} \end{array}$$

❸
$$\begin{array}{r} 0.18 \\ \times\ 0.29 \\ \hline 162 \\ 36\phantom{0} \\ \hline 0.0522 \end{array}$$

❹
$$\begin{array}{r} 2.5 \\ 7.4\overline{)\,18.5} \\ 148\phantom{0} \\ \hline 370 \\ 370 \\ \hline 0 \end{array}$$

❺
$$\begin{array}{r} 0.225 \\ 1.2\overline{)\,0.27\phantom{00}} \\ 24\phantom{00} \\ \hline 30\phantom{0} \\ 24\phantom{0} \\ \hline 60 \\ 60 \\ \hline 0 \end{array}$$

❻
$$\begin{array}{r} 180 \\ 0.05\overline{)\,9.00} \\ 5\phantom{00} \\ \hline 40\phantom{0} \\ 40\phantom{0} \\ \hline 0 \end{array}$$

**4** ❶ $\frac{1}{3}+\frac{5}{8}=\frac{8}{24}+\frac{15}{24}=\frac{23}{24}$

❷ $1\frac{8}{9}+\frac{1}{6}=1\frac{16}{18}+\frac{3}{18}=1\frac{19}{18}=2\frac{1}{18}$

❸ $\frac{7}{10}-\frac{1}{6}=\frac{21}{30}-\frac{5}{30}=\frac{16}{30}=\frac{8}{15}$

❹ $2\frac{1}{4}-\frac{2}{3}=2\frac{3}{12}-\frac{8}{12}=1\frac{15}{12}-\frac{8}{12}=1\frac{7}{12}$

❺ $2.6+\frac{4}{5}=2\frac{6}{10}+\frac{4}{5}=2\frac{3}{5}+\frac{4}{5}=2\frac{7}{5}$
$=3\frac{2}{5}$

❻ $1\frac{1}{4}-0.25=1\frac{1}{4}-\frac{25}{100}=1\frac{1}{4}-\frac{1}{4}=1$

## 119ページ まとめのテスト❷

**1** ❶ 800 $cm^3$　❷ 2.197 $m^3$
**2** あ 25°　い 55°
**3** ❶ 18 $cm^2$　❷ 14 $cm^2$　❸ 88 $cm^2$
❹ 12 $cm^2$
**4** ❶ 43.96m　❷ 15cm

てびき **1** ❶ 20×5×8＝800
❷ 1.3×1.3×1.3＝1.69×1.3
＝2.197

**2** 三角形の3つの角の大きさの和は180°、四角形の4つの角の大きさの和は360°です。
あ 180−(90＋65)＝25
い 360−(130＋95＋80)＝55

**3** ❶ 平行四辺形の面積＝底辺×高さ
3cmの辺を底辺とみます。底辺とそれに平行な辺との間に垂直にひいた線の長さが高さです。
3×6＝18
❷ 三角形の面積＝底辺×高さ÷2
7×4÷2＝14
❸ 台形の面積＝(上底＋下底)×高さ÷2
(6＋16)×8÷2＝88
❹ ひし形の面積
＝一方の対角線×もう一方の対角線÷2
4×6÷2＝12

**4** ❶ 14×3.14＝43.96
❷ 円の直径の長さを□cmとすると、
□×3.14＝94.2
□＝94.2÷3.14
＝30
半径は、30÷2＝15(cm)

## 120ページ まとめのテスト❸

**1** ❶ いえる。　❷ 3×○＝△　❸ 27cm
**2** 式 150246÷49＝3066.2…
答え 約3066人
**3** トラック
**4** ❶ 5％
❷ 式 40÷10＝4　答え 4倍
❸ 式 780×0.15＝117　答え 117さつ

てびき **1** ❶ 一方の値が2倍、3倍、……になると、もう一方の値も2倍、3倍、……になっています。
❸ 3×○＝△の○に9をあてはめて、
3×9＝27(cm)

**2** 人口密度＝人口÷面積($km^2$)
答えを一の位までのがい数で求めるには、$\frac{1}{10}$の位の数字を四捨五入します。

**3** 速さを分速、道のりをmにそろえて比べます。
トラックの分速は、39000÷30＝1300より、分速1300m
バスの分速は、800÷40×60＝1200より、分速1200m

**4** ❷ 物語の本は全体の40％、社会の本は全体の10％です。
❸ 科学の本は、780さつの15％にあたります。
比かく量＝基準量×割合
780×0.15＝117

# 実力判定テスト 答えとてびき

## 夏休みのテスト①

**1** ❶ 3、5、0、8
❷ 4216、42160、0.4216、0.04216

**2** ❶ 80.6　❷ 5.6　❸ 0.126
❹ 12　❺ 0.42　❻ 0.275

**3** ❶ 7 あまり 0.3　❷ 13 あまり 2.1

**4** 式 3.5÷1.4＝2.5
3.5×2.5＝8.75　答え 8.75

**5** ❶ 90 $cm^3$　❷ 125 $m^3$　❸ 2320 $cm^3$

**6**

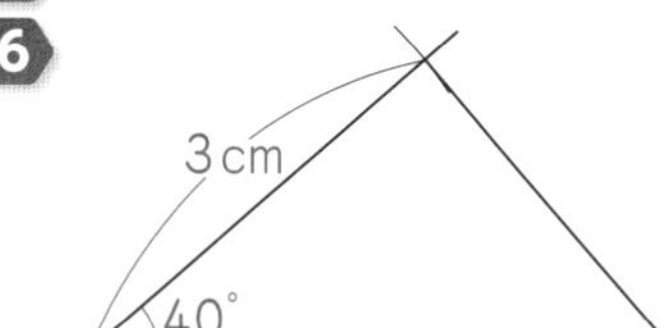


**てびき**

**4** ある数を□とすると、3.5÷□＝1.4
□＝3.5÷1.4＝2.5　3.5×2.5＝8.75

**5** ❸ (例)　10×16×7＋(10＋5)×16×5
＝2320($cm^3$)

## 夏休みのテスト②

**1** ❶ 4、32　❷ 4.3、5.7、76

**2** ❶ 6.08　❷ 3.3　❸ 0.54
❹ 16　❺ 0.96　❻ 1.875

**3** ❶ 3.6　❷ 4.5

**4** ❶ 70×○＝△
❷ ○＋△＝25(または、25－○＝△)

**5** 45000 $cm^3$、45 L

**6** ❶ 120°　❷ 100°　❸ 80°

**てびき**

**1** それぞれ計算のきまりを使います。
❶ (■×●)×▲＝■×(●×▲)
❷ ■×▲＋●×▲＝(■＋●)×▲

**3** 上から 2 けたのがい数にするには、上から 3 けための数字を四捨五入します。
❶ 8.6÷2.4＝3.58……
❷ 25.4÷5.6＝4.53……

**5** 36×50×25＝45000($cm^3$)
1 L＝1000 $cm^3$ だから、
45000 $cm^3$＝45 L

**6** ❶ 180－(70＋50)＝60
180－60＝120
❸ 360－(90＋70＋120)＝80

## 冬休みのテスト①

**1** ❶ 6 の倍数…6、12、18
9 の倍数…9、18、27
❷ 18

**2** ❶ $\frac{4}{7}$　❷ 0.625　❸ $\frac{57}{100}$

**3** ❶ $\frac{19}{24}$　❷ $2\frac{1}{2}\left(\frac{5}{2}\right)$　❸ $\frac{11}{18}$
❹ $1\frac{1}{4}\left(\frac{5}{4}\right)$　❺ $\frac{23}{12}\left(1\frac{11}{12}\right)$　❻ $\frac{23}{60}$

**4** 式 (185＋205＋192＋190＋188＋198)
÷6＝193　答え 193 kg

**5** ❶ 式 14÷4＝3.5　答え 時速 3.5 km
❷ 式 90÷60＝1.5
1.5×48＝72　答え 72 km
❸ 式 2.7 km＝2700 m　2700÷15＝180
180 秒＝3 分　答え 3 分

**6** ❶ りんご…39、ぶどう…16、西洋なし…15、
さくらんぼ…11、その他…19
❷ 果実の収かく量の割合

0　10　20　30　40　50　60　70　80　90　100(%)

| りんご | ぶどう | 西洋なし | さくらんぼ | その他 |
|---|---|---|---|---|

## 冬休みのテスト②

**1** ❶ 32 の約数…1、2、4、8、16、32
40 の約数…1、2、4、5、8、10、20、40
❷ 8

**2** ❶ $\frac{2}{5}$　❷ $\frac{4}{5}$

**3** ❶ $\left(\frac{15}{18}, \frac{8}{18}\right)$　❷ $\left(\frac{45}{72}, \frac{22}{72}\right)$

**4** ❶ $\frac{3}{2}\left(1\frac{1}{2}\right)$　❷ $1\frac{5}{6}\left(\frac{11}{6}\right)$　❸ $\frac{1}{6}$
❹ $\frac{2}{3}$　❺ $\frac{21}{20}\left(1\frac{1}{20}\right)$　❻ $\frac{1}{3}$

**5** 午前 9 時 40 分

**6** ❶ A…3.2 kg、B…2.8 kg
❷ A

**7** ❶ 式 18÷25×100＝72　答え 72 %
❷ 式 770×1.1＝847　答え 847 人
❸ 式 2450÷(1－0.3)＝3500　答え 3500 円

**てびき**

**6** ❶ A…480÷150＝3.2(kg)
B…1120÷400＝2.8(kg)

## 学年末のテスト①

**1** ❶ 8.7　❷ 0.012　❸ 0.93
❹ 1.5　❺ 1.6　❻ 0.064

**2** ❶ 4%　❷ 80%
❸ 0.65　❹ 1.05

**3** 式 600×(1＋0.04)＝624　答え 624 人

**4** 8cm

**5** ❶ 25.12cm　❷ 10cm

**6** ❶ 21 $cm^2$　❷ 20 $cm^2$　❸ 35 $cm^2$

てびき

**3** 増加した児童数を求める方法もあります。600×0.04＝24
600＋24＝624(人)

**4** 1.8 L＝1800 $cm^3$
水の深さを□cm とすると、
15×15×□＝1800
□＝1800÷(15×15)＝8

**5** ❶ 円の直径は、4×2＝8(cm)だから、
円周の長さは、8×3.14＝25.12(cm)
❷ 円の直径を□cm とすると、
□×3.14＝62.8
□＝62.8÷3.14＝20
円の半径は、20÷2＝10(cm)

## 学年末のテスト②

**1** ❶ $\frac{7}{8}$　❷ $\frac{7}{15}$　❸ $2\frac{11}{12}\left(\frac{35}{12}\right)$
❹ $\frac{1}{9}$　❺ $\frac{1}{6}$　❻ $1\frac{4}{9}\left(\frac{13}{9}\right)$

**2** ❶ 20　❷ 192　❸ 500

**3** 式 400×(1－0.3)＝280　答え 280 円

**4** ㋐ 72°　㋑ 54°　㋒ 108°

**5** ❶ 円柱　❷ 37.68cm

**6** ❶ 35%　❷ 1.4 倍　❸ 6 時間

てびき

**2** ❶ 25÷125×100＝20(%)
❷ 480×0.4＝192(円)
❸ □×0.6＝300
□＝300÷0.6＝500

**3** ね引き額を求める方法もあります。
400×0.3＝120
400－120＝280(円)

**4** ㋐ 360÷5＝72
㋑ 三角形OAB は、辺OA と辺OB の長さが等しい二等辺三角形だから、
(180－72)÷2＝54
㋒ ㋑の 2 つ分だから、54×2＝108

## まるごと 文章題テスト①

**1** ❶ 式 150÷120＝1.25　答え 1.25 倍
❷ 式 120×1.6＝192　答え 192g

**2** 式 1.6×1.75＝2.8　答え 2.8kg

**3** 式 28.5÷1.8＝15 あまり 1.5
答え 本数…15 本、あまり…1.5 L

**4** 式 $2\frac{2}{3}-\frac{7}{6}=1\frac{1}{2}$　答え $1\frac{1}{2}\left(\frac{3}{2}\right)$ L

**5** 午後 2 時 15 分

**6** 式 7.5×4＝30
(30＋9)÷5＝7.8　答え 7.8 点

**7** ❶ 式 12÷60＝0.2
900m＝0.9km
0.9÷0.2＝4.5　答え 時速 4.5km
❷ 式 3.6÷4.5＝0.8
0.8×60＝48　答え 48 分

**8** 式 480－216＝264
264÷480×100＝55　答え 55%

てびき

**5** 15 と 25 の最小公倍数は 75 だから、75 分ごとに電車とバスは同時に発車します。午後 1 時の 75 分後は午後 2 時 15 分です。

## まるごと 文章題テスト②

**1** 式 150÷2＝75
75×4.4＝330　答え 330 円

**2** 式 9.6÷(2.5×1.6)＝2.4　答え 2.4m

**3** 式 102÷0.85＝120　答え 120kg

**4** ❶ 30cm　❷ 15 まい

**5** 式 $\frac{11}{15}-\frac{7}{10}=\frac{1}{30}$
答え 図書館のほうが $\frac{1}{30}$km 遠い。

**6** 式 540÷36＝15　360÷15＝24
450÷25＝18　360÷18＝20
24－20＝4　答え 4 L

**7** ❶ 午前 10 時 20 分
❷ 式 4.5km＝4500m
1 時間 15 分＝75 分
4500÷75＝60　答え 分速 60m

**8** 式 2.5×(1－0.2)＝2
2×(1－0.4)＝1.2　答え 1.2 L

てびき

**2** 直方体の高さを□m とすると、
2.5×1.6×□＝9.6
□＝9.6÷(2.5×1.6)＝2.4



3 2 1 0 9 8 7 6 5 4
＊ ＊ D C B A